机床故障诊断与检修丛书

车床常见故障
诊断与检修

第 2 版

主　编　顾致祥　强瑞鑫
参　编　徐英杰　强佳磊　顾　赟

机械工业出版社

本书比较系统地对各种车床常见的300多例故障进行了分析，并介绍了相应的故障排除和检修方法。其主要内容包括：CA6140型卧式车床，CK6140型数控车床，C5112A、C5116A型立式车床，CB3463—1型半自动转塔车床，C7620、C7620—4型卡盘多刀半自动车床，C2150×6型自动车床、CM1113型纵切自动车床的常见故障分析与检修。本书实用性强，对解决各种车床使用中产生的实际问题有很强的指导作用。

本书可供从事车床设备维修的工程技术人员和中、高级技术工人参考，也可作为相关人员的培训教材。

图书在版编目（CIP）数据

车床常见故障诊断与检修/顾致祥，强瑞鑫主编. —2版. —北京：机械工业出版社，2012.7（2018.8重印）

（机床故障诊断与检修丛书）

ISBN 978-7-111-38681-0

Ⅰ.①车… Ⅱ.①顾…②强… Ⅲ.①车床–故障诊断②车床–机械维修 Ⅳ.①TG510.27

中国版本图书馆 CIP 数据核字（2012）第 120871 号

机械工业出版社（北京市百万庄大街 22 号 邮政编码 100037）
策划编辑：王晓洁 责任编辑：王晓洁 宋亚东
版式设计：霍永明 责任校对：刘怡丹
封面设计：张 静 责任印制：常天培
涿州市京南印刷厂印刷
2018 年 8 月第 2 版第 2 次印刷
169mm×239mm · 19印张 · 4插页 · 375千字
3001—4500 册
标准书号：ISBN 978-7-111-38681-0
定价：38.00 元

前　言

　　"工欲善其事，必先利其器"。机加工车间的不良品率上升，一个重要的原因是机床特别是车床的完好率差，故障频出，精度较低，且得不到及时地调整和维修。上述问题普遍存在于一些中、小型企业或乡镇企业之中。随着社会的发展，科学技术的进步，出现了一些新技术，特别是数字化技术在机床行业中的应用越来越广泛，数控车床在车床中的比例也越来越高。数控车床是集机械、电气与数字控制技术于一体的设备，其故障诊断、分析与检修更加复杂。针对上述状况，大力加强对车床维修人员和一线操作工人的技术培训，无疑是当务之急。

　　为适应这一新形势，同时也鉴于《车床故障诊断与检修》第 1 版书中涉及的许多技术、工艺、标准等已发生了变化，我们经过深入调研，并在充分听取了广大读者和业界专家意见的基础上，决定对原书进行修订。本次修订我们仍保持原有的写作意图，以各种常用车床在工作中常见的故障、故障原因分析与排除方法的内容为主，对原有内容重新进行了梳理，对格式体例进行了调整，使之更加方便读者阅读。同时，对第 1 版中的一些不足进行了完善，更新了一些淘汰的标准，补充了一些新的实例。尤其是对原书数控车床的内容进行了扩充，收集了目前市场上应用较为广泛的 FANUC 和 SIEMENS系统的数控车床的维修实例，以供读者参考。本书可供从事车床设备维修的工程技术人员和中、高级技术工人参考，也可作为相关人员的培训教材。

　　本书由顾致祥、强瑞鑫主编，徐英杰、强佳磊、顾赟参加编写。

　　由于编者水平所限，书中难免存在不足之处，欢迎广大读者批评指正。

编　者

目　　录

第一章　卧式车床的故障分析与检修

第一节　CA6140 型卧式车床的结构

掌握机床的结构及工作原理是进行故障分析和检修的基础。

一、CA6140 型卧式车床的传动系统

通常运用机床的传动系统图来表达机床的运动和传动情况，传动系统图是将各传动件按照运动传递的先后顺序，以展开图的形式画出来的示意图。为了把立体的传动结构绘制在一个平面图上，有时必须把某一根轴绘成折断线或弯曲成一定夹角的双折线；有时把展开后失去联接的传动副，用大括号或虚线连接起来以表示它们之间实际上存在的传动关系。传动系统图只表示传动关系，不代表各元件的实际尺寸和空间位置。传动系统图中注明了齿轮及蜗轮的齿数，有的还注明其编号或模数。图 1-1 中注明了带轮直径、丝杠的导程和线数、电动机的转速和功率、传动轴的编号等。传动轴的编号从电动机开始，按运动顺序依次以罗马字 Ⅰ、Ⅱ、Ⅲ、Ⅳ……来表示。图 1-1 是 CA6140 型卧式车床的传动系统图。

1. 主运动传动链

主运动传动链的功能是把电动机的运动传给主轴。通常用传动路线表达式来表示机床的传动路线。下面即是 CA6140 型卧式车床主运动传动链的传动路线表达式：

看懂机床传动路线的窍门是"抓两头，找中间"，比较容易找出传动路线。例如，要了解车床的主运动传动链的传动路线，可从电动机及主轴两头入手向中间推进，就能比较方便地找到传动路线。从传动系统图中可以看出，主轴正转时，

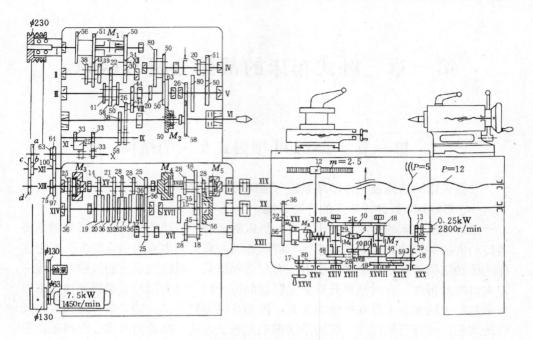

图 1-1　CA6140 型卧式车床传动系统图

可以得到 $2 \times 3 \times (1 + 2 \times 2) = 30$ 条传动主轴的路线，但实际上主轴只有 24 级正转转速，因为在轴Ⅲ到轴Ⅴ之间的 4 条传动路线的传动比是

$$u_1 = \frac{20}{80} \times \frac{20}{80} = \frac{1}{16}$$

$$u_2 = \frac{20}{80} \times \frac{51}{50} \approx \frac{1}{4}$$

$$u_3 = \frac{50}{50} \times \frac{20}{80} = \frac{1}{4}$$

$$u_4 = \frac{50}{50} \times \frac{51}{50} \approx 1$$

其中 u_2 和 u_3 基本上相同，所以实际上只有 3 种不同的传动比，因此主轴只能得到 $2 \times 3 \times (1 + 3) = 24$ 级正转转速。同样道理，主轴反转的传动路线 $3 \times (1 + 2 \times 2) = 15$ 条，但主轴反转的转速应为 $3 \times (1 + 3) = 12$ 级。

　　图 1-2a 是 CA6140 型卧式车床主运动传动链的转速图，图中 7 条竖线代表 7 根轴，横线代表转速值，竖线上的圆点表示各轴实际具有的转速，竖线之间的连线代表传动副，连线的倾斜程度，即旁边注明的分数代表传动副的传动比。转速图能明确而直观地表示传动链的运动和传动情况，它是认识机床、确诊传动链故障的有效工具。

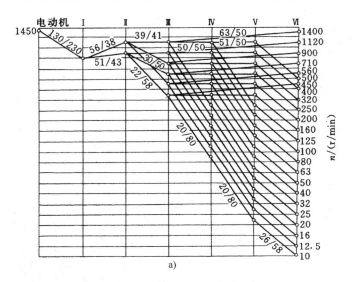

图 1-2　CA6140 型卧式车床主运动传动链的转速图及进给运动的传动路线表达式

a）CA6140 型卧式车床主运动传动链的转速图

2. 进给运动传动链

进给运动传动链是使刀架获得纵向或横向运动的传动链。虽然刀架移动的动力来自电动机，但由于刀架的进给量及螺纹导程是以主轴每转一转时刀架的移动量来表示的，进给量的量纲为毫米/主轴每转（mm/r），所以分析进给运动传动链时以主轴为传动链的起点，而把刀架作为传动链的终点，即进给运动传动链以主轴和刀架作为两头。进给运动传动链的传动路线表达式如图 1-2b（见书后插页）所示。

3. 滚动轴承分布图及明细表

滚动轴承是车床传动系统中主要的支承件，它的精度等级及运转状况对车床的正常使用至关重要，图 1-3 是 CA6140 型卧式车床的滚动轴承分布图；其明细表见表 1-1，表上备注栏中出现的 CM6140 是精密车床，它提高了对滚动轴承的精度要求。

二、CA6140 型卧式车床主要部件的结构

1. 主轴箱

图 1-4（见书后插页）是 CA6140 型卧式车床主轴箱装配图，图 1-4a 是展开图，它是按照传动轴的先后顺序，沿各轴的轴线剖开，并将其展开而形成的图，就是按图 1-5 所示的沿轴线 XII—IV—I—II—III（V）—VI—XI—IX—X 的剖切面 A—A 展开后绘出的。图 1-4b 是主视图及剖视图，它表示出了主轴箱各传动件的空间位置及其他机构（如操纵、润滑装置等）的结构。

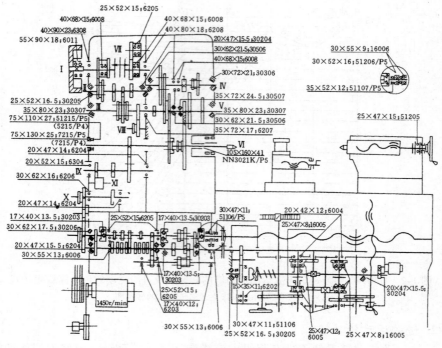

图 1-3　CA6140 型卧式车床的滚动轴承分布图

表 1-1　CA6140 型卧式车床的滚动轴承明细表

轴承代号	精度等级	主要尺寸/mm	件数	安装部位	备　　注
单列深沟球轴承					
6004		20 ×42 ×12	2	溜板箱	
6005		25 ×47 ×12	4		
6006		30 ×55 ×13	3	进给箱	
6008		40 ×68 ×15	6	主轴箱	
6011		55 ×90 ×18	2		
6202		15 ×35 ×11	2	溜板箱	装在凸轮内
6203		17 ×40 ×12	2	进给箱	
6204		20 ×47 ×14	2	主轴箱	CM6140 为/P6 级
6205	/P0	25 ×52 ×15	2	进给箱	
6206		30 ×62 ×16	1		CM6140 为/P6 级
6207		35 ×72 ×17	1	主轴箱	
6208		40 ×80 ×18	1		
6304		20 ×52 ×15	1		CM6140 为/P6 级
6308		40 ×90 ×23	1		
16005		25 ×47 ×8	6	溜板箱	
16006		30 ×55 ×9	2	进给箱	CM6140 专用

（续）

轴承代号	精度等级	主要尺寸/mm	件数	安装部位	备　注
圆锥滚子轴承					
30203		$17 \times 40 \times 13.5$	6	进给箱	
30204		$20 \times 47 \times 15.5$	1		
			1	溜板箱	
			1	主轴箱	
30205	/P0	$25 \times 52 \times 16.5$	1		
			1	溜板箱	
30206		$30 \times 62 \times 17.5$	1	进给箱	
30306		$30 \times 72 \times 21$	1		
30307		$35 \times 80 \times 23$	2	主轴箱	
30506		$30 \times 62 \times 21.5$	2		
30507		$35 \times 72 \times 24.5$	1		
推力球轴承					
51106	/P5	$30 \times 47 \times 11$	2	进给箱	CM6140 改用 51107 /P5 和 51206/P5 各一个
51106	/P0	$30 \times 47 \times 11$	1	溜板箱	
51215	/P5	$75 \times 110 \times 27$	1	主轴箱	CM6140 为/P4 级
51205	/P0	$25 \times 47 \times 15$	1	尾座	
角接触球轴承					
7215	/P5	$75 \times 130 \times 25$	1	主轴箱	CM6140 为/P4 级
双列圆柱滚子轴承					
NN3021K	/P5	$105 \times 160 \times 41$	1	主轴箱	CM6140 为/P4 级

（1）双向多片式摩擦离合器、制动器及其操纵机构（见本章第二节中机械结构故障部分）。

（2）主轴组件　CA6140 型卧式车床的主轴是前端为莫氏 6 号锥孔的空心阶梯轴，它安装在主轴箱的 3 个支承上。前支承中有 3 个滚动轴承，前面是/P5 级精度的 NN3021K 型双列圆柱滚子轴承，用于承受径向力。这种轴承具有刚性好、精度高、承载能力大和尺寸小的优

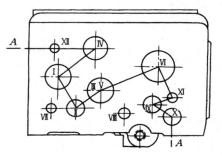

图 1-5　CA6140 型卧式车床主轴箱展开图的剖切面

点。前支承中还有两个/P5 级精度的 51120 型推力球轴承（也有的是装 1 个角接触球轴承），用于承受正反两方面的轴向力。后支承采用 1 个/P6 级精度的 NN3015K 型双列圆柱滚子轴承。中间支承是 1 个/P6 级精度的 NU216 型圆柱滚子轴承。主轴支承对主轴的运动精度及刚度影响很大，主轴轴承应在无间隙或少

许过盈的条件下进行运转。轴承中的间隙直接影响机床的加工精度，因此，主轴轴承的间隙须定期进行检查和调整。主轴的径向圆跳动和轴向圆跳动公差都是 0.01mm。主轴的径向圆跳动影响加工表面的圆度或同轴度；轴向圆跳动影响加工端面的平面度及螺距精度。当主轴的跳动量超过公差值时，一般情况下，只需适当地调整前支承的间隙，就可使主轴跳动量调整到允许值范围内；如径向圆跳动仍达不到要求，应调整后轴承，中间支承的间隙不能调整。

前轴承间隙的调整方法为：先松开轴承右端（站在操作者的位置看）的螺母，再拧动轴承左端带锁紧螺钉（事先把锁紧螺钉松开）的调整螺母，这时 NN3021K 的内圈就相对于主轴锥面向右移动。由于轴承的内圈和主轴的锥面一样具有 1:12 的锥度，而且内圈很薄，因此内圈在轴向移动的同时径向产生弹性膨胀，以调整轴承径向间隙或预紧的程度。调整妥当后，应拧紧前端螺母，然后稍微松动调整螺母，以免推力轴承过紧，最后别忘了拧紧调整螺母的锁紧螺钉。

主轴前后轴承的润滑都是由润滑油泵供油的，润滑油通过进油孔对轴承进行充分润滑的同时也带走了轴承运转产生的热量。为了避免润滑油泄出，在前后支承处采用了油沟式密封，在前端螺母及后支承套筒的外表面上都有锯齿截面的环形槽，主轴旋转时，由于离心力的作用，油液就沿着斜面被甩到法兰盘的接油槽里，油液经回油孔流到箱底，然后再流回到左床腿内的油池中。

在主轴上装有 3 个齿轮。右端的斜齿轮空套在主轴上。中间的齿轮在主轴上能够滑移。当它移动到右端位置时，主轴低速运转；当移到左端时，主轴高速运转；当齿轮处于中间空挡位置时，主轴与轴Ⅲ及Ⅴ间的传动联系断开，这时可用手转动主轴，以便作测量主轴精度及装夹工件时的找正等工作。左端的齿轮固定在主轴上，用于传动进给系统。

（3）变速操纵机构　主轴箱中共有 7 个滑动齿轮，其中 5 个用于改变主轴的转速，另外 2 个用于车削左、右螺纹及正常螺距、扩大螺距的变换，在主轴箱上共有 3 套操纵机构来控制这些滑动齿轮。

图 1-6 中是轴Ⅱ及轴Ⅲ上滑动齿轮的操纵机构。该操纵机构由装在主轴箱前侧面上的变速手柄操纵，手柄通过链传动使轴 5 转动，在轴 5 上固定盘形凸轮 4 和曲柄 2，凸轮上有 6 个不同的变速位置，图中用 1 ~ 6 标出位置，凸轮曲线槽通过杠杆 3 操纵着轴Ⅱ上双联滑动齿轮 A，使齿轮 A 处于左、右两种位置。曲柄

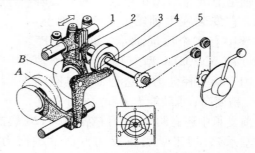

图 1-6　轴Ⅱ及轴Ⅲ上滑动齿轮的操纵机构
1—拨叉　2—曲柄　3—杠杆
4—盘形凸轮　5—轴

2 上圆销的滚子装在拨叉 1 的长槽中。当曲柄 2 随着轴 5 转动时，可拨动拨叉使之处于左、中、右三种不同位置，就可操纵轴Ⅲ的滑动齿轮 B，使齿轮 B 处于 3 种不同的轴向位置。顺次转动凸轮至各个变速位置，可使齿轮 A 和 B 的轴向位置实现 6 种不同的组合。

　　滑动齿轮移至规定的位置后，都必须可靠地定位。在主轴箱操纵机构中采用钢球定位。

　　图 1-7 是轴Ⅳ及Ⅵ上滑动齿轮的操纵机构。此操纵机构的变速手柄也装在主轴箱前侧。扳动变速手柄，通过扇形齿轮传动可使轴 4 转动。在轴的前后端各固定着盘形凸轮 1 和 5，图中凸轮上标出的 6 个变速位置 1~6，分别与变速手柄上用红、白、黑、黄、白、蓝色表示 6 种变速位置相对应。盘形凸轮 5 的曲线槽通过杠杆 6 操纵轴Ⅵ上的滑动齿轮 z_{50}，使它有左、中、右三种位置，中间位置为空挡位置。盘形凸轮 1 的曲线槽通过杠杆 2 使轴Ⅳ上左侧的滑动齿轮处于左端或右端位置；盘形凸轮 1 的曲线槽通过杠杆 3 使轴Ⅳ上右侧的滑动齿轮处于左端或右端位置。

　　图 1-7 中的变速手柄装在图 1-6 中的变速手柄的里挡，这两个变速手柄的组合使用就可使主轴得到从低速到高速 24 种转速以及空挡位置。

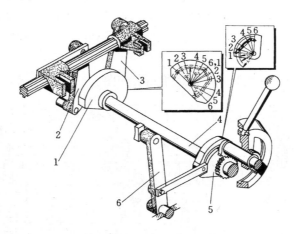

图 1-7　轴Ⅳ及轴Ⅵ上滑动齿轮的操纵机构
1、5—盘形凸轮　2、3、6—杠杆　4—轴

　　图 1-8 中是轴Ⅸ及轴Ⅹ上滑动齿轮的操纵机构简图，在操纵手柄轴上固定有盘形凸轮，转动凸轮就可操纵齿轮 z_{33} 和 z_{58}，共可得 4 种不同的传动路线（车削左、右螺纹和车削正常螺距或扩大螺距）。

　　（4）主轴箱中各传动件的润滑　图 1-9 是主轴箱的润滑系统方框图。装在左床腿上的润滑油泵是由电动机经 V 带传动的，油泵将装在左床腿内（油箱）

的 L－AN46 全损耗系统用油经粗过滤器抽到主轴箱左端的细过滤器中，然后再经油管流到主轴箱上部的分油器内，于是润滑油便通过分油器的各分支油器，分别润滑主轴箱内各传动件及操纵机构，并润滑和冷却轴Ⅰ上的摩擦离合器。为了使主轴轴承可靠地工作，保证摩擦离合器充分地冷却，从分油器有单独油管供给润滑油，以使充分地供油。分油器上有油管通往油标，以便观察主轴箱的润滑是否正常。

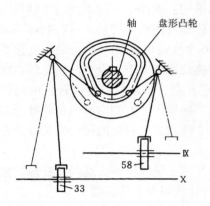

图 1-8　轴Ⅸ及轴Ⅹ上滑动齿轮的操纵机构

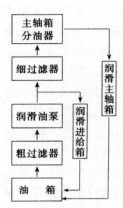

图 1-9　主轴箱的润滑
系统方框图

2. 进给箱

图 1-10 是 CA6140 型卧式车床进给箱装配图。

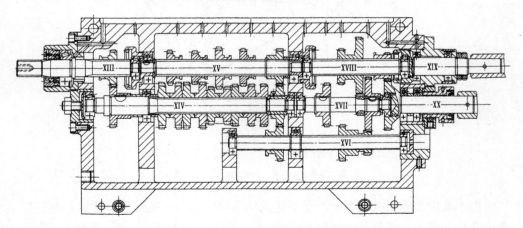

图 1-10　CA6140 型卧式车床进给箱

（1）基本组的操纵机构　由图 1-10 可以看到，基本组的四个滑动齿轮（装在轴XV上）是由一个手把集中操纵的。图1-11是操纵机构简图，图1-12是操纵机构立体图。从图中可以看出，这四个滑动齿轮分别由四个拨块2来拨动，每个拨块的位置由各自的销子4分别通过杠杆3来控制的。四个销子4均匀地分布在操纵手轮6背面的环形槽E中，环形槽中有两个间隔45°的孔a和孔b，孔中分别安装带有斜面的压块7和$7'$（形状见图1-12），其中压块7的斜面向外斜，压块$7'$的斜面向里斜。这套机构巧妙地利用压块7、$7'$和环形槽E，销子4及杠杆3，使每个拨块2及其滑动齿轮1可以有左、中、右三种位置，并在同一时间内基本组内只能有一对齿轮啮合。

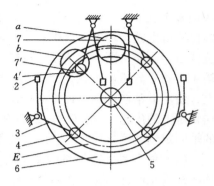

图1-11　进给箱基本组的
操纵机构简图
2—拨块　3—杠杆　4、$4'$—销子
5—轴　6—手轮　7、$7'$—压块

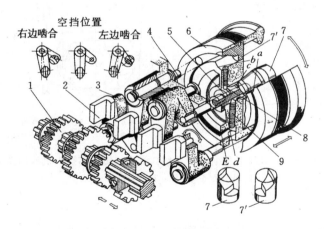

图1-12　基本组操纵机构立体图
1—齿轮　2—拨块　3—杠杆　4—销子　5—轴
6—手轮　7、$7'$—压块　8—钢球　9—螺钉

手轮6在圆周方向有8个均布的位置，当它处于图1-11位置时，只有左上角杠杆的销$4'$在压块$7'$的作用下靠在孔b的内侧壁上，此时杠杆所操纵的滑动齿轮z_{28}处于左端啮合位置与轴XIV上的z_{26}啮合，其余三个销子都处于环形槽E中，其相应的滑动齿轮都处于空挡位置。

在改变传动比时，先把手柄6向外拉（见图1-12），螺钉9的前端沿轴5的导向槽移到轴端部的环形槽c中，手轮即可自由转动，这时销$4'$尚有一小段保留

在槽 E 及孔 b 中，转动手轮 6 时，销 $4'$ 就沿槽 E 及孔 b 的内壁滑动。手轮 6 的周向位置可由固定环的缺口中观察，可以看到手轮标牌上的编号。当手轮转到所需位置后，假如从图 1-11 所示位置逆时针转过 45°，这时孔 a 正对准左上角杠杆的销 $4'$。将手轮重新推入，此时孔 a 中压块 7 的斜面推动销 $4'$ 靠在孔 a 的外侧壁上，使左上角杠杆顺时针方向摆动，于是便将相应的滑动齿轮 z_{28} 推向右端，即与轴 XIV 上的齿轮 z_{28} 相啮合。螺钉 9 是手轮 6 的周向定位装置。钢球 8 是手轮 6 的轴向定位装置。

（2）螺纹种类移换机构及丝杠、光杠传动的操纵机构　图 1-13 是螺纹种类移换机构及丝杠、光杠传动的操纵机构简图。其中杠杆 4、5、6 是操纵移换机构的，图中是接通米制传动路线时的情况。杠杆 1 和 4 的滚子都装在凸轮 2 的偏心圆槽中。由于偏心圆槽的 a 点和 b 点离开回转中心的距离为 l，而 c 点和 d 点离开回转中心的距离则为 L。凸轮 2 固定在操纵手柄的轴 3 上。因此，如扳动手柄至 4 个不同的圆周位置，就可分别控制米制或英制传动路线传动丝杠或光杠。

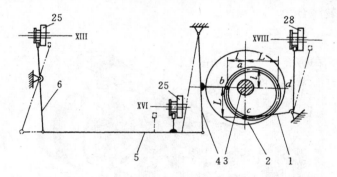

图 1-13　螺纹种类移换机构及丝杠、光杠传动的操纵机构简图
1、4、5、6—杠杆　2—凸轮　3—轴

3. 溜板箱

图 1-14、图 1-15、图 1-16 和图 1-17 是 CA6140 型卧式车床溜板箱的装配图。

（1）对开螺母（也称开合螺母）　对开螺母的结构见图 1-17 中 C—C 剖视图。对开螺母的功能是接通或断开从丝杠传来的运动。车削螺纹时，将对开螺母合上，丝杠通过对开螺母带动溜板箱及刀架。对开螺母由下半螺母 18 和上半螺母 19 组成，18 和 19 可在溜板箱后侧的燕尾导轨中上下移动。车削螺纹时，顺时针方向扳动手柄 15，使曲线槽盘 21 转动，槽盘 21 的曲线槽 b（见 D—D 剖视图）使两个圆柱销 20 互相靠近，于是圆柱销带动半螺母 18 和 19 在燕尾导轨上移动靠拢，使对开螺母与丝杠啮合。反之，当逆时针方向扳动手柄 15 时，槽盘 21 的槽 b 通过圆柱销使两个半螺母分离，与丝杠脱开。螺钉 17 的作用是限定对开螺母的啮合位置。拧动螺钉17就可以调整丝杠与螺母在啮合状态时的轴向间隙。

（2）纵向、横向机动进给及快速移动的操纵机构　纵向、横向机动进给及快速移动是由手柄7集中操纵的（见图1-18）。当需要纵向移动刀架时，可向左或向右扳动操纵手柄7，由于轴6是用台阶及卡环轴向固定在箱体上的，操纵手柄7便绕销a摆动，于是手柄7下部的开口槽就拨动轴9轴向移动。轴9通过杠杆13及推杆14使凸轮1转动，凸轮1的曲线槽使拨叉2移动，于是使操纵轴XXIV

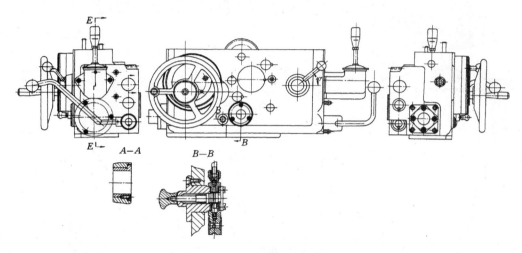

图 1-14　CA6140 型卧式车床溜板箱装配图（一）

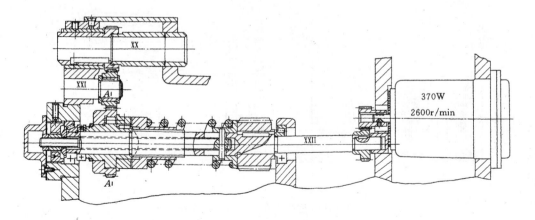

图 1-15　CA6140 型卧式车床溜板箱装配图（二）

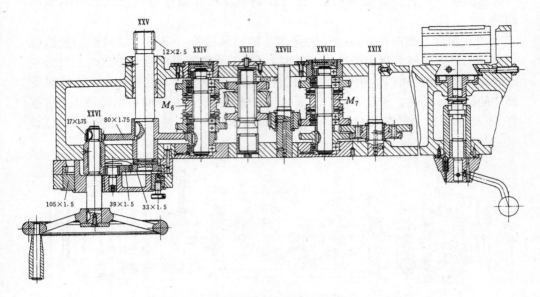

图 1- 16　CA6140 型卧式车床溜板箱装配图（三）

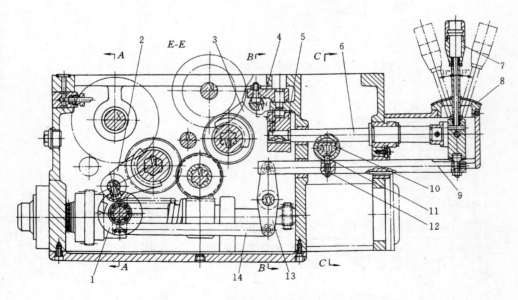

图 1- 17　CA6140 型卧式车床溜板箱装配图（四）

1、5—凸轮　2、3—拨叉　4、13—杠杆　6、9—轴　7—手柄　8—盖
10—手柄轴　11—销子　12—螺栓　14—推杆

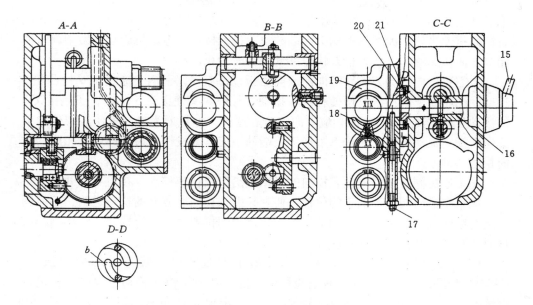

图 1- 17　CA6140 型卧式车床溜板箱装配图（四）（续）

15—手柄　16—轴　17—螺栓　18、19—半螺母　20—圆柱销　21—槽盘

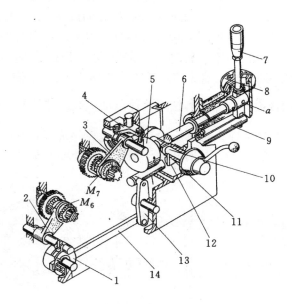

图 1-18　溜板箱操纵机构立体图

1、5—凸轮　2、3—拨叉　4、13—杠杆　6、9—轴　7—手柄　8—盖　10—手柄轴　11—销子

12—螺钉　14—推杆

上的牙嵌式离合器 M_6 向相应方向啮合。这时如光杠转动，就使刀架作向左或向右纵向机动进给；如按下手柄 7 上端的快速移动按钮，电动机起动，刀架就可向相应方向快速移动，直到松开快速移动按钮时为止。

当需要横向移动刀架，可向前或向后扳动手柄 7，手柄 7 通过轴 6 使凸轮 5 转动，凸轮 5 上的曲线槽便使杠杆 4 摆动，杠杆 4 又使拨叉 3 移动，于是拨叉 3 便拨动牙嵌式离合器 M_7 向相应方向啮合。这时，如接通光杠，就使刀架作向前或向后横向机动进给，如按下手柄 7 上端的快速移动按钮，刀架即可作相应的横向快速移动。

为了避免同时接通纵向和横向的机动进给以及快速移动，在盖 8 上开有十字槽，该十字槽限制了手柄 7 的位置，使它只能选择一个方向的机动进给，不能同时接通纵向或横向运动。手柄 7 处于十字槽中间位置时，离合器 M_6 及 M_7 脱开，这时机动进给和快速移动即断开。

（3）刀架的快速移动机构　为缩短辅助时间以减轻车工的劳动强度，CA6140 型卧式车床的刀架具有快速移动功能。在刀架快速移动过程中光杠仍可继续转动，不必脱开进给运动传动链。为了避免光杠和电动机同时传动轴ⅩⅩⅡ（图 1-15），在齿轮 z_{56} 与轴ⅩⅩⅡ之间装有单向超越离合器。图 1-19 是单向超越离合器的结构图。当刀架机动进给时，由光杠传来的运动通过超越离合器传给溜板箱。这时齿轮 z_{56}（即外环 1）按图示的逆时针方向旋转，3 个短圆柱滚子 3 分别在弹簧 5 的弹力及滚子 3 与外环 1 间的摩擦力作用下，楔紧在外环 1 和星形体 2 之间，外环 1 通过滚子 3 带动星形体 2 一起转动，于是运动便经过安全离合器 M_8 传至轴ⅩⅩⅡ，使轴ⅩⅩⅡ旋转。这时将进给方向操纵手柄扳到相应的位置，便可使刀架作相应的纵向或横向进给。当按下快速电动机起动按钮时，运动由齿轮副 $\dfrac{18}{24}$ 传至轴ⅩⅩⅡ，轴ⅩⅩⅡ及星形体 2 得到一个与齿轮 z_{56} 转动方向相同（逆时针方向），而转速却快得多的旋转运动。这时，由于滚子 3 与外环 1 及星形体 2 之间的摩擦

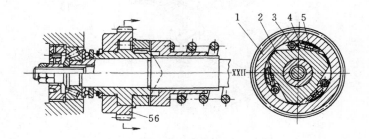

图 1-19　单向超越离合器
1—外环　2—星形体　3—滚子　4—圆柱　5—弹簧

力，于是就使滚子 3 压缩弹簧 5 而向楔形槽的大端滚动，从而星形体 2 与外环 1 脱开运动联系。这时光杠XX及齿轮 z_{56} 虽然仍在旋转，但不再传动轴XXII，因此，刀架快速移动时无须停止光杠的运动。但刀架快速移动的方向仍由溜板箱中的双向离合器 M_6 和 M_7 控制。

（4）互锁机构　为了避免机床受损，在接通机动进给或快速移动时，对开螺母不应合上。反之，当合上对开螺母时，就不允许接通机动进给和快速移动，图 1-17 中的 C—C 及 E—E 剖视图中表示了对开螺母操纵手柄 15 与刀架进给及快速移动手柄 7 之间的互锁机构。图 1-20 是互锁机构的工作原理图。图 1-20a 是中间位置情况，这时机动进给或快速移动未接通，对开螺母也处于脱开状态，这时可以任意接合对开螺母手柄 15 或操纵进给手柄 7。图 1-20b 是合上对开螺母时的状态，这时由于手柄轴 10 转过了一个角度，它的凸肩旋入到轴 6 的槽中，将轴 6 卡住，使它不能转动，同时凸肩又将销子 11 压入到轴 9 的孔中，由于销子 11 的另一半尚留在固定套 16 中，所以就将轴 9 卡住，使它不能轴向移动。由此可见，一旦合上对开螺母，进给及快速移动的操纵手柄 7 就被锁住，不能扳动，就避免了同时接通机动进给或快移动作而损坏机床。图 1-20c 是向左扳动进给及快移手柄 7 时的情况，这时轴 9 向右移动，轴 9 上的圆孔也随之移开，销 11 被轴 9 的表面顶住不能往下移

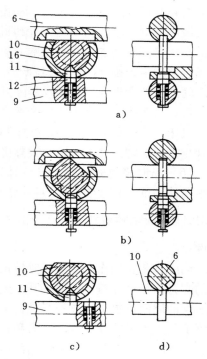

图 1-20　互锁机构的工作原理图
a）中间位置　b）合上对开螺母
c）向左扳动进给及快移手柄
d）向前扳动进给及快移手柄
6、9—轴　10—手柄轴
11—销子　12—螺钉　16—固定套

动，于是它的上端就卡在手柄轴 10 的 V 形槽中，将手柄轴 10 锁住，使对开螺母操纵手柄轴 10 不能转动，且不能闭合。图 1-20d 是进给及快移手柄 7 向前扳动时的情况，这时由于轴 6 转动，轴 6 上的长槽也随之转动，于是手柄轴 10 上的凸肩被轴 6 顶住，使轴 10 不能转动，对开螺母也不能闭合。

（5）过载保险装置　在进给过程中，当刀架移动受到阻碍或进给力过大时，为了避免损坏传动系统，在溜板箱内设置有过载保险装置，以便使刀架在过载时能自动停止进给。CA6140 型卧式车床溜板箱中的这种过载保险装置，又称为安

全离合器，它的结构如图 1-15 由光杠传来的运动经齿轮 z_{56} 及超越离合器传至安全离合器的左半部，然后再通过螺旋形端面齿传至离合器的右半部，离合器右半部的运动经外花键传至轴 XXII。在离合器右半部的后端装有弹簧，弹簧的压力使离合器的右半部与左半部相啮合，克服离合器在传递扭矩过程中所产生的轴向分力。在正常机动进给情况下，运动由超越离合器经安全离合器传至轴 XXII。当出现过载时，蜗杆轴的扭矩增大并超过允许值，这时通过安全离合器端面螺旋齿传递的扭矩也同时增加，直至使端面螺旋齿处的轴向推力超过弹簧的压力，于是便将离合器右半部推开，这时离合器左半部继续旋转，而右半部却不能被带动，两者之间产生打滑现象，将运动链断开，避免了因传动机构过载而损坏。过载现象消失后，由于弹簧的弹力，安全离合器即自动地恢复到原来的正常进给状态。

　　机床许用的最大进给力取决于弹簧的预紧弹力。拧动螺母（图 1-15），调整杆及止推套的轴向位置，就可调整弹簧预紧弹力。

　　(6) 纵向移动刻度盘（图 1-16）　　纵向移动刻度盘用于记载刀架及溜板箱的纵向移动量。它套装在溜板箱纵向移动手轮轴的外面。当溜板箱及刀架纵向移动时，轴 XXV 也随着转动，于是经过齿轮副 $\frac{33}{39}$ 及 $\frac{39}{105}$ 传动带内齿轮的刻度盘体，刻度盘随之转动。

　　刻度盘装在操作人便于观察的位置，当刻度盘需记数时，首先应松开锁紧装置的螺钉，于是弹簧将钢球推开，刻度盘便与刻度盘体松开，就可把刻度盘转动到所需的周向位置上，再拧紧螺钉，使钢球将刻度盘锁紧在刻度盘体上。该锁紧装置不仅是为了使读数准确可靠和记数方便，而且在溜板箱及床鞍快速移动的启动和停止时，也不会因惯性作用而造成刻度盘的错位。纵向移动刻度盘每格移动量为 1mm。

　　4. 床鞍、中滑板、转盘、小滑板及方刀架

　　(1) 床鞍（见图 1-21）　　床鞍 1 装在床身的刀架导轨 A 和 B 上，它可沿着床身导轨纵向移动。A 是棱形导轨，它的形状相当于等腰直角三角形的两直角边。B 是平导轨。床鞍的前后侧装有前压板 14 和后压板 15，压板和床身下导轨面间的间隙应小于 0.04mm，压板磨损后间隙可以调整。床鞍成工字形，其导轨的端面装有用细毛毡制成的刮板 16，用钢板 17 及螺钉固定在床鞍的端面，当床鞍运动时，刮板将落在床身导轨表面上的切屑、灰尘等杂物刮掉，不使杂物侵入导轨表面之间，以减少导轨的磨损。

　　(2) 中滑板（见图 1-21）　　中滑板 3 可沿床鞍 1 上部的燕尾导轨作横向运动。中滑板是由横进给丝杠 2（即图 1-1 中的丝杠 XXX）传动的。为了能调整间隙，螺母是由右螺母 11 和左螺母 13 两部分组成的。如螺母磨损后间隙过大，可按照下述方法调整间隙：首先松开左螺母 13 的螺钉 4，然后拧动螺钉 5，将楔形

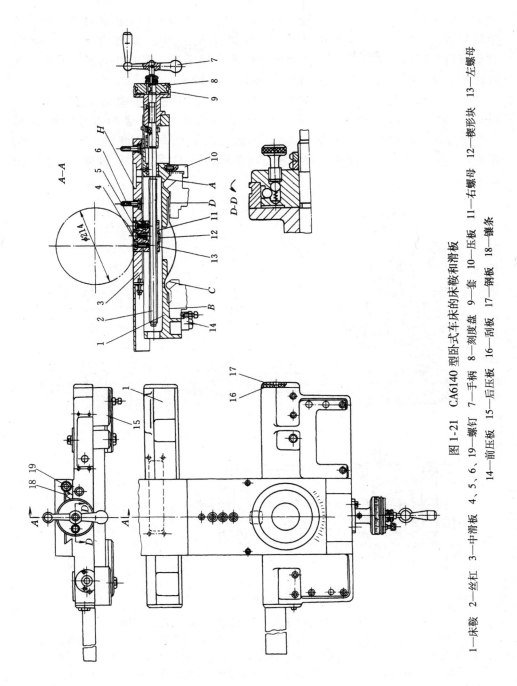

图 1-21　CA6140 型卧式车床的床鞍和滑板

1—床鞍　2—丝杠　3—中滑板　4、5、6、19—螺钉　7—手柄　8—刻度盘　9—套　10—压板　11—右螺母　12—楔形块　13—左螺母
14—前压板　15—后压板　16—刮板　17—钢板　18—镶条

块 12 向上拉，这时左螺母 13 被推向左移，使螺母与丝杠间的间隙减小，间隙调整妥当后，用螺钉 4 将左螺母 13 固定。中滑板燕尾导轨的间隙由镶条 18 调整。拧动镶条前后端的调整螺钉 19，就可调整镶条 18 在横刀架内的位置，从而实现间隙的调整。中滑板刻度盘每格横向移动量为 0.05mm。

（3）转盘（见图 1-22）　转盘 20 装在中滑板 3 的上平面上（图 1-22、图 1-21）。它下部的定心圆柱面 H 装在中滑板 3 的孔 H 中，转盘 20 及小滑板 21 可以在中滑板上回转至一定的角度位置。转盘可调整的最大角度是 ±90°。转盘的位置调整妥当后，须拧紧螺母 46，螺母将 T 形螺钉 47 拉紧，使转盘紧固在中滑板上。

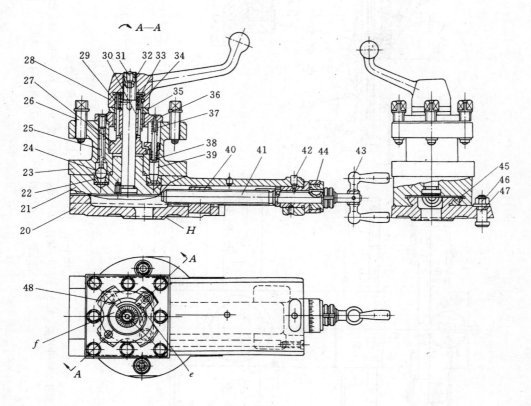

图 1-22　CA6140 型卧式车床的转盘、小滑板及方刀架

20—转盘　21—小滑板　22—定位孔　23—方刀架体　24—钢球　25、37、38—弹簧
26—锁紧螺钉　27—凸轮　28、43—手柄　29、30—套　31—油杯　32、41—轴　33—压缩弹簧
34—销　35—垫圈　36—盖　39—定位销　40—键　42—销钉　44—定位套　45—镶条
46—螺母　47—T 形螺钉　48—转位销

（4）小滑板（见图 1-22）　　小滑板 21 装在转盘 20 的燕尾导轨上，当转盘转动一定的角度调整好后，用手操作移动小滑板，可以车削较短的圆锥面。小滑板的手把轴上也有刻度盘，每格的移动量为 0.1mm。小滑板导轨的间隙是由镶条 45 来调整的。

（5）方刀架（见图 1-22）　　方刀架装在小滑板 21 的上面。在方刀架的四侧可以夹持 4 把车刀（或 4 组刀具）。方刀架体 23 可以转动四个位置（间隔 90°），使所装的 4 把车刀轮流地参加切削，方刀架转位、定位及夹紧的工作原理为：转位时，首先按逆时针方向转动手柄 28，于是手柄与轴 32 之间的螺纹使手柄向上移动，使方刀架体 23 松开，同时，手柄 28 通过销 34 带动套 29 转动，套 29 中有花键孔与套 30 的花键相配合，套 30 的下端有单向倾斜的端面齿，它与端面凸轮 27 的齿相啮合，套 30 的上部作用有压缩弹簧 33，因此，套 29 便通过套 30 的端面齿带动端面凸轮 27 向逆时针方向转动。当 27 转到定位销 39 的 "Γ" 形尾部下面时，端面凸轮 27 上部的斜面将定位锥销 39 从定位孔中拔出。手柄 28 继续向逆时针方向转动，当端面凸轮 27 缺口中的 e 面碰到转位销 48 时，端面凸轮 27 便带动方刀架体 23 向逆时针方向转动，方刀架转位到 90° 时，粗定位钢球 24 在弹簧 25 的作用下被压入小滑板 21 上的另一个定位孔 22 中，使方刀架体 23 得到粗定位。这时，操作者将手柄 28 改为顺时针方向转动，于是套 29、30 及端面凸轮 27 也改为顺时针方向转动。当凸轮 27 转动至其上端面脱离定位销 39 的 "Γ" 形尾部时，定位销 39 在弹簧 38 的作用下被压入小滑板 21 的另一个定位孔中，方刀架体 23 获得了精确的定位。当端面凸轮 27 顺时针方向转动至缺口的另一面 f 碰到转位销 48 时，由于方刀架体 23 已被定位，所以端面凸轮 27 不能继续转动，但手柄 28 仍继续顺时针方向转过一定的角度，使手柄 28 沿轴 32 的螺纹向下拧，直到将方刀架体 23 压紧在小滑板 21 上时为止。在端面凸轮 27 由于碰到转位销 48 停止转动、而手柄 28 和套 29、30 尚继续顺时针方向转动的过程中，由于套 30 和 28 间的端面齿是单向倾斜齿，作用在套 30 上的轴向向上力将弹簧 33 压缩，使套 30 的齿能在端面凸轮 27 的齿面上打滑。由油杯 31 加注入的润滑油，用于润滑方刀架体内的各零件。

5. 尾座

图 1-23 是 CA6140 型卧式车床尾座。尾座装在床身的尾座导轨 C 及 D 上，它可以根据工件的长短调整纵向位置。位置调整妥当后，用快速紧固手柄 8 夹紧，当快速手柄 8 向后推动时，通过偏心轴及拉杆，就可将尾座夹紧在床身导轨上。有时，为了将尾座紧固得更牢靠些，可拧紧螺母 10，这时螺母 10 通过螺钉 11 将压板 12 使尾座牢固地夹紧在床身上。后顶尖 1 安装在尾座顶尖套 3 的锥孔中。尾座顶尖套装在尾座体 2 的孔中，并由平键 13 导向，使它只能轴向移动，不能转动。摇动手轮 9，可使尾座顶尖套 3 纵向移动。当尾座顶尖套移到所需位

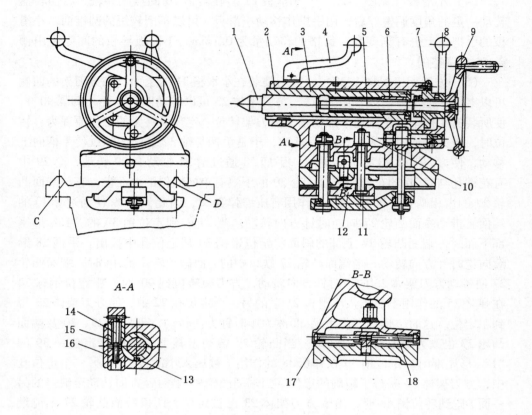

图 1-23　CA6140 型卧式车床尾座
1—后顶尖　2—尾座体　3—尾座顶尖套　4—手柄　5—丝杠　6、10—螺母　7—端盖　8—紧固手柄
9—手轮　11、17、18—螺钉　12—压板　13—平键　14—螺杆　15、16—套筒

置时，可用手柄 4 转动螺杆 14 以拉紧套筒 15 和 16，从而将尾座顶尖套 3 夹紧。如需卸下顶尖，可转动手轮 9，使尾座顶尖套 3 后退，直到丝杠 5 的左端顶住后顶尖，将后顶尖从锥孔中顶出。

在卧式车床上，也可将钻头等孔加工刀具装在尾座顶尖套的锥孔中。这时，转动手轮 9，借助于丝杆 5 和螺母 6 的传动，可使尾座顶尖套 3 带动钻头等孔加工刀具纵向移动，进行孔加工。

调整螺钉 17 和 18 用于调整尾座座体 2 的横向位置，也就是调整后顶尖中心线在水平面内的位置，使它与主轴中心线重合，车削圆柱面；或使它与主轴中心线相交，工件由前后顶尖支承，用以车削锥度较小的锥面。

第二节　CA6140 型卧式车床的故障征兆、分析与检修

　　故障在发生、形成的过程中，一定会有一些不正常的先兆和现象，它们被称为故障征兆。本节就从车床加工工件的质量，机械系统的结构性能，液压、润滑系统，电气系统四个方面的故障征兆进行介绍。

一、加工工件质量不良反映的车床故障分析与检修（21 例）

1. 车削工件时出现椭圆或棱圆（即多棱形）

【故障原因分析】

1）主轴的轴承间隙过大。

2）主轴轴承磨损。

3）滑动轴承的主轴轴颈磨损或圆度误差过大。

4）主轴轴承套的外径或主轴箱体的轴孔呈椭圆形，或相互配合间隙过大。

5）卡盘后面的连接盘的内孔、螺纹配合松动。

6）毛坯余量不均匀，在切削过程中吃刀量发生变化。

7）工件用两顶尖装夹时，中心孔接触不良，或后顶尖顶得不紧，以及可使用的回转顶尖产生扭动。

8）前顶尖锥圆跳动超差。

【故障排除与检修】

1）调整轴承的间隙。主轴轴承间隙过大直接影响加工精度，主轴的旋转精度有径向跳动及轴向窜动两种，径向跳动由主轴的前后双列圆柱滚子轴承保证。在一般情况下调整前轴承即可。其方法如下，松开螺母 3（图 1-4a）和紧定螺钉 2，拧紧螺母 4，可消除主轴轴承间隙。调整后，拧紧螺母 3，并略松螺母 4 使推力球轴承有适当间隙，最后将螺钉 2 锁紧。如径向圆跳动仍达不到要求，就要对后轴进行同样的调整。

　　调整后应进行 1h 的高速空运转试验，主轴轴承不得超过 70℃，否则应稍松开螺母。注意在紧固螺母 1、4 时应先松开 1、4 上的固定螺钉。

　　CA6140 主轴还有另一种结构形式（见图 1-24），调整方法同上。

2）更换滚动轴承。

3）修磨轴颈或重新刮研轴承。

4）可更换轴承外套或修正主轴箱的轴孔。

5）重新修配卡盘后面的连接盘。

6）在此道工序前增加一道或两道粗车工序，使毛坯余量基本均匀，以减小复映误差，再进行此道工序的加工。

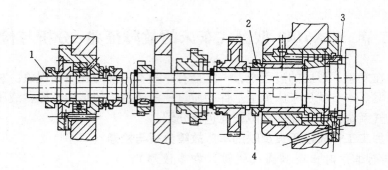

图 1-24　CA6140 型卧式车床的另一种主轴结构

7）工件在两顶尖间装夹必须松紧适当。发现回转顶尖产生扭动，须及时修理或更换。

8）检查、更换前顶尖，或把前顶尖锥面修车一刀，然后再装夹工件。

2. 车削时工件出现锥度

【故障原因分析】

1）用卡盘装夹工件纵进给车削时，产生锥度是由于主轴轴线在水平面和垂直面上相对溜板移动导轨的平行度超差引起的。

2）车床安装时使床身扭曲，或调整垫铁已松动，引起导轨精度发生变化。

3）床身导轨面严重磨损，主要的三项精度均已超差，即导轨在水平面内的直线度超差，由于棱形导轨和平导轨磨损量不等，使溜板移动时产生倾斜误差；导轨在垂直面内的直线度超差。

4）用一夹一顶或两顶尖装夹工件时，后顶尖不在主轴的轴线上，或前后顶尖不等高及前后偏移。

5）用小滑板车外圆时产生锥度，是小滑板的位置不正，即小滑板的刻线没有与中滑板的零刻度线对准。

6）工件装夹时悬臂较长，车削时因背向力影响使前端让开，产生锥度。

7）由于主轴箱温升过高，引起机床热变形（见图 1-25）。图中细双点画线为机床热变形以后的形状（夸张画法）。主轴箱热变形引起车床主轴中心线升高；热量从主轴箱底部传给床身，

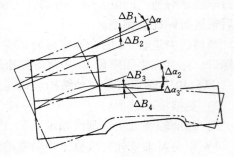

图 1-25　机床热变形

床身热变形引起主轴中心线的倾斜。主轴箱内主要热源是主轴轴承。由于

CA6140 型卧式车床的液压泵由主电动机拖动，从左床腿内的润滑箱内把润滑油打到主轴箱和进给箱内，这种箱外循环强制润滑的方式较以往老型号的卧式车床主轴箱油浸式润滑有了改进，因此 CA6140 型卧式车床由主轴箱热变形引起床身热变形的情况有所缓解。

8）切削刃不耐磨，中途逐渐磨损，引起工件呈锥形。刀具的影响虽不属车床本身的原因，但这个因素绝不可忽视。

【故障排除与检修】

1）必须重新检查并调整主轴箱安装位置和刮研修正导轨。

① 检查主轴锥孔中心线和尾座顶尖套锥孔中心线对溜板移动的等高度。对于 CA6140 型卧式车床（床身上最大工件回转直径小于或等于 400mm）公差 0.06mm，并且只作尾座高，如图 1-26 所示。用指示表及磁性表座、检验棒、莫氏 6 号和 5 号锥柄顶尖各一件，移动溜板，在检验棒两端处的上素线上检测。

检测时，将顶尖套完全退入尾座内，并应紧固。在两顶尖间顶紧一根长度约等于最大顶尖距的 $\frac{1}{2}$ 的检验心轴（见图 1-27）。对于溜板行程大于 2000mm 的车床，可在主轴锥孔和尾座顶尖孔中，各插入一根直径相等的检验心轴进行检测（这两根检验心轴的锥柄分别为莫氏 6 号和莫氏 5 号，如果这两根检验心轴外径不相等，可在这两根心轴上各配一只套，这两只套的外径要相等）。指示表在检验心轴两端读数的差值，就是等高度的误差。

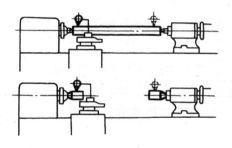

图 1-26　主轴锥孔中心线和尾座
顶尖套锥孔中心线对溜板移动
的等高度检测

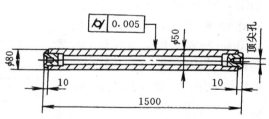

图 1-27　检验心轴

② 检查溜板移动对主轴中心线的平行度，如图 1-28 所示。在 300mm 的测量长度上，在 a 上素线上测量公差 0.03mm，只许伸出的一端向上翘，在 b 侧素线上测量公差 0.015mm，只许伸出端向操作方面偏。用指示表和插在主轴孔内的莫氏 6 号锥度检验心轴，移动溜板分别在 a 上素线和 b 侧素线上检测。将主轴

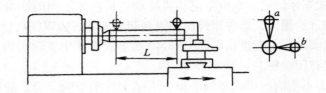

图1-28　溜板移动对主轴中心线的平行度

旋转180°后，再同样检验一次，两次测量结果的代数和之半，就是平行度的误差。

③ 若上述两项检查测得的数值超过公差值，即可考虑进行修复。修理方法如图1-29所示，利用刮刀和刮研平板来修刮主轴箱的安装面，以尾座顶尖套锥孔中心线为基础，通过修刮和调整，使这两项精度均达到要求。

2）必须检查并调整床身导轨的倾斜程度。

① 检查溜板移动时的倾斜，如图1-30所示。将水平仪横向放在溜板上，移动溜板，每1000mm行程上及全部行程上读数的最大代数差值，就是倾斜的误差；按规定，在溜板每1000mm行程上公差为$\frac{0.03\text{mm}}{1000\text{mm}}$；在溜板全部

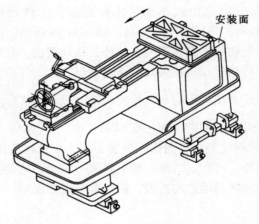

图1-29　修刮主轴箱安装面

图1-30　溜板移动时的倾斜

行程小于或等于500mm行程上，公差为$\frac{0.02\text{mm}}{1000\text{mm}}$；全部行程 >500～1000mm，公差为$\frac{0.03\text{mm}}{1000\text{mm}}$；全部行程大于1000～2000mm，公差为$\frac{0.04\text{mm}}{1000\text{mm}}$；全部行程大于2000～4000mm，公差为$\frac{0.05\text{mm}}{1000\text{mm}}$；全部行程大于4000～8000mm，公差为$\frac{0.08\text{mm}}{1000\text{mm}}$。

② 若上述检查测得的倾斜值超差，则可通过调整垫块和紧固地脚螺钉的方

法来使倾斜值符合要求；如果地脚螺钉与车间基础间发生松动，那就得清理基础，重新预埋地脚螺钉。

3）刮研导轨甚至用导轨磨床磨削导轨恢复这三项主要精度，达到标准。这就不是一般的维修，是属于大修或项修的范畴了。

4）可调整尾座偏移量，使顶尖对准主轴中心线，如图1-23所示，调整尾座两侧的横向螺钉17和18以及调整尾座底座的高度。也可用垫片来补偿尾座底座的磨损或刮研底座来使前后顶尖等高。

5）使用小滑板车外圆时，必须事先检查小滑板上的刻度是否跟中滑板的"0"线对准。

6）尽量减少工件的伸出长度，或另一端用尾座顶尖支顶，增加工件的装夹刚性。

7）检查并解决引起主轴箱温升的各种因素：

① 检查所用润滑油是否合适，应选用 L – AN46 全损耗系统用油润滑，粘度控制在（3.81～4.59）×10^{-6}m^2/s，应按要求定期换油，各箱的油面不低于油标中心线。检查主轴箱油窗是否来油。

② 检查主轴前轴承润滑油的供油量，通常供油量 1.5～2L/每班、0.48L/h、60～30 滴/min（约 0.006L/min）等不同的供油量都可取得较好的润滑降温效果。而供油量过多时，轴承不但不能冷却和润滑，反而会因严重的搅拌现象而使轴承发热。当然，供油过小，温度也会上升。

③ 按规定要求调整主轴。

8）及时修正刀具，正确选择刀具材料、主轴转速和进给量。

3. 车外圆尺寸精度达不到要求

【故障原因分析】

1）操作者看错图样或刻度盘使用不当。

2）车削时盲目吃刀，没有进行试切削。

3）量具本身有误差或测量不正确。

4）由于切削热的影响，使工件尺寸发生变化。

【故障排除与检修】

1）车削时必须看清图样尺寸要求，正确使用刻度盘，看清刻度数值。

2）根据加工余量确定背吃刀量，进行试切削，然后修正背吃刀量。

3）使用量具前，必须仔细检查和调整零位，正确掌握测量方法，遵守首件检查制度，避免批量报废。

4）不能在工件温度较高时测量，如果必须测量，应先掌握工件的收缩情况。也可在车削时浇注切削液，降低工件的温度。

4. 车外圆工件表面粗糙度达不到要求

【故障原因分析】

1）车床刚性不足，如滑板的镶条过松，传动件（如带轮）不平衡或主轴太松引起振动。

2）车刀刚性不足或伸出太长引起振动。

3）工件刚性不足引起振动。

4）车刀几何形状不正确，例如选用过小的前角主偏角和后角。

5）低速切削时，没有加切削液。

6）切削用量选择不合适。

7）切屑拉毛已加工的表面。

【故障排除与检修】

1）消除或防止由于车床刚性不足而引起的振动，正确调整车床各部分的间隙。

2）增加车刀的刚性并正确安装车刀。

3）增加工件的装夹刚性。

4）选择合理的车刀角度（如适当增加前角，选择合理的后角，用磨石研磨切削刃，降低切削刃处的表面粗糙度值）。

5）低速切削时，应加注切削液。

6）进给量不宜太大，精车余量和切削速度要适当。

7）控制切屑的形状和排出的方向。

5. 精车圆柱表面时出现乱纹

【故障原因分析】

1）主轴的轴向游隙超差。

2）主轴滚动轴承滚道磨损、某粒滚珠磨损或间隙过大。

3）主轴的滚动轴承外环与主轴箱主轴孔的间隙过大。

4）用卡盘夹持工件切削时，因卡盘后面的连接盘磨损而与主轴配合松动，使工件在车削中不稳定；或卡爪是喇叭孔形状，使工件夹紧不牢。

5）溜板（即床鞍、中滑板、小滑板）的滑动表面之间间隙过大。

6）刀架在夹紧车刀时发生变形，刀架底面与小滑板表面的接触不良。

7）使用尾座顶尖车削时，尾座顶尖套夹紧不稳固，或回转顶尖的轴承滚道磨损，间隙过大。

8）进给箱、溜板箱、托架的三支承不同轴，转动时有卡阻现象。

【故障排除与检修】

1）可调整主轴后端的推力轴承的间隙。

2）应调整或更换主轴的滚动轴承，并加强润滑。

3）用千分尺、气缸表等检查主轴孔。圆度公差为 0.012mm、圆柱度公差为 0.01mm、前后轴孔的不同轴度公差为 0.015mm，轴承外环与主轴孔的配合过盈量为 0 ~ 0.02mm。如果主轴孔的圆度、圆柱度等已超差，必须先设法刮圆、刮直，然后再采用"局部镀镍"等方法，以达到与新的滚动轴承外环的配合要求。如果超差值过大无法用"局部镀镍"法修复，则可采用镗孔镶套的办法予以解决。

4）可先行并紧卡盘后面的连接盘及安装卡盘的螺钉，如不见效，再改变工件的夹持方法，即用尾座支承进行切削。如乱纹消失，即可确定是由于卡盘后面的连接盘的磨损所致，这时可按主轴的定心轴颈配作新的卡盘连接盘。如果是卡爪呈喇叭孔时，一般用加垫铜皮的方法即可解决。

5）调整床鞍、中滑板、小滑板的镶条和压板到合适的配合，使移动平稳、轻便。用 0.04mm 塞尺检查时，插入深度应小于或等于 10mm，以克服由于溜板在床身导轨上纵向移动时受齿轮—齿条及切削力的倾覆力矩而沿导轨面跳跃的缺陷。

6）在夹紧刀具后，用涂色法检查方刀架底面与小滑板接合面的接触精度，应保证方刀架在夹紧刀具时仍保持与它均匀而全面地接触，否则就用刮研法予以修正。

7）应先检查顶尖套是否夹紧了，如不是此原因，则应检查顶尖套与尾座体的配合以及夹紧装置是否配合合适。如果确定顶尖套与尾座体的配合过松，则应对尾座进行修理，研磨尾座体孔，顶尖套镀铬后精磨与之相配，间隙控制在 0.015 ~ 0.025mm 之间；回转顶尖有间距则更换回转顶尖。

8）找正光杠、丝杠与床身导轨的平行度，找正托架的安装位置，调整进给箱、溜板箱、托架三支承的同轴度，使床鞍在移动时无卡阻现象。

6. 精车圆柱表面时在轴向出现有规律的波纹（每隔一定长度距离上重复出现一段波纹）

【故障原因分析】

1）如果波纹的间距与车床齿条的齿距相同时，则是由溜板箱的纵进给小齿轮与齿条啮合不好所引起的。

2）波纹有规律地周期性变化，可能是由光杠的弯曲度过大而造成的。

3）光杠、丝杠的支架、进给箱与溜板箱的三孔同轴度超差。

4）溜板箱内某一传动齿轮（或蜗轮）损坏，或是由于偏心振摆引起的啮合不良。

5）床鞍与床身导轨的间隙不合适。

6）主轴箱、进给箱中的轴弯曲或齿轮损坏。

【故障排除与检修】

1）检查啮合情况，调整啮合间隙，注意修正齿条的各段接缝处配置质量。

2）应拆下光杠调整校直。

3）应找正光杠、丝杠与床身导轨的平行度，找正支架的安装位置，调整三孔的同轴度，使床鞍在移动时，无阻滞和轻重不均匀的现象。

4）检查和调整溜板箱内的齿轮啮合与传动轴的安装精度。

5）调整床鞍两侧的压板与镶条，使之间隙合适，移动时平稳灵便。

6）校直传动轴，用手转动各轴，在空转时应无轻、重现象。

7. 精车圆柱表面时在圆周上出现有规律的波纹

【故障原因分析】

1）出现这种波纹时，如果波纹与主轴传动齿轮上的齿数相同，则可确定是齿轮啮合不好所引起的。

2）电动机旋轴不平衡而引起的振动。电动机前后轴承端盖不同心，轴承外圆与孔配合过松，或是轴承内保持架损坏。

3）因电动机支座松动和带轮等旋转零件的偏摆而引起的振动所造成的。

4）传动 V 带长短不一，或调节不当。

5）主轴承的间隙过大或过小。

6）在用后顶尖顶住工件车削时，顶尖稳固性不牢靠。

7）外界通过地基传入的有规律振动（如空压机等振动）。

8）刀具与工件之间产生的振动。

【故障排除与检修】

1）对主轴上的传动齿轮进行研磨跑合，或更换齿轮。

2）检查电动机的转子平衡情况及前后轴承孔的同轴度及轴承精度等，必要时可对电动机进行动平衡，调换轴承。

3）紧固支座上的螺钉，使小带轮与大带轮端面在一个平面内，调整带轮等旋转零件的偏摆，或对带轮等高速旋转零件进行修正，车削修正带轮的外径及 V 形槽。

4）更换 V 带，并进行挑选，力求长短一致，并调整好 V 带的松紧。

5）调整好主轴承的间隙。

6）检查尾座压板、尾座套筒夹紧装置等，使它不能有松动现象。

7）采用防振垫铁等措施，减少由地基振动引起的强迫振动。

8）设法减少刀具的振动：

① 对刀具进行刃磨，保持切削性能。

② 找正刀尖的安装位置，使其高于工件中心线，但不超过 0.5mm。

③ 调整刀杆伸出的长度，使其不大于刀杆厚度的 1.5 倍。

8. 精车外圆时圆周表面上与主轴轴线平行或成某一角度重复出现有规律的波形

【故障原因分析】

1）主轴上的传动齿轮齿形不良或啮合不良。

2）主轴轴承的间隙太大或太小。

3）主轴箱上的带轮外径或 V 形槽振摆过大。

【故障排除与检修】

1）出现这种波纹时，如果波纹的头数（线条数）与主轴上的传动齿轮齿数相同，就能确定是主轴上的传动齿轮齿形不良、啮合不良。在主轴轴承调整安装好后，一般要求主轴齿轮的啮合间隙不得太大或太小，正常情况下侧隙保持在0.05mm 左右。当啮合间隙太小时，可用研磨膏研磨齿轮，然后要全部拆卸清洗。对于啮合间隙过大或齿形磨损过度而无法消除这种波纹时，只能更换主轴齿轮。

2）调整主轴轴承的间隙。

3）消除带轮的偏心振摆，调整其滚动轴承的间隙。

9. 精车外径时在圆周表面的固定位置上有一节波纹凸起

【故障原因分析】

1）床身导轨在固定的长度位置上有碰伤、凸痕等。

2）齿条表面在某处凸出或齿条之间的接缝不良或某粒齿齿厚与其他齿不同。

【故障排除与检修】

1）修去碰伤、凸痕等毛刺。

2）仔细找正齿轮齿条的接缝配合处，如遇到齿条上某一齿特粗，可修整该齿条使之与其他齿的齿厚相同；如某一齿特细，可考虑更换齿条。

10. 粗车外径时主轴每一转在圆周表面上有一处振痕

【故障原因分析】

1）主轴的滚动轴承某几粒滚柱磨损严重。

2）主轴上的传动齿轮节径振摆过大。

【故障排除与检修】

1）将主轴滚动轴承拆卸后，用千分尺逐粒测量滚柱，如确是某几粒滚柱磨损严重（或滚柱间的尺寸相差较大）时，须更换轴承。

2）消除主轴齿轮的节径振摆，严重时要调换齿轮副。

11. 用小滑板移动作精车时出现工件素线直线度降低或表面粗糙度值增大

【故障原因分析】

1）小滑板导轨底面的平面度及燕尾槽的直线度超差，使小滑板移动的轨迹与主轴轴线不平行。

　　2）小滑板导轨滑动面间隙调整不合适。

　　3）小滑板丝杠弯曲与螺母不同轴。

　　【故障排除与检修】

　　1）刮研修正小滑板导轨。

　　2）调整镶条使之紧松合适。

　　3）应校直使之同轴。

　　12. 工件精车端面后出现端面振摆超差和有波纹

　　【故障原因分析】

　　1）主轴轴向窜动过大。

　　2）中滑板丝杠弯曲或与螺母之间的间隙过大。

　　3）中滑板横向进给不均匀。

　　【故障排除与检修】

　　1）调整主轴后端的推力轴承。

　　2）调整中滑板丝杆与螺母的间隙或重配螺母，并校直丝杠。

　　3）检查传动齿轮的啮合间隙，并调整中滑板的镶条间隙。

　　13. 对精车后的工件端面（在工件未松夹前，在机床上用指示表测量车刀进给运动轨迹的前半径范围内），表面直线度发生读数差值

　　【故障原因分析】

　　1）理论上讲，在测量车刀本身运动轨迹时，在工件端面的前半径内，指示表的读数应该是不变的。出现读数差值说明床鞍的上导轨面（燕尾面）不直。

　　2）与床鞍上导轨相配合的镶条有窜动。

　　【故障排除与检修】

　　1）为测量床鞍上导轨燕尾槽面的直线度，可准备好指示表及磁性表座、角度底座和平行平尺。角度底座如图 1-31 所示，直线度误差可按图 1-32 所示进行测量。测量时，先在床鞍上导轨斜面的两端校正平行平尺使其读数相等。沿燕尾

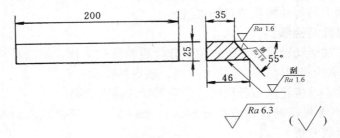

图 1-31　角度底座

导轨全长上指示表的最大读数差，就是直线度误差。全长上公差为 0.02mm，如果确实存在较大误差时应刮研修直，并刮研燕尾导轨的平行度（见图 1-33），测量燕尾导轨的平行度误差不超过 0.02mm。

2）检查修理中滑板下与床鞍相配合的镶条。

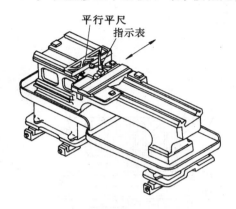

图 1-32　测量溜板上导轨的直线度

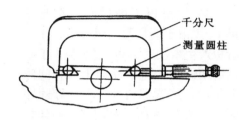

图 1-33　测量燕尾导轨的平行度

14. 精车后的工件端面产生中凹或中凸

【故障原因分析】

1）中滑板横向移动方向，即床鞍的上导轨与主轴中心线垂直度超差。

2）床鞍移动对主轴箱主轴中心线的平行度超差，要求主轴中心线向前偏。

3）床鞍的上、下导轨垂直度超差，技术上要求床鞍上导轨的外端必须偏向主轴箱。

4）用右偏刀从外向中心进给时，床鞍未固定，车刀扎入工件产生凹面。

5）车刀不锋利、小滑板太松或刀架没有压紧，使车刀受切削力的作用而"让刀"，因而产生凸面。

【故障排除与检修】

1）先进行检查测量，再刮研修正床鞍上导轨，使它与主轴中心线保持垂直。

2）找正主轴中心线位置，在保证工件（靠近主轴端大，离开主轴端小）合格的前提下，要求主轴中心线向前（偏向刀架）。

3）对经过大修以后的机床出现此类误差时，必须重新刮研床鞍下导轨面。

只有当尚未经过大修而床鞍上导轨的直线度精度磨损严重而形成工件中凹时，才可刮研床鞍的上导轨面。

4）在车大端面时，必须把床鞍的固定螺钉锁紧。

5）保持车刀锋利，中、小滑板的镶条不应太松，装车刀的方刀架应压紧。

15. 精车大端面工件时在直径上每隔一定距离重复出现一次波纹

【故障原因分析】

1）床鞍上导轨磨损，致使中滑板移动时出现间隙等不稳定情况。

2）横向丝杠弯曲。

3）中滑板的横向丝杠与螺母的间隙过大。

【故障排除与检修】

1）刮研配合导轨及镶条。

2）校直横向丝杠。

3）中滑板下的横向丝杠与螺母 1、3 由于磨损面间隙过大，使中滑板产生窜动时，可先松开螺钉 4，然后用螺钉 2 将楔铁向上拉，间隙消除后，拧紧螺钉 4，使螺母固定即可，图 1-34 所示为调整横向丝杠螺母。

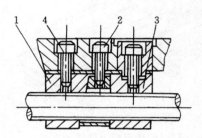

图 1-34　调整横向丝杠螺母

1、3—螺母　2、4—螺钉

16. 精车大端面工件时端面上出现螺旋形波纹

【故障原因分析】

主轴后端的角接触球轴承中某一粒滚珠尺寸比其他滚珠大。

【故障排除与检修】

检查主轴后端的角接触球轴承，确定为由它引起波纹时，可更换新件。如果用调整修复的办法解决问题，前提是该轴承中至少要有三粒滚珠的绝对尺寸相近，可采用解体选配法来解决，尺寸相近的滚珠要放在相隔 120°的位置上。

17. 车削螺纹时螺距不均匀及有乱纹（指小螺距的螺纹）

【故障原因分析】

1）机床的丝杠磨损、弯曲。

2）开合螺母磨损，因与丝杠不同轴而造成啮合不良或间隙过大，并且因为其燕尾导轨磨损而造成开合螺母闭合时不稳定。

3）由主轴传递的传动链（特别是交换齿轮机构）间隙或偏摆过大。

4）丝杠的轴向游隙（包括轴向窜动）过大。

5）米制、英制手柄挂错，或拨叉位置不对，或交换齿轮架上的交换齿轮挂错。

6）床鞍运动的不稳定，如爬行、床鞍手柄的旋转轻重不一，溜板箱内的齿轮缺损或啮合不良。

7）主轴有轴向窜动。

【故障排除与检修】

1）如果丝杠的磨损不严重，仅仅是弯曲，常用压力校直法及敲打法来校直，公差为 0.15mm。如果因经常车制较短的螺纹工件而造成靠近主轴箱一端的丝杠磨损较严重，就要采用修丝杠、配开合螺母的方法。在丝杠校直以后还要修磨丝杠外径，再精车修螺纹，最后才配车开合螺母。

2）如果开合螺母与丝杠的啮合间隙过大，可通过拧动图 1-17 中螺栓 17 来调节。如果调节不能解决问题，就要对开合螺母的燕尾导轨进行修理：

① 首先修刮燕尾导轨 1、2（见图 1-35），用小型平板刮研表面 1，用角度底座刮研表面 2，要使燕尾导轨面与溜板箱结合面的垂直度不大于 0.08~0.10mm/200mm。

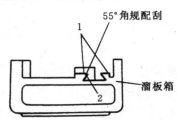

图 1-35　刮研开合螺母燕尾导轨

② 检查丝杠、光杠孔中心线的等高情况（见图 1-36），在溜板箱的光杠孔中紧密插入 ϕ50mm 检验心轴；而用开合螺母夹持另一检验心轴（两根心轴接触指示表的外圆尺寸要相同，便于测量计算），要注意结合面必须用检验直角尺来找正，使结合面垂直于测量平板的表面。如果结合面未处于垂直位置，可调整三点支承使该面至垂直要求。

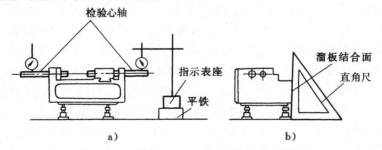

图 1-36　检查丝杠、光杠孔中心线的等高情况

一般要求两中心线的高度误差控制在 0.08~0.10mm 之内。由于燕尾导轨的磨损、刮研等原因，两孔的中心线误差可能超差。当误差量过大时，可在开合螺母体的燕尾导轨面上粘结一层塑料板或铜板，或用开合螺母的内螺纹孔中心线的偏移来进行补偿。

③ 按图 1-37 所示测量丝杠、光杠孔中心距离及对结合面的平行度。一般要求两孔中心线的相互平行度及对溜板箱结合面的平行度控制在 200mm 测量长度上不超过 0.08~0.10mm。两孔中心距离应在 63mm±0.05mm 之内。这时必须将开合螺母的操作手柄轴装上，若尺寸 63mm±0.05mm 超差时，可以修正手柄轴上

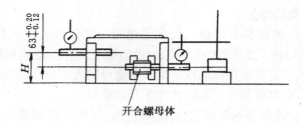

1. 若 $63^{+0.20}_{+0.12}$ mm 超差应更换开合螺母体。

2. 记下 H 值，总装时会用到。

图 1-37　测量丝杠、光杠孔中心距离及对结合面的平行度

的螺旋槽。但也可以同上述一样，由开合螺母内螺纹中心的偏移来补偿。如果不用开合螺母内螺纹中心偏移来补偿（内螺纹中心线与开合螺母的外径、配合面同心便于车床加工），那就得调整开合螺母体。测量过程中，将光杠孔中心线至结合面的高度尺寸 H 测出并记录下来，为以后机床装配中调整丝杠、光杠三支承同轴度的尺寸链时使用。

④ 开合螺母的修理。在修复溜板箱燕尾导轨的同时，修复开合螺母和开合螺母体。

开合螺母的加工方法是先车成整体螺母，螺母的外径与开合螺母体配合，轴向和径向都应采用过渡配合，不能松，螺母的内螺纹与修车后的丝杠尺寸配合。如果在加工开合螺母的内螺纹时，考虑要补偿上述两孔中心距63mm ± 0.05mm 的尺寸偏差及等高度偏差，那么开合螺母就只能先加工好外径与开合螺母体相互配合的尺寸，内孔尺寸先不加工。与开合螺母体装配成一体，按照溜板箱燕尾导轨来配制开合螺母体的导轨及镶条，之后装配在溜板箱上，并装好控制开合螺母的手柄轴，在半成品开合螺母上划好剖分线，并在靠近操作者的一侧做好记号（以免弄错方向）。然后在进给箱ⅩⅨ轴（见图 1-10）右端的接套中配入带顶尖的短轴（俗称冲头），把溜板箱移向顶尖处，就能在半成品开合螺母上顶出一个定位点，根据这个点划出十字线，在车床上找正十字线，可以与长丝杠配车内螺纹至要求。在这些工作完成之后，才能剖分开合螺母成为两部分，并修整内螺纹剖分处的圆弧倒角及修光锐边、毛刺，使开合螺母使用时开合自如。

3）检查各传动件的啮合间隙，凡属可以调整的（如交换齿轮等）均予以调整，使之啮合良好，传动正常。

4）丝杠轴向窜动的测量方法如图 1-38 所示。在丝杠连接轴的中心孔内，用黄油粘住一粒钢珠，将指示表顶在钢珠上，运转连接轴，测得窜动值，也可以在丝杠后端的中心孔中用黄油粘住一粒钢珠，将指示表顶在钢珠上，合上开合螺母，使丝杠转动，测得窜动值，公差为 0.015mm。在测量时，先要控制丝杠的

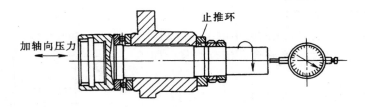

图 1-38 丝杠轴向窜动的测量方法

轴向游隙，丝杠的轴向游隙的测定可以由向左或向右移动溜板箱测得，对于工作转速较低的机床，最大游隙不超过 0.02mm。如果游隙过大，可对进给箱的丝杠连接轴上的螺母进行调整，如果调整后仍达不到要求，就考虑修复丝杠连接轴支承体表面 1、2（见图 1-39）；如果角接触球轴承超差，可更换新的，或采用"解体选配法"进行修配，把尺寸相近的滚珠放在相隔 120°的位置上使轴承的精度得以改善。

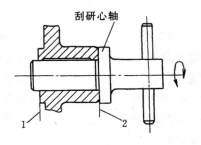

图 1-39 刮研丝杠法兰

5）检查手柄、拨叉的位置和交换齿轮的齿数是否正确，如果有差错应予以更正。

6）要拆下溜板箱，检查箱内的齿轮是否缺损和啮合不良的情况，更换缺损的齿轮，调整好齿轮的啮合状态。检查床鞍导轨副的接合状况，调整床鞍压板与导轨面之间的间隙，各滑动面间用 0.04mm 的塞尺检查，插入深度应不大于 20mm，使床鞍手柄旋转时手感轻重如一。

7）调整主轴后端的角接触球轴承，使主轴的轴向游隙控制在 0.01～0.02mm，测定主轴轴肩支承面的跳动误差不大于 0.015mm。

18. 精车螺纹表面有波纹

【故障原因分析】

1）因机床导轨磨损而使床鞍倾斜下沉，造成丝杠弯曲，与开合螺母啮合不良（单片啮合）。

2）托架支承孔磨损，使丝杠回转中心线不稳定。

3）丝杠的轴向游隙过大。

4）用于进给运动的交换齿轮轴弯曲、扭曲。

5）所有的滑动导轨面（指床鞍、中滑板、小滑板）间有间隙，可能过大。

6）方刀架与小滑板的接触面接触不良。

7）车削长螺纹工件时，因工件本身弯曲而引起的表面波纹。

8）因电动机、机床本身的固有频率而引起的振荡。

【故障排除与检修】

1）参见上面第 17 条故障中的 1）和 2）。

2）对托架支承孔实施镗孔镶套修复，如图 1-40 所示。

3）调整丝杠的轴向间隙，参见第 17 条故障中的 4）。

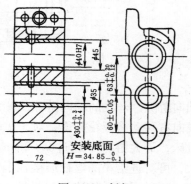

图 1-40　托架

4）修复或更换弯曲、扭曲的交换齿轮轴。

5）床鞍、中滑板、小滑板镶条的间隙调整要求是使床鞍、中滑板、小滑板在移动时既平稳、又轻便。调整床鞍的压板间隙的方法如下（见图 1-21）。拧松锁紧螺母，适当拧紧调节螺钉，以减少外侧压板的镶条和床身导轨的间隙。然后用 0.04mm 塞尺检查，插入深度应小于 20mm，并在用手移动床鞍时无阻滞感觉，即可拧紧锁紧螺母。对床鞍内侧压板则可适当拧紧锁紧螺钉，然后作同样的检查。调整中、小滑板镶条间隙的方法，是分别拧紧、拧松镶条的两端调节螺钉，使镶条和导轨面之间的间隙达到用上述方法检查合格的要求。

6）修刮刀架底座面，将其四个角上的接触点刮软一些。

7）工件必须选用合适的跟刀架，调节妥当，使工件不因车刀的切入而发生弯曲及引起跳动。

8）通过摸索，掌握该振动区的范围，如有条件，可利用振动测试仪器进行诊断。采取防振措施或者在车削螺纹时避开这一松动区。

19. 用方刀架进刀精车锥孔时呈喇叭形（抛物线形）或表面粗糙度值大

【故障原因分析】

1）方刀架的移动燕尾导轨直线度超差。

2）方刀架移动对主轴中心线平行度超差。

3）主轴径向回转精度不高。

【故障排除与检修】

上述 1）、2）两项故障的排除方法：

1）在刮研平板上刮研小滑板表面 2（见图 1-41），平面度公差为 0.02mm，可用小滑板表面 2 与平板涂色研点，接触点每 25mm × 25mm 范围内为 10 ~ 12 点，用 0.03mm 塞尺检查时插不进为合格。

2）用小滑板及角度底座配合刮研刀架中部转盘的表面 3、4、5（见图 1-42）及小滑板的表面 6（见图 1-41），表面 4 的直线度公差为 0.01mm，表面 5 对 3、

4 的平行度测量方法如图 1-42 所示。

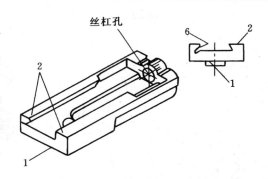

3）表面 6 的精刮与镶条的修复一起完成，如果燕尾导轨因磨损、修刮导致原镶条已不能使用时，除了更换新的镶条外，还可利用原镶条进行修复，方法有两种：其一是在镶条的非滑动面（背面）上粘一层尼龙板、层压板或玻璃纤维板，以恢复其厚度；其二是将原

图 1-41　刮研小滑板表面

镶条在大端方向焊接加长，镶条配置后应保持大端尚有必要的调整余量（10mm 左右）。

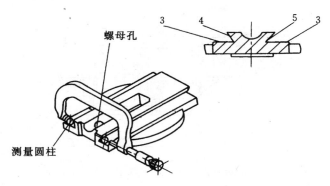

图 1-42　测量燕尾导轨的平行度

4）最后综合检验修复的质量。将镶条调节适当，小滑板底部的移动应无轻重现象，即使拉出刀架中部转盘的一半长度也不应有松动的现象。

5）如图 1-43 所示以中滑板的表面为基准来刮研刀架中部转盘的表面 7，并测量表面 7 相对于表面 3 的平行度（见图 1-44）。测量时，可使刀架中部转盘回转 180°进行校核，平行度公差为 0.03mm，接触面间用 0.03mm 塞尺检查，不能插入为合格。

6）刀架部件安装以后，按图 1-45 所示移动方刀架，测量它与主轴中心线的平行度。然后，把指示表顶在莫氏 5 号检验心轴的侧素线上校直，重刻"0"刻度线。方刀架对主轴中心线的平行度在小滑板的全部行程上公差为 0.04mm。

对于上述故障原因 3），可采用调整主轴轴承间隙，提高主轴回转精度予以解决。

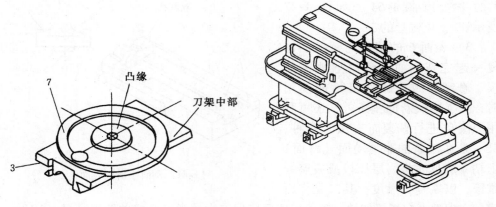

图 1-43　刀架中部转盘　　　　　　　图 1-44　测量刀架导轨的平行度

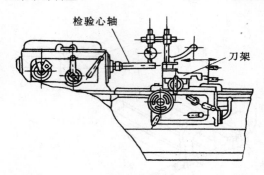

图 1-45　测量方刀架移动对主轴中心线的平行度

20. 刀具重复定位精度差（方刀架回转一周后，重复定位精度须保持在 0.02mm 左右）

【故障原因分析】

1）方刀架定位套和定位基面内有污物。

2）小滑板上的凸台与方刀架孔的配合 $\phi48\dfrac{H7}{h6}$ 超差。

3）$\phi22$ 定位锥套的内锥面质量差及锥套外径与小滑板的孔的配合 $\phi22\dfrac{H7}{k6}$ 超差。小滑板上 $4 \times \phi22H7$ 孔的定位半径 $R41mm \pm 0.02mm$ 与方刀架上定位销孔 $\phi16H7$ 回转中的 $R41mm \pm 0.02mm$ 之间不相符，导致定位销插入后接触不良。

4）方刀架定位销孔与定位销的配合不良，有松动。

【故障排除与检修】

1）根据工作情况及时卸下方刀架，清洗定位套和定位基面，以保证定位精度。

2）参见图 1-54，修复时找正 ϕ22H7 检验心轴与表面 1，车凸台。如果 4 × ϕ22H7 定位锥套的定位半径 R41mm ± 0.02mm 精度不良，还需在 4 × ϕ22H7 孔中插心轴（或把定位锥套拔出一半来充当心轴）找正心轴外侧素线。将原 ϕ48mm 的凸台车小至 ϕ42k6，镶入一铸铁套，镶套的内孔为 ϕ42H7（也可以用厌氧胶粘结，配合间隙为 0.02 ~ 0.04mm），锥套的外径 ϕ48mm 要与刀架座的轴孔单配，保证 H7/k6 配合要求，表面 1 同时光一刀。这样就可以保证凸台与刀架座的回转中心一致，与表面 1 的垂直度公差为 0.01mm。

3）4 × ϕ22mm 定位锥套是保证回转刀架重复定位精度的重要环节，要注意每个锥套的内锥面与定位销端的外锥面的配合质量，保证四只锥套 ϕ22 $\frac{H7}{k6}$ 配合的紧固性，如果 10° 锥面的精度已丧失，一般是换新的锥套备件，无备件时，可把锥套的原来工作位置回转 90° 后重新装入利用。

4）检查定位销孔的质量，使其与定位销的配合不出现松动现象，影响定位精度。如果 ϕ16H7 孔径不同、不直或有拉毛现象，应先对 ϕ16mm 孔进行修铰，然后再单配定位销，保证 H7/g6 配合，锥销的外锥面应与定位锥套内锥面配磨。

21. 用切断刀车槽时（或对外径重切削时）产生振动，车出表面凹凸不平（尤其是薄工件）

【故障原因分析】

1）主轴轴承的间隙过大。

2）承受主轴后轴承轴向力的端面与主轴中心线垂直度差。

3）主轴中心线的径向松摆过大。

4）主轴的滚动轴承内环锥面与主轴锥度的配合不良。

5）切断刀的强度不够，切断刀的刃磨与角度选用不当：

① 切断刀主切削刃不平直，吃刀后由于侧向切削力的作用使刀具偏斜，致使切下的工件凹凸不平。

② 刀尖圆弧刃磨或磨损不一致，使主切削刃受力不均匀而产生凹凸面。

③ 刀具角度刃磨得不正确，两副偏角过大而且不对称，从而降低刀头强度，产生"让刀"现象。

6）切削受力不平稳。

7）工件或切断刀安装不当和刚度不够。

【故障排除与检修】

1）调整主轴轴承的间隙。

2）检查并找正承受主轴后轴承轴向力的端面的垂直度要求（见图 1-46）；检修止推垫圈，如图 1-47 所示。

3）设法将主轴的径向圆跳动调整至最小值，如果滚动轴承的圆跳动无法调整减小时，可采用角度选配法来减少主轴的圆跳动。

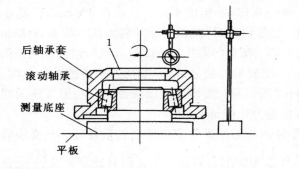

图 1-46　检修后轴承套

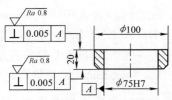

图 1-47　检修止推垫圈

4）检修主轴精度，两级轴承挡外圆的圆度和同轴度公差为 0.005mm，保证 1:12 锥圆与滚动轴承内环锥孔大端接触 50% 以上。

5）增加切断刀的强度，正确刃磨切断刀和选用合适的角度。

① 刃磨时，必须使主切削刃平直，并选用适当的切断刀宽度，宽度太大易引起振动；宽度太窄则切断刀的刚度、强度差，也易引起振动和端面凹凸。

② 刃磨时保证两刀尖圆弧对称。

③ 切断刀两副偏角和副后角必须刃磨得对称，安装时不能歪斜。

④ 切削刃磨损钝化时要及时修磨。

⑤ 适当增大前角以减少切削阻力，适当减小后角以使切断刀能托住工件。

⑥ 在切断刀主切削刃的中间，可修磨 $R = 0.5mm$ 的消振凹槽，有利于消振和导向作用，并能保持车出的端面平直。

6）采取使切削受力平稳的措施：

① 吃刀时不要用力过猛，要先手动进刀，待切削平稳后再自动进刀。

② 如果正切削不平稳，可采用反车法试车一下，但要注意防止卡盘松开、脱落而发生事故。

③ 如果卡盘爪有喇叭口，应修磨卡盘爪或者垫上铜皮装夹。

④ 在用顶尖装夹车槽时，顶尖不宜顶得过紧，否则会使切削不平稳和车出槽的端面凹凸不平整。

⑤ 合理选用切削用量，进给过小时，切屑对切削刃的压力不稳定，常会产生振动波纹。

⑥ 必要时可应用消振器。

7）合理装夹工件和刀具，加强其刚度。

① 工件装夹刚性差时，在找正工件毛坯后，应车出顶尖中心孔，用顶尖支顶；如果原有中心孔不良或受损，应予以修正。

② 采用鱼肚式切断刀，以增强刀头支承刚度。

③ 采用"人"字形主切削刃和过渡刃，以增大两侧刀尖的刀头强度。必要时还可修磨负的副前角。

④ 切断刀不宜伸出太长，并应对准中心线。

⑤ 切断刀底面及刀垫要平整，安装要牢固可靠。

⑥ 中心架卡爪要调整适当，防止有脱落和窜动现象。

二、机械系统、结构性能故障分析与检修（7 例）

1. 重切削时主轴转速低于标牌上的转速，甚至发生停机现象

【故障原因分析】

1）主轴箱内的摩擦离合器调整过松；或者是调整好的摩擦片，因机床超负荷切削，摩擦片之间产生相对滑动现象，甚至表面被研出较深的沟道；如果表面渗碳硬层被全部磨掉时，摩擦离合器就会失去效能。

2）摩擦离合器操纵机构接头 21 与垂直杆的联接松动，如图 1-48 所示。

3）摩擦离合器轴上的元宝销、滑套和拉杆严重磨损，如图 1-49 所示。

4）摩擦离合器轴上的弹簧销或调整压力的螺母松动，如图 1-48 中的 4 和 9。

5）主轴箱内集中操纵手柄的销子或滑块磨损，手柄定位弹簧过松而使齿轮脱开。

6）主电动机传动 V 带调节过松。

【故障排除与检修】

针对此故障中涉及许多摩擦离合器、制动器及其操纵机构的内容，故先阐述"双向多片式摩擦离合器、制动器及其操纵机构"的结构和原理，故障就可迎刃而解。

如图 1-48 所示，双向摩擦离合器装在轴 I 上。摩擦离合器由内摩擦片 3、外摩擦片 2、止推片 10 及 11、压块 8 及空套齿轮 1 等组成。离合器左、右两部分结构是相同的，左离合器传动主轴正转，正转用于切削，需传递的扭矩较大，所以摩擦片的片数较多；右离合器传动主轴反转，主要用于退刀，片数较少。图 1-48a 中表示的是左离合器。图中内摩擦片 3 装在轴 I 的花键上，与轴 I 一起旋转。外摩擦片 2 外圆上 4 个凸起装在空套齿轮 1 的缺口槽中，外片空套在轴 I 上。当杆 7 通过销 5 向左推动压块 8 时，使内摩擦片 3 与外摩擦片 2 互相压紧，于是轴 I 的运动便通过内、外摩擦片之间的摩擦力传给齿轮 1，使主轴正向转动。同理，当压块 8 向右压时，使主轴反转。当压块 8 处于中间位置时，左、右离合器都处于脱开状态，这时轴 I 虽然转动，但离合器不传递运动，主轴处于停止状态。

离合器的接合与脱开由手柄 18 来操纵（图 1-48b）。为了便于工人操作，在

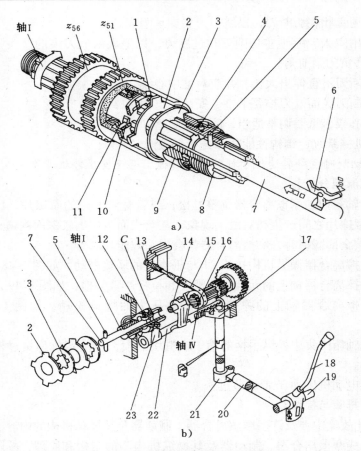

a)

b)

图 1-48　轴 I 上的摩擦离合器及其操纵机构

1—空套齿轮　2—外摩擦片　3—内摩擦片　4—弹簧销　5—销　6—元宝销　7—杆　8—压块
9—螺母　10、11—止推片　12—滑套　13—调节螺钉　14—杠杆　15—制动带　16—制动盘
17—扇形齿轮　18—操纵手柄　19—操纵轴　20—杆　21—转动块　22—齿条　23—拨块

操纵轴 19 上共有 2 个操纵手柄 18，它们分别位于
进给箱及溜板箱的左右两侧。当工人向上扳动操
纵手柄 18 时，杆 20 向外移动，扇形齿轮 17 顺时
针方向转动，齿条 22 通过拨叉使滑套 12 向右移
动。滑套 12 内孔的两端为锥孔，中间是圆柱孔。
滑套 12 向右移动时就将元宝销（杠杆）6 的右端
向下压。由于元宝销 6 是用销装在轴 I 上的，所

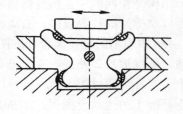

图 1-49　摇杆磨损

以这时元宝销就向顺时针方向摆动，于是元宝销下端的凸缘便推动装在轴 I 内孔
中的杆 7 向左移动，杆 7 通过其左端的销 5 带动压块 8，使压块 8 向左压。所以

将操纵手柄 18 扳到上端位置时，左离合器压紧，使主轴正转。同理，将操纵手柄 18 扳至下端位置时，主轴反转。当操纵手柄 18 处于中间位置时，主轴停止转动。

摩擦离合器除了传递动力外，还能起过载保护装置的作用。当机床超载时，摩擦片打滑，于是主轴就停止转动，从而避免损坏机床。所以摩擦片之间的压紧力是根据离合器应传递的额定扭矩来确定的。当摩擦片磨损后压紧力减小时，可拧动压块上的螺母 9 进行调整。螺母 9 的位置由弹簧销 4 定位。

制动器（刹车）安装在轴Ⅳ上。它的作用是在摩擦离合器脱开的时刻制动主轴，使主轴迅速地停止转动，以缩短辅助时间。制动器的结构如图 1-48b 所示。它是由装在轴Ⅳ上的制动盘 16、制动带 15、调节螺钉 13 和杠杆 14 等件组成的。制动盘 16 为一圆盘，它与轴Ⅳ用花键联接。制动带为一钢带，它的内侧固定一层酚醛石棉。制动带的一端与杠杆 14 相接触。制动器也由操纵手柄 18 控制，当离合器脱开时，齿条 22 处于中间位置，这时，齿条 22 上的凸起正处于与杠杆 14 下端相接触的位置，使杠杆 14 向逆时针方向摆动，将制动带拉紧，使轴Ⅳ和主轴迅速停止旋转。当齿条 22 移至左端或右端位置时，杠杆与齿条凸起的左侧或右侧的凹槽相接触，使制动带放松，这时摩擦离合器接合，使主轴旋转，制动带的拉紧程度由调节螺钉 13 调整。

1）调整摩擦离合器，修磨或更换摩擦片。调整时先将图 1-48 中操纵手柄 18 扳到需要调整到的正转或反转的准确位置上；然后把弹簧定位销（见图 1-50）用螺钉旋具按到圆内，同时拨动紧定螺母，直到螺母压紧离合器的摩擦片为止，再将操作手柄（图 1-48 中的操作手柄 18）扳到停机的中间位置，此时两边的摩擦片均应放松，再将紧定螺母向压紧方向拨动 4～7 个圆口，并使弹簧定位销重新卡入紧定螺母的圆口中，防止紧定螺母在转动时松动。

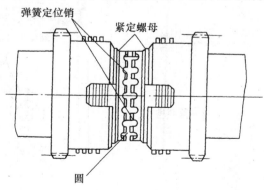

图 1-50　双向摩擦离合器的调整

2）打开配电箱盖，紧固变向机构接头上的螺钉，使接头与垂直杆之间不发生松动。

3）修焊或更换元宝销、滑套和拉杆。

4）检查定位销中的弹簧是否失效，如果缺少弹性就要换新的弹簧，调整好锁紧螺母后，把弹簧定位销卡入螺母的圆口中，防止螺母在转动时松动。

5）更换销子、滑块，选择弹力较强的弹簧，使手柄定位灵活可靠，确保齿轮啮合传动正常。

6）主电动机装在前床腿内，打开前床腿上的盖板，旋转电动机底板上的螺母来调整电动机的位置，可使两 V 带带轮的距离缩小或增大（见图1-51），此例中应使两带轮距离增大，使 V 带张紧。

2. 停机后主轴有自转现象或制动时间太长

【故障原因分析】

1）摩擦离合器调整过紧，停机后摩擦片仍未完全脱开。

2）主轴制动机构制动力不够。

【故障排除与检修】

1）调整好摩擦离合器（如上例所述）。

2）调整主轴制动机构，制动轮装在Ⅳ轴上，制动轮的外面包有制动带。CA6140 车床制动器有两种类似的结构，一种如图 1-48 所示，制动带的拉紧程度由调节螺钉来调整；另一种如图 1-52 所示，调整螺钉和螺母来拉紧制动带，调整后检查当离合器压紧时制动带必须完全松开，否则应把调节螺钉稍微松开一些，控制在主轴 320r/min 时，其制动时间为 2～3 转。

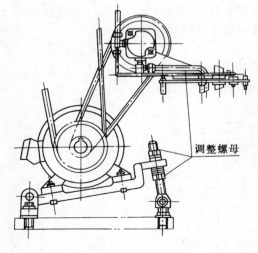

图 1-51　V 带调整装置

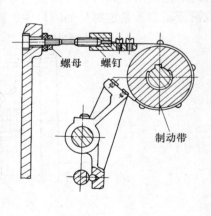

图 1-52　主轴制动机构

3. 主轴箱变速手柄杆指向转速数字的位置不准

【故障原因分析】

主轴箱变速机构由链条传动，链条松动了变速位置就不准。

【故障排除与检修】

主轴箱变速机构链条调整方法如图 1-53 所示，松开螺钉 2，转动偏心轴 1 调整链条松紧度，使转速手柄杆指向转速数字中央，紧上螺钉 2 使钢球 3 压钢球 4，将偏心轴紧固在主轴箱体上。

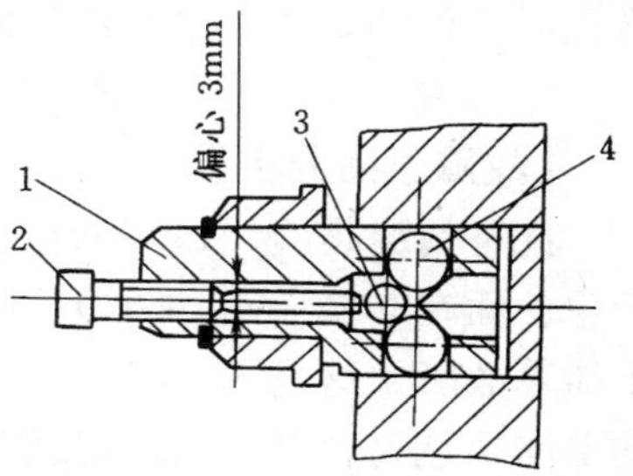

4. 主轴箱某一挡或几挡转动噪声特别大

【故障原因分析】

1) 主轴箱内传递这一挡或几挡转速的啮合齿轮齿廓有缺损或变形。

2) 这一挡或几挡转速涉及的轴承有异常。

图 1-53　链条张紧结构
1—偏心轴　2—螺钉
3、4—钢球

【故障排除与检修】

1) 根据车床主运动传动链的转速图 1-2，查出传递这一挡或几挡转速传动链中的有关啮合齿轮并进行分析，对有关齿轮的齿廓逐一进行检查，明显的缺损能凭肉眼能观察得到，例如有异物掉在啮合齿廓间导致齿廓损伤。有的是在修理装卸过程中，齿轮侧面被敲击过猛，齿廓发生肉眼看不到的变形，也会导致噪声的增大。调换产生噪声的齿轮后问题就能解决。

2) 如果传动链中有关传动轴的轴承有异常，也可采用上述方法通过转速图找出有关的传动轴，参照滚动轴承分布图、明细表，逐一检查分析，确诊异常轴承所在轴，调换产生噪声的轴承，问题就能解决。

对滚动轴承的异常或故障状况可以利用简易故障诊断仪器来测试，一种为"轴承振动测量仪"的测试仪，目前该仪器国内外都有生产。如瑞典生产的 spm 型轴承振动测量仪、上海生产的 CMJ 型轴承振动测量仪、上海华阳检测仪器有限公司生产的 HBA—2 电脑轴承分析仪等。如果条件许可的话，可以利用机械故障综合诊断仪来进行检测。对照机床常用轴承滚动体特征频率表，能准确地测出异常轴承所在轴（部位）。但必须注意到，目前同一型号的滚动轴承，由于生产厂家的不同，轴承内的滚动体的个数常常不一样，需要掌握该机床所用轴承的生产厂家以及其采用的企业标准。

机械故障综合诊断仪也可用于确诊齿轮的故障情况。它适用于机械行业各类旋转机械现场进行精确故障诊断。通过培训和实践，用该类仪器及分析方法能使维修人员无须打开机箱就能迅速、方便、准确地寻找出各类旋转机械的内部故障源。上海第二工业大学研制了 JGZY—1B 型机械故障综合诊断仪。北京新大地高技术公司，江苏宝应振动仪器厂，丹麦 B&K（必凯）公司和美国 ENTEK（恩泰克）科学公司都有这类测试仪器的生产。掌握这类仪器的使用须经"设备状态监测与故障诊断"方面的培训，这是一门近 20 年发展起来的新兴学科，是建立在许多学科基础上的边缘学科。国内大专院校、研究所和一些大中型工厂，把故障诊断技术应用在设备上，尤其应用在车床上已有许多成功的实例。这方面的内容已有专门的著作，本文不赘述。

5. 车床纵向和横向机动进给动作开不出

【故障原因分析】

此种情况是 CA6140 车床机械结构造成的，在 C620—3 车床上也有这种情况产生，而在 C620—1、C620—1B 上并不会产生这种现象。严格地讲，这种情况不能算故障，这是因为在 CA6140 溜板箱内传动机动进给时要经过装在轴 V_c 上的单向超越离合器，这个超越离合器在正常机动进给时由光杠传来的运动通过超越离合器外环（即齿轮 z_{56}），按图示逆时针方向旋转，三个短圆柱滚子便楔紧在外环和星形体之间，外环通过滚子带动星形体一起转动，经过安全离合器 M_3 传至轴 V_c，这时操纵手柄扳到相应的位置，便可获得相应纵向、横向机动进给。

而如果主轴箱控制螺纹旋向的手柄放在左螺纹位置上，光杠为反转，超越离合器外环作顺时针方向旋转，于是就使滚子压缩弹簧而向楔形槽的宽端滚动，从而脱开外环与星体间的传动关系。此时超越离合器不传递力，车床纵向和横向的机动进给动作就开不出来。

【故障排除与检修】

检查主轴箱上控制螺纹旋向的手柄实际所处位置，必须把该手柄放到右旋螺纹的位置上，车床的机动进给动作就可开出来。

6. 方刀架上的压紧手柄压紧后，或刀具在方刀架上紧固后，小滑板丝杠手柄摇动加重甚至转不动

【故障原因分析】

1）刀具夹紧后方刀架产生变形。

2）方刀架的底面不平，压紧方刀架使小滑板产生变形。

3）方刀架与小滑板的接触面接触不良。

4）小滑板凸台与平面 1 不垂直，如图 1-54 所示。

【故障排除与检修】

1）刀具夹紧和刀架夹紧的力度要适当，既要夹紧，又不要用力过猛；如果仍不能解决，只有把方刀架的底面与小滑板的表面 1（见图 1-55）进

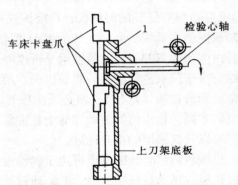

图 1-54　检验定心轴颈的垂直度

行配刮。因为方刀架在夹持刀具后会发生变形，所以使其四个角上的接触点淡一些，也可以在刮研前先上刀具，刮去其四个角上的变形量。

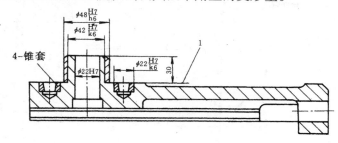

图 1-55　小滑板凸台镶套

2）在夹紧刀具后用涂色法检查方刀架底面与小滑板接合面间的接触精度，应保证方刀架在夹紧刀具时仍保持与它均匀而全面地接触，否则用刮研修正，接触面间用 0.04mm 塞尺检查，不能插入为合格。

3）方刀架底面不平可用平面磨床磨平；小滑板的接合面用刮研方法修正。

4）找正检验心轴与表面 1（见图 1-27），对心轴全长偏差≤0.04mm，对表面 1 垂直度公差为 0.01mm。将原 $\phi48$mm 的凸台车小至 $\phi42$mm，镶入一套，套的内孔与凸台是过盈配合（也可用厌氧胶粘结，配间隙 0.02～0.04mm），套的外径与方刀架内孔是间隙配合（配合间隙为 0.02mm 为好）。

7. 尾座锥孔内钻头、顶尖等顶不出来或钻头等锥柄受力后在锥孔内发生转动

【故障原因分析】

1）尾座丝杠头部磨损。

2）工具锥柄的锥度与尾座套筒的锥孔的接触率低。

【故障排除与检修】

1）烧焊加长尾座丝杠的顶部。

2）修磨尾座套筒的内锥孔，涂色检查接触应靠近大端，接触应不低于工作长度的 75%。或者是对尾座套筒实施改装，在锥孔后增加一个偏形槽（见图 1-56），使用锥柄后带扁尾的刀具，在这样的扁尾套筒内就不会发生转动的情况，当然对尾座丝杠的顶部也要作相应的改动，车成 $\phi16$mm×40mm 一级，使得丝杠顶顶部在使用时也能通过套筒中宽为 18mm 的扁形槽，把刀具顶出来。

三、液压、润滑系统故障分析与检修（6 例）

1. 主轴箱油窗不注油

【故障原因分析】

1）油箱内缺油或过滤器、油管堵塞。

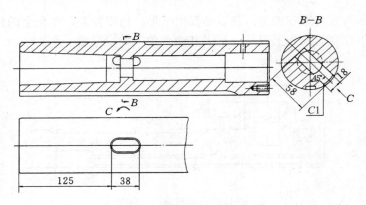

图 1-56　尾座套筒改装图

2）油泵磨损，压力过小或油量过小。

3）进油管漏压。

【故障排除与检修】

1）检查油箱里是否有润滑油；清洗过滤器（包括粗过滤器和细过滤器），疏通油管。

2）检查修理或更换油泵。

3）检查漏压点，拧紧管接头。

2. 机床的润滑不良

【故障原因分析】

机床零件的所有摩擦面，应当全面按期进行润滑，以保证机床工作的可靠性，并减少零件的磨损及功率的损失。

【故障排除与检修】

机床的润滑系统图如图 1-57 所示。机床使用者应当遵守以下规定：

1）机床采用 L－AN46 号全损耗系统用油润滑，其粘度为（3.81—4.59）×10⁻⁶m²/s，用户可按工作环境的温度在上述范围内调节。主轴箱及进给箱采用箱外循环强制润滑。油箱和溜板箱的润滑油在两班制的车间约 50～60 天更换一次，但第一次和第二次应为 10 或 20 天更换以便排出试车时未能洗净的污物。废油放净后，贮油箱和油线要用干净煤油彻底洗净。注入的油应用网过滤。油面不得低于油标中心线。

2）油泵由主电动机拖动，把润滑油打到主轴箱和进给箱内。开机后应检查主轴箱油窗是否出油。启动主电动机 1min 后主轴箱内应造成油雾，各部可得到润滑油，主轴方可起动。进给箱上有储油槽，使泵出的油润滑各点。最后润滑油流回油箱。主轴箱后端三角形过滤器每周应用煤油清洗一次。

3）溜板箱下部是储油槽，应把油注到油标的中心上。床鞍和床身导轨的润

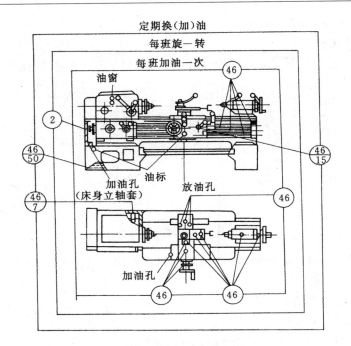

图 1-57 机床的润滑系统图

㊹—L－AN46 号全损耗系统用油 ②—2 号钙基润滑脂

一—油类/两班制换（添）油天数

滑是由床鞍内油盒供给润滑油的。每班加一次油，加油时旋转床鞍手柄将滑板移至床鞍后方或前方，在床鞍中部的油盒中加油，溜板箱上有储油槽由羊毛线引油润滑各轴承。蜗杆和部分齿轮浸在油中，当转动时造成油雾润滑各齿轮，当油位低于油标时应打开加油孔向溜板箱内注油。

4）刀架和横向丝杠用油枪加油。床鞍防护油毡，每周用煤油清洗一次，并及时更换已磨损的油毡。

5）交换齿轮轴头有一塞子每班拧动一次，使用轴内的 2 号钙基润滑脂保证轴与套之间的润滑。

6）床尾套筒和丝杠、螺母的润滑可用油枪每班加油一次。

7）丝杠、光杠及变向杠的轴颈润滑由后托架的储油池内的羊毛线引油，每班注油一次。

8）变向机构的立轴每星期应注油一次（在电器箱内）。

9）YFD—100—01 液压仿形刀架，调整手柄部分的两个油杯，刀架轴上的油塞，导轨的润滑每班加油一次。

3. 主轴前法兰盘处漏油

【故障原因分析】

1）法兰盘 2064 回油孔与箱体 2011 回油孔对不正，如图 1-58 所示。

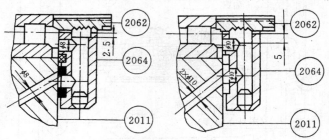

图 1-58　主轴前法兰盘

2）法兰盘 2064 封油槽太浅使回油空间不够用，迫使油从旋转背帽 2062 和 2064 间隙中流出来。

【故障排除与检修】

1）使回油孔对正畅通。

2）加深 2064 封油槽，从 2.5mm 加深至 5mm。

3）加大法兰盘上面的回油孔。

4）箱体回油孔改为两个。

5）在压盖上涂密封胶或安装纸垫。

4. 主轴箱手柄座轴端漏油

【故障原因分析】

手柄轴在套中转动，轴与孔之间的配合是 $\dfrac{H7}{f7}$，油顺配合间隙渗出来，如图 1-59 所示。

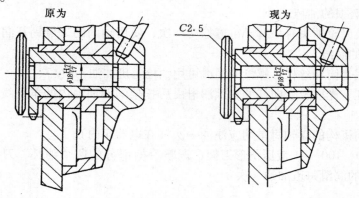

图 1-59　主轴箱手柄座

【故障排除与检修】

1）将轴套内孔一端倒棱 $C2.5$，使已溅的油顺着倒棱流回箱体内。

2）提高装配质量。

5. 主轴箱轴端法兰盘处漏油

【故障原因分析】

1）法兰盘与箱体孔配合太长，箱体孔与端面不垂直、螺钉紧固后别劲。

2）纸垫太薄，没有压缩性。

3）螺孔有的钻透了，如图 1-60 所示。

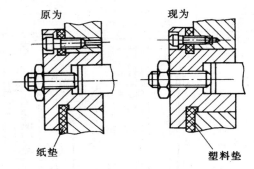

图 1-60 主轴箱轴端法兰盘

【故障排除与检修】

1）纸垫加厚或改用塑料垫。

2）法兰盘尽可能地减小与箱体孔的配合长度。

3）精心加工和装配。

6. 溜板箱轴端漏油

【故障原因分析】

1）装配质量差，在钻 M6 螺孔时有的钻透，油顺螺孔漏出，如图 1-61 所示。

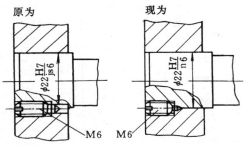

图 1-61 溜板箱轴端

2）轴和孔的 js6 配合，产生间隙。

【故障排除与检修】

1）提高装配质量。

2）把 js6 配合改为 n6 配合，使得轴与孔配合间隙减小。

四、电气系统故障分析与检修（8 例）

图 1-62 和表 1-2 是该 CA6140 型车床的电气原理图和电气元件明细表。

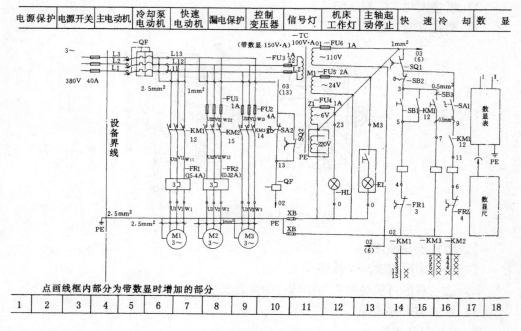

图 1-62　电气原理图

表 1-2　电气元件明细表

符号	名　称	型号及规格	数量	用　途	备　注
M1	异步电动机	Y132M—4—B3 7.5kW1450r/min	1	主传动用	接线盒在左方
M2	冷却泵电动机	AOB—25　90W 3000r/min	1	输送切削液用	
M3	异步电动机	AOS5634　250W 1360r/min	1	溜板快速移动用	
FR1	热继电器	JR16—20/3D　15.4A	1	M1 的过载保护	
FR2	热继电器	JR16—20/3D　0.32A	1	M2 的过载保护	

（续）

符号	名称	型号及规格	数量	用途	备注
KM1	交流接触器	CJ0—20B 线圈110V	1	起动 M1	
KM2	中间继电器	JZ7—44 线圈110V	1	起动 M2	
KM3	中间继电器	JZ7—44 线圈110V	1	起动 M3	
FU1	熔断器	BZ001 熔芯1A	3	M2 短路保护	
FU2	熔断器	BZ001 熔芯4A	3	M3 短路保护	
FU3	熔断器	BZ001 熔芯1A	2	控制变压器原端短路保护	
FU4	熔断器	BZ001 熔芯1A	1	溜板刻度环照明线路短路保护	
FU5	熔断器	BZ001 熔芯2A	1	照明线路短路保护	
FU6	熔断器	BZ001 熔芯1A	1	110V 控制线路短路保护	
SB1	按钮	LAY3—10/3.11	1	起动 M1	
SB2	按钮	LAY3—01ZS/1	1	停止 M1	带自锁
SB3	按钮	LA9	1	起动 M3	
SA1	旋钮开关	LAY3—10X/2	1	控制 M2	
SQ1 SQ2	行程开关	JWM6—11	2	断电保护	
HL	信号灯	ZSD—0 6V	1	刻度照明	无灯罩
QF	自动开关	AM2—40 20A	1	电源引入	
TC	控制变压器	JBK2—100 380V/110V/24V/6V	1		110V ~50VA 24V ~45VA 数显加用220V电源50VA，6V ~5VA
EL	机床照明灯	JC11	1	工作照明	带24V—40W 灯泡
SA2	旋钮开关	LAY3—01Y/2	1	电源开关锁	带钥匙

1. 电源自动开关不能合闸

【故障原因分析】

1）带锁开关没有将 QF 电源切断。

2）电箱没有关好。

【故障排除与检修】

1）将钥匙插入 SA2，向右旋转，切断 QF 电源。

2）关上电箱门，压下 SQ2，切断 QF 电源。

2. 主轴电机接触器 KM1 不能吸合

【故障原因分析】

1）皮带罩壳没有装好，限位开关 SQ1 没有闭合。

2）带自锁停止按钮 SB2 没有复位。

3）热继电器 FR1 脱扣。

4）KM1 接触器线圈烧坏或开路。

5）熔断器 FU3 或 FU6 熔丝熔断。

6）控制线路断线或松脱。

【故障排除与检修】

1）重新装好传动带罩壳，压迫限位。

2）旋转拔出停止按钮 SB2。

3）查出脱扣原因，手动复位。

4）用万用表测量检查，并更换新线圈。

5）检查线路是否有短路或过载，排除后按原有规格接上新的熔断丝。

6）用万用表或接灯泡逐级检查断在何处，查出后更换新线或装接牢固。

3. 主轴电动机不转

【故障原因分析】

1）接触器 KM1 没有吸合。

2）接触器 KM1 主触头烧坏或卡住造成缺相。

3）主电动机三相线路个别线头烧坏或松脱。

4）电动机绕组出线头断。

5）电动机绕组烧坏开路。

6）机械传动系统咬死，使电动机堵转。

【故障排除与检修】

1）按故障 2 检查修复。

2）拆开灭弧罩查看主触头是否完好，是否有不平或卡住现象，调整触头或更换触头。

3）查看三相线路各连接点是否有烧坏或松脱现象，更换新线或重新接好。

4）用万用表检查，并重新接好。

5）用万用表检查，拆开电动机重绕。

6）拆去传动带，单独开动电动机，如果电动机正常运转，则说明机械传动系统中有咬死现象，检查机械部分故障。首先判断是否过载，可先将刀具退出，重新启动，如果电动机不能正常运转，再按照传动路线逐级检查。

4. 主电动机能起动，但自动空气断路器 QF 跳闸

【故障原因分析】

1）主回路有接地或相间短路现象。

2）主电动机绕组有接地或匝间、相间有短路现象。

3）缺相起动。

【故障排除与检修】

1）用万用表或兆欧表检查相与相及对地的绝缘状况。

2）用万用表或兆欧表检查匝间、相间及接地绝缘状况。

3）检查三相电压是否正常。

5. 主轴电动机能起动，但短时间转动后又停止

【故障原因分析】

接触器 KM1 吸合后自锁不起作用。

【故障排除与检修】

检查 KM1 自锁回路导线是否松脱，触头是否损坏。

6. 主轴电动机起动后，冷却泵不转

【故障原因分析】

1）旋钮开关 SA1 没有闭合。

2）KM1 辅助触头（9、11）接触不良。

3）热继电器 FR2 脱扣。

4）KM2 接触器线圈烧毁或开路。

5）熔断器 FU1 熔丝熔断。

6）冷却泵叶片堵住。

【故障排除与检修】

1）将 SA1 扳到闭合位置。

2）用万用表检查触头是否良好。

3）查明 FR2 脱扣原因，排除故障后手动复位。

4）更换线圈或接触器。

5）查明原因，排除故障后，换上相同规格的熔丝。

6）清除切屑等异物。

7. 快进电动机不转

【故障原因分析】

1）皮带罩壳限位 SQ1 没有压迫。

2）停止按钮 SB2 处于自锁停止状态。

3）按钮 SB3 接触不良。

4）接触器 KM3 线圈烧坏或开路。

5）熔断器 FU2 熔丝熔断。

6）因机械故障使电动机堵转。

7）传动齿轮没有啮合而空转。

【故障排除与检修】

1）重新装好罩壳，压迫限位。

2）旋转、拔出停止按钮。

3）修复或更换按钮。

4）用万用表检查，然后修复或更换线圈。

5）熔断器 FU2 熔断通常是由于短路等原因引起的，不要在没有查明原因时更换，应查明原因，排除故障后再换上相同规格的熔丝。

6）排除机械故障。

7）排除机械故障。

8. 机床照明灯 EL 不亮

【故障原因分析】

1）灯泡烧坏。

2）灯泡与灯头接触不良。

3）开关 K 接触不良或引出线断。

4）熔丝 FU5 断（灯头短路或电线破损对地短路）。

【故障排除与检修】

1）更换相同规格的灯泡。

2）将此灯头内舌簧适当抬起再旋紧灯泡。

3）更换或重新焊接。

4）查明原因、排除故障后，更换相同规格的熔丝。

注意：所有控制回路接地端必须连接牢固，并与大地可靠接通，以确保安全。

第三节　其他卧式车床常见故障的分析与检修（6 例）

以 CA6140 型卧式车床为基型，则可派生出许多种型号的卧式车床。比如 CA6150 型卧式车床具备基型产品的全部性能，由于提高了机床的中心高，工件的回转直径加大，扩大了机床的使用范围。CA6240 与 CA6250 型马鞍车床，由于床身上增加了可拆卸的马鞍，并带有花盘，加工扁平零件或畸形件时尤为方便，适用于单件、小件和多品种的机械加工车间。CM6140 型精密车床，提高了传动系统中有关零件的精度和刻度环读数的精度，经济加工精度可达 IT6 公差等级，被加工零件的表面粗糙度值可达 $Ra\,0.8\mu m$。利用精密交换齿轮和进给箱的直连丝杠机构可加工 7 级精度的米制丝杠和 6 级精度的模数蜗杆。CF6140 型仿形车床是在基型产品上增加了液压仿形装置，包括液压仿形刀架、液压箱和模板支架。适用于成批生产的机械加工车间。

　　由于 CA6150、CA6240、CA6250、CM6140 的总体结构与 CA6140 一致，其故障的征兆也与基型基本相同，故在这一节不再赘述。而 CF6140 型仿形车床增加了液压仿形系统，所以下面将针对液压仿形系统进行结构、原理、故障分析。

　　由于 C620 和 C620—1 型车床在许多工厂中还有一定的拥有量，所以本书针对这一情况，也介绍这两种车床的基本结构特点、常见故障的排除和机床的调整。C620 和 C620—1 型车床主要结构与 CA6140 型车床大同小异，相同部分可参阅第二节，这里只对不同之处进行阐述。

　　机床的维护和保养，在整个生产过程中也起着举足轻重的作用。许多常见故障就是由于没有很好地维护和保养机床造成的。能否提高机床的使用寿命和保持良好的加工精度在很大程度上也取决于机床的维护和保养是否到位。

一、液压仿形系统故障分析与检修（2 例）

仿形系统由仿形刀架、油箱和支架三部分组成。

CF6140 机床采用液压仿形刀架，安装于机床后面，保持了原四方刀架，对原有性能无影响。仿形刀架可进行外圆、内孔仿形加工。

1. YFD—100 型液压仿形刀架主要技术规格

液压缸直径	70mm
液压缸行程	100mm
被加工零件最大升角	90° 当 $\alpha = 65°$ 时
被加工零件最大降角	$-40°$ 当 $\alpha = 65°$ 时
仿形触头压力	1.02N
仿形加工零件最大直径差	160mm
仿形刀架对床身导轨斜置角 α	可调
最大纵进给速度	1m/min
系统工作压力	2MPa
液压泵流量	10L/min
油箱贮油量	60L
电动机功率	1.1kW
仿形刀架质量	46kg（不包括油箱、支架）

2. YFD—100 型液压仿形刀架工作原理

本液压仿形刀架采用四边控制，机械反馈伺服原理工作，如图 1-63 所示。

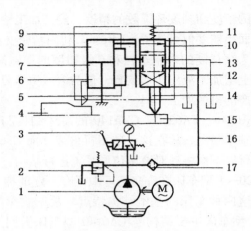

图 1-63　YFD—100 型液压仿形刀架工作原理图

1—叶片泵　2—溢流阀　3—手柄　4、15—样件　5、9、12、13、16—油管　6—前腔　7—活塞
8—后腔　10—伺服阀　11—弹簧　14—触头　17—滤油器

活塞 7 紧固在底座上，液压缸体作往复运动。由叶片泵 1 供给的压力油经滤油器 17 进入伺服阀 10，当伺服阀在中间位置时，液压仿形刀架处于平衡。

当伺服阀 10 通过触头 14 被样件 15 向上推时，这时压力油经油管 16、9 进入液压缸后腔 8，前腔 6 的油经油管 5、13 流回油箱，则刀架后退（即液压仿形刀架上坡）。

当伺服阀 10 通过触头 14 弹簧 11 被向下压时，压力油经油管 16、5 进入液压缸前腔 6，后腔 8 的油经油管 9、13 流回油箱，则刀架前进（即液压仿形刀架下坡）。

从伺服阀两端渗出的油经油管 12 流回油箱，观测液压系统压力时，推动手柄 3 即可，系统压力由溢流阀 2 来调整。

油箱内灌入 L—AN32 号全损耗系统用油，其粘度为（2.6～3.2）×10⁻⁶ m²/s，每隔半年换油一次。

3. 可能产生故障及排除方法

（1）伺服阀运动不灵或卡死

【故障原因分析】

① 伺服阀内进了脏物。

② 因长时间不工作，变质了的油沉淀在伺服阀内。

③ 触头压力小。

【故障排除与检修】

① 将伺服阀卸下来，用洗油清洗干净；清洗过滤器。

② 将伺服阀卸下来，用洗油清洗干净，更换油箱内油液；清洗过滤器。

③ 弹簧弹力不足，调整弹簧。

（2）工件表面不光，有不规则的波纹

【故障原因分析】

① 导轨镶条松。

② 活塞杆与液压缸、导轨不平行。

③ 仿形滑阀部分与刀架体连接不牢。

④ 液压缸内有空气进入。

【故障排除与检修】

① 调整导轨镶条松紧程度，用手推刀架体，能前后移动。

② 修配调垫片，把活塞杆固定在支架上的螺母松开，调整活塞与液压缸的平行度，而液压缸与导轨的平行度应由加工保证。

③ 检查连接处。

④ 使刀架在全行程内往复几次，排除液压缸内的空气。

二、C620、C620—1 型车床的结构特点、调整方法和常见故障的排除（4例）

1. 机械系统的主要结构、调整方法和常见故障

（1）主轴箱部分　C620、C620—1 型车床同 CA6140 型车床主轴箱部分的主要差别在于它们的主轴部分结构不同。其他部分可参阅本章前两节内容。下面只对主轴部分作较详细的阐述。

C620—1 型车床的主轴采用滚动轴承，而 C620 型车床则采用滑动轴承。

主轴轴承径向间隙过大或过小是机床的主要故障之一。间隙过大会引起主轴摆动，车刀随之产生振动，使零件产生椭圆、棱圆和波纹等，严重的振动还会使车刀崩刃和断裂；间隙过小会使主轴在高速旋转时发热而损坏。

主轴与轴承间轴向间隙过大也是车床的一个主要故障。轴向间隙过大，往往会引起精车端面时发生振摆，精车外圆柱面时产生乱纹，车削螺纹时会使螺距不等，车削小螺距螺纹时容易出现"乱牙"现象。所以，在出现这些不正常的现象时，必须及时调整主轴轴承的间隙。

主轴轴承间隙的调整要求，主要是使主轴在车削时，不致产生振动和过热现象。

下面分别叙述主轴轴承的径向和轴向间隙的调整方法，分滚动轴承（C620—1 型）和滑动轴承（C620 型）两种情况。

1）主轴轴承径向间隙的调整。车削时，主轴产生径向圆跳动的主要原因是主轴前轴承的径向间隙过大，因此，在调整主轴轴承的径向间隙时，主要调整前轴承的间隙。

当主轴前轴承采用滚动轴承时（C620—1 型车床），其结构如图 1-64 所示，

它的调整方法如下：松开前螺母的支紧螺
钉，向右适量转动前螺母，使带有锥度的滚
动轴承内环沿轴向移动，然后进行试转，如
果主轴在最高转速下不发生过热现象（试转
1h，轴承温度不应超过 70℃），同时用手转
动主轴时，无阻滞感觉，则可将支紧螺钉拧
紧。如果用指示表测量，其径向圆跳动不应
超过 0.01mm。

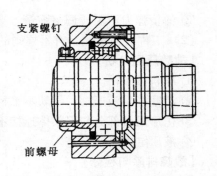

图 1-64　C620—1 型车床主轴结构

当主轴前轴承采用滑动轴承时（C620
型车床），其结构如图 1-65 所示，它的调整
方法如下：松开顶紧螺钉，适量转
动在固定环内的前螺母，使双层金
属的轴承作轴向移动，将主轴与轴
承的间隙保持在 0.02 ~ 0.03mm，
然后按上述方法试转、检查，如果
运转正常，则将顶紧螺钉拧紧。

经过调整以后，用指示表测量
主轴定心轴径的径向圆跳动，使其
控制在 0.005 ~ 0.01mm 之内，如果
还有超差现象，则再调整主轴后轴
承的间隙（参见下面部分）和主轴
前轴承的间隙。

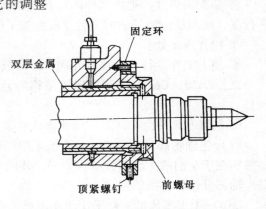

图 1-65　C620 型车床主轴结构

2）主轴轴承轴向间隙的调整。在车削时，主轴产生轴向窜动的主要原因是
后轴承的间隙过大，因此在调整主轴的轴向间隙时，主要是调整主轴后轴承的间
隙（见图 1-24）。

其调整方法如下：松开后螺母的支紧螺钉，向右适量转动后螺母，使带有锥
度的滚动轴承内环沿轴向移动，并减少主轴后肩台、齿推垫圈、推力球轴承及后
轴承座之间的间隙；然后进行试车检查，如果运转正常，则可将支紧螺钉拧紧。

经过调整以后，测量主轴的轴向窜动及轴向游隙，使其轴向窜动控制在
0.01mm 范围内，轴向游隙控制在 0.01 ~ 0.02mm。如仍有超差现象，则需再进
行调整。

（2）进给箱部分　进给箱包括基本组、增位组和移换机构三部分。在
CA6140 型车床上，基本组采用双轴滑移公用齿轮机构，由单一手柄操纵。而
C620、C620—1 型车床的基本组采用的是摆移塔齿轮机构（见图 1-66），采用多
手柄操纵。其他部分结构都一致。

　　进给箱是将主运动传至进给运动、变换进给速度、选择螺距的机构。进给箱中大部分零件是齿轮，许多齿轮经常处于单向啮合传递运动，只是齿轮的一边磨损。所以在维修时可以考虑将齿轮反装，使用其尚未磨损的另一啮合面。

　　丝杠的轴向窜动过大，会影响螺纹的加工，使螺纹的螺距不均匀或产生乱牙。精车螺纹表面时还会产生波纹。这种故障的排除方法详见第二节故障。

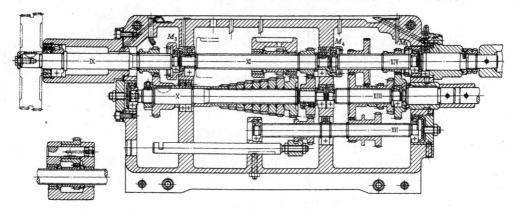

图 1-66　C620—1 型车床进给箱

　　（3）溜板箱部分　溜板箱担负着机床的纵向进给运动、横向进给运动及螺纹切削进给等运动。前两项运动由光杠传动；后者是由丝杠传动的。此外，在溜板箱内还有防止丝杠、光杠同传动的互锁保安装置以及防止进给运动中负荷过载的脱落蜗杆装置。

　　与 CA6140 型车床相比，C620、C620—1 型车床中采用了脱落蜗杆装置，如图 1-67 所示。在正常情况下，由它将光杠的转动传递给溜板箱。当溜板箱在纵横进给时，遇到障碍或碰到定位挡铁，则脱落蜗杆将会自行脱落，而停止进给运动。因此在强力车削时或使用定位挡铁装置时，必须检查、调整溜板箱脱落蜗杆机构。

　　溜板箱脱落蜗杆的调整要求是：车削时，使用可靠、灵活；能正常传递动力进行纵横进给，又能按定位挡铁的位置自行脱落，停止进给运动。其调整方法如下：适当拧紧螺母，压紧弹簧，增大弹簧的弹力，即可防止脱落蜗杆在车削时自行脱落；但也不能将弹簧压得太紧，否则当溜板箱撞到定位挡铁，或在进给运动中遇到障碍时，脱落蜗杆却不能自行脱落，将使车床遭到损坏。

　　2. 电气系统的原理及常见故障

　　（1）C620、C620—1 型车床电气控制原理　C620 型车床的电气装置和控制电路比较简单（见图 1-68），它有一台主轴拖动电动机和一台冷却水泵电动机，共用一只交流接触器 KM 控制两电动机的启动和停止，当加工物体不需要水泵冷

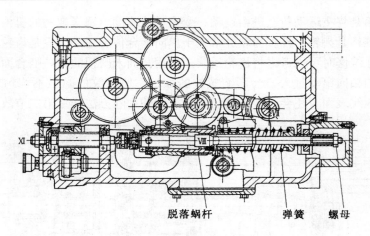

脱落蜗杆　　　　弹簧　螺母

图 1-67　溜板箱脱落蜗杆的调整

却时，可关掉 QS2 开关。这样，当主轴电动机在运转时，水泵电动机就不工作了。

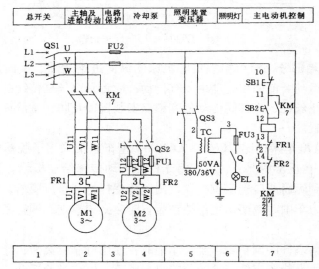

总开关	主轴及 进给传动	电路 保护	冷却泵	照明装置 变压器	照明灯	主电动机控制
1	2	3	4	5	6	7

图 1-68　C620—1 卧式车床电气控制原理图

　　C620—1 型车床的电气控制回路主接触器 KM 通过 SB2、SB1 两只按钮，可以使接触器 KM 吸合或释放，以实现主轴电动机和水泵电动机的运转和停止。为了保护电动机不因过载或缺相等原因而烧毁，在主轴电动机和水泵电动机三相主回路中串有过电流热继电器 FR1、FR2。当电动机在一定时间范围内过电流达到某一数值时，热继电器的双金属片受热变形而弯曲，推动它的附属机构，切断

KM 线圈回路电源，使 KM 失电而释放，断开了三相元回路电源，使电动机停止，起到保护作用。除此之外，在水泵电动机的主回路和电动机控制、照明回路中，还有 FU1、FU2、FU3 三组熔断器，作短路保护之用。

机床照明是由一台 50VA 的双圈式变压器将 380V 电压变成 36V 安全电压作照明电源之用。因此机床照明应选用 36V 40W 的螺口灯泡，不允许使用 220V 电压作机床照明电源，以防止发生触电事故。

C620—1 卧式车床控制电路电器元件见表 1-3。

表 1-3　C620—1 卧式车床控制电路电器元件

代　号	名　称	规　格	件　数
M1	主轴电动机	7kW、1440r/min	1
M2	冷却电动机	0.125kW、2790r/min	1
KM	交流接触器	线圈电压 380V	1
FR1	热继电器	热元件电流 14.5A	1
FR2	热继电器	热元件电流 0.43A	1
QS1	三极隔离开关	25A	1
QS2	三极隔离开关	10A	1
QS3	两极隔离开关	10A	1
FU1	熔断器	4A	3
FU2	熔断器	4A	2
FU3	熔断器	4A	1
EL	照明灯具	短三节式	1
TC	照明变压器	50VA　380V/36V	1
SB1	动断按钮	5A	1
SB2	动合按钮	5A	1
Q	单级开关		1

（2）C620、C620—1 型车床常见电气故障原因分析和排除方法

1）主轴电动机不转。

【故障原因分析】

① 交流接触器 KM 不吸合。

② 交流接触器 KM 吸合，但电动机不转。

【故障排除与检修】

① 用万用表或接 220V 灯泡检查三相电源是否正常，检查三相电源开关 QS1 是否闭合，查熔断器 FU2 是否熔断，检查热继电器 FR1、FR2 控制回路是否接通，检查按钮 SB1 和 SB2 是否完好，检查接触器线圈是否断路。

② 检查三相电源是否缺相；检查接触器的三相主触头是否完好，有否卡住现象；主轴电动机热继电器 FR1 电热丝烧断，查明原因后更换热继电器；三相主回路电线接头是否有松脱或烧断现象，上紧螺丝或调换新线；电动机出线头或内部绕组断线，用万用表通相测量；因机械传动部件卡死而堵转，可拆下传动带后开机空转来试验电动机的好坏。

2）水泵电动机不转。

【故障原因分析】

① 交流接触器 KM 没有吸合。

② QS2 转换开关没有接通。

③ FR2 热片烧断或过流动作。

④ FU1 熔断器连续烧断。

【故障排除与检修】

① 接 KM 吸合按钮 SB2，使 KM 吸合。

② 将转换开关 QS2 扳到接通位置。

③ 检查水泵转轴是否灵活，是否有污物堵住水泵叶片。检查三相电压和电流。

④ 水泵电动机过载，绕组绝缘损坏，有匝间短路和接地可能。用兆欧表检查绕组绝缘，用电流表检查三相电流，发现绝缘损坏或三相电流不平衡或大大超过允许值，则必须重绕定子绕组线圈。

3）水泵电动机转，但打不出水。

【故障原因分析】

① 水泵叶片与主轴松脱。

② 水泵叶片室液漏不密封。

③ 水泵叶片室进水过滤网堵塞、吸不上水。

④ 水泵出水橡胶管或龙头堵塞。

⑤ 冷却液液位太低，水泵下体未浸入水中。

⑥ 水泵反转。

【故障排除与检修】

① 加弹簧垫圈后上紧螺母。

② 接合面加密封圈，紧固螺丝。

③ 清除过滤网上杂物。

④ 用压缩空气吹去堵塞物。

⑤ 增加切削液。

⑥ 重新接线。

4）照明灯不亮。

【故障原因分析】

① 未在闭合位置。

② 熔断。

③ 灯泡断丝。

④ 灯头短路。

⑤ 接地线松脱。

⑥ 变压器线圈损坏。

【故障排除与检修】

① 扳到接通位置。

② 排除短路故障后换上相同规格的熔丝。

③ 换上相同规格的灯泡。

④ 用万用表检查灯头螺圈和中心舌簧是否短路，若有短路应将其排除。

⑤ 重新接好接地线。

⑥ 观察变压器线圈是否烧焦、有臭味；用万用表测量线圈，看是匝间短路还是对地短路；调换相同规格的变压器。

三、卧式车床的维护和保养

1. 使用车床时必须注意的事项

1）各箱体中润滑油不得低于各油标中心，否则会因润滑不良而损坏机床。

2）所有润滑点必须按时注入干净的润滑油。

3）经常注意主轴箱油标是否来油，确保主轴箱及进给箱有足够的润滑油。

4）定期检查并调整 V 带的松紧程度。

5）每天工作前应使主电动机空转 1min，随后机床各部位也作空转，使润滑油散布至各处。

6）主轴回转时在任何情况下均不得扳动变速手柄。

7）丝杠只能在车削螺纹时使用，以保持其精度及寿命。

8）使用中心架或跟刀架时，必须润滑中心架或跟刀架的支承面与工件的接触表面。

9）溜板箱增加限位碰停，碰停环装在转向杆上，可以把它固定在使刀架不致于碰到卡盘的位置上。

10）在装夹工件前，必须先把嵌在工件中的泥沙等杂质清除掉，以免杂质嵌进滑板滑动面，加剧导轨磨损或"咬坏"导轨。在装夹及找正一些尺寸较大、形状复杂而装夹面积又较小的工件时，应预先在工件下面的车床床面上安放一块木制盖板，同时用压板或回转顶尖顶住工件，防止掉下来损坏床面。找正时，如发现工件的位置不正确或歪斜，切忌用力敲击，以免影响车床主轴的精度。而需先将夹爪、压板或顶尖略微松开，再进行有步骤地找正。

2. 工具和车刀的安放

工具和车刀不要放在床面上，以免损坏导轨。如需要放的话，一般先在床面上盖上床盖板，把工具和车刀放在床盖板上。

3. 车床的清洁保养

1）在砂光工件时，要在工件下面的床面上用床盖板或纸盖住；并在砂光工件后，仔细擦净床面。

2）在车铸铁工件时，宜在溜板上装护轨罩盖，切屑能够飞溅到的一段床面上，应擦净润滑油。

3）每班下班时，必须做好车床的清洁保养工作，防止切屑、砂粒或杂质进入车床导轨滑动面，把导轨"咬坏"或加剧磨损。

4）在使用切削液前，必须清除车床导轨及切削液盛盘里的垃圾；使用后，要把导轨上的切削液擦干，并加机械润滑油保养。

4. 车床的加油润滑

这部分内容请参阅本章第二节润滑系统故障。

第二章　数控车床的故障分析与检修

数控车床又称为 CNC（Computer Numerical Control）车床，即用计算机数字控制的车床。卧式车床是靠手工操作机床来完成各种切削加工，而数控车床则是将编好的加工程序输入到数控系统中，由数控系统通过 X、Z 坐标轴的伺服电动机控制车床进给运动部件的动作顺序、移动量和进给速度，再配以主轴的转速和转向，加工出各种形状不同的轴类或盘类回转体零件。数控车床品种繁多，结构各异，但在许多方面仍有共同之处。本章以常用 CK6140 型数控车床为例介绍数控车床的典型结构、常见故障诊断与检修。

第一节　CK6140 型数控车床的结构

一、CK6140 型数控车床的用途、组成特点及技术参数

本文所述的 CK6140 型数控车床是上海第二机床厂的产品。该机床配有 FANUC OTE—MODEL A-2 系统，为两坐标、连续控制的卧式数控车床。

1. CK6140 型数控车床的用途和组成特点

CK6140 型数控车床适用于多品种、单件和小批量生产，特别适用于加工带有螺纹、圆弧或锥面等复杂型面的零件。车床的操作采用数字程序控制方式，能对轴类或盘类零件自动地完成内外圆柱面、圆锥面、圆球面、圆柱螺纹和圆锥螺纹等工序的切削加工，并能进行车槽、钻、扩、铰孔等工作。

数控车床与卧式车床相比较，其结构上仍然是由床身、主轴箱、刀架、进给传动系统、液压系统、冷却系统、润滑系统等部分组成。但是数控车床的进给系统与卧式车床相比，前者在结构上有着本质上的差别。卧式车床主轴的运动是经过交换齿轮架、进给箱、溜板箱传到刀架实现纵向和横向的进给运动的，而数控车床是采用伺服电动机经滚珠丝杠，传到滑板和刀架，实现纵向和横向进给运动的，可见数控车床进给传动系统的结构比卧式车床简单。另外，数控车床也有加工各种螺纹的功能，那么主轴的旋转与刀架的移动是如何保持同步关系的呢？一般是采取伺服电动机驱动主轴旋转，并且在主轴箱内安装有脉冲编码器。主轴的运动通过同步齿形带 1:1 地传动到脉冲编码器。当主轴旋转时，脉冲编码器便发出检测脉冲信号给数控系统，使主轴电动机的旋转和刀架的切削进给保持同步关系，即实现加工螺纹时主轴转一圈，刀架沿 Z 向移动工件一个导程的运动关系。

2. CK6140 型数控车床的主要技术参数

（1）机床的主要技术参数

允许最大工件回转直径	400mm
最大车削直径	200mm
最大工件长度	600mm（轴类）
主轴孔径	55mm
主轴转速（无级）	25～2500r/min
机械变速级数（自动）	2
进给量和螺距范围	0.001～40mm/r（纵向）
	0.001～40mm/r（横向）
快速进给速度	10m/min（纵向）
	5m/min（横向）
横向滑板最大行程	390mm
刀具数	12把
尾轴直径	100mm
尾轴最大行程	100mm
主轴驱动电动机（直流）	15kW
进给伺服电动机（交流）	2×2.8kW
液压泵电动机	4kW
冷却泵电动机	0.2kW
主轴箱润滑电动机	0.125kW
机床质量	5t
轮廓尺寸（长×宽×高）	3500mm×1900mm×2300mm

（2）数控系统的主要技术规格

1）机床配置的 FANUC—0TE 系统的组成如图2-1所示。

2）数控系统的主要技术规格见表2-1。

二、CK6140 型数控车床的传动系统

CK6140 型数控车床的传动系统如图2-2所示。其中主轴传动采用了二挡齿轮变速的变速箱。它由一个机械拨叉通过液压驱动实现自动换挡。功率为15kW的直流主轴伺服电动机，采用无级调速方式，调速比为1∶100，额定转速为1160r/min。主轴的整个调速范围为25～2500r/min。当主轴电动机以额定转速运转时，主轴的低速挡转速为266r/min，高速挡转速为800r/min；当主轴电动机高于额定转速运转时，为恒功率输出，可以保证输出15kW的动力，此时主轴转速的相应范围为266～2500r/min；当主轴电动机低于额定转速运转时，为恒转矩输出，但输出功率则按转速的升降而等比例升降。这时主轴转速的相应范围为25～266r/min。这样即满足了低速大转矩的要求，又扩大了满功率输出的范围。主轴转速、转矩和功率特征如图2-3所示。

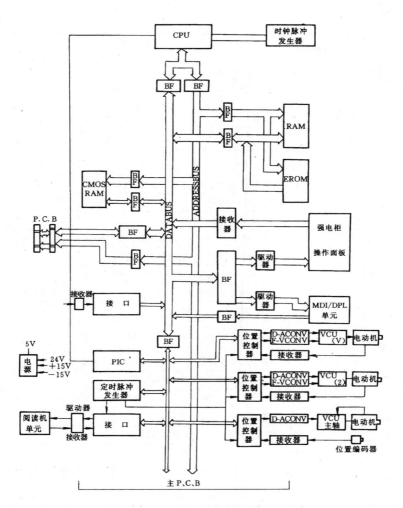

图 2-1   FANUC—0TE 系统组成框图

表 2-1   FANUC—0TE 系统的主要技术规格

序号	名　　称	规　　格	
1	控制轴数	X 轴、Z 轴。手动方式同时仅一轴	
2	最小设定单位	X、Z 轴 0.001mm	0.0001in
3	最小移动单位	X 轴 0.0005mm	0.00005in
		Z 轴 0.001mm	0.0001in
4	最大极限尺寸	±9999.999mm	±999.9999in
5	定位	执行 G00 指令时，机床快速运动并减速停止在终点	

（续）

序号	名　称	规　格
6	直线插补	G01
7	全象限圆弧插补	G02（顺圆），G03（逆圆）
8	快速倍率	LOW. 25%. 50%. 100%
9	手动轮连续进给	每次仅一轴
10	切削进给率	G98（mm/min）指令每分钟进给量 G99（mm/r）指令每转进给量
11	进给倍率	从 0～150% 范围内以 10% 递增
12	自动加/减速	快速移动时依比例加减速，切削时依转数加减速
13	停　顿	G04（0～9999.999s）
14	空运行	空运行时为连续进给
15	进给保持	在自动运行状态下暂停 X、Z 轴进给，按程序启动按钮可以恢复自动运行
16	主轴速度命令	主轴转速由地址 S 和 4 位数字指令指定
17	刀具功能	由地址 T 和 2 位刀具编号 +2 位刀具补偿号组成
18	辅助功能	由地址 M 和两位数字组成，每个程序段中只能指令一个 M 码
19	坐标系设定	G50
20	绝对值/增量值 复合编程	绝对值编程和增量值编程可在同一程序段中使用
21	程序号	0 +4 位数字（EIA 标准）：+4 位数字（ISO 标准）
22	序列号查找	使用 MDI 和 CRT 查找程序中的顺序号
23	程序号查找	使用 MDI 和 CRT 查找 0 或（：）后面 4 位数字的程序号
24	读出器/穿孔机接口	PPR 便携式纸带读出器
25	纸带读出器	250 字符/s（50Hz）　300 字符/s（60Hz）
26	纸带代码	EIA（RS-244A）　ISO（R-40）
27	程序设跳	将机床上该功能开关置于"ON"位置上时，跳过程序中带"/"符号的程序段
28	单步程序执行	使程序一段一段地执行
29	程序保护	存储器内的程序不能修改
30	工件程序的 储存和编辑	80m/264ft
31	可寄存器序	63 个
32	紧急停止	按下紧急停止按钮，所有指令停止，机床也立即停止运动
33	机床锁定	仅插板不能移动
34	可编程序控制器	PMC-L 型
35	显示语言	英文
36	环境条件	环境温度：运行时 0～45℃， 运输和保管时 −20～60℃ 相对湿度低于 75%

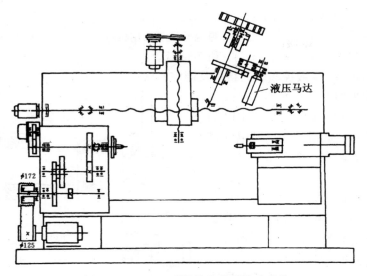

图 2-2　CK6140 型数控车床的传动系统

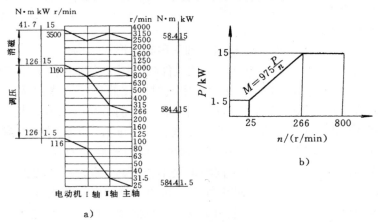

a)

b)

图 2-3　主轴转速、转矩和功率的特征

　　CK6140 型数控车床的进给传动系统分纵向和横向进给传动。纵向（Z 轴）进给由一个功率为 2.8kW FB—15 型交流伺服电动机驱动，通过涨紧环联轴器直接与滚珠丝杠连接，带动滑板移动。滚珠丝杠螺距为 8mm；横向（X 轴）的进给则由一个功率为 2.8kW FB—15B 型（带制动器）交流伺服电动机驱动，经速比为 1∶1 的同步带装置传动到滚珠丝杠上，螺母带动刀架移动。该滚珠丝杠螺距为 6mm。纵向和横向都设有机械原点，具有自动回原点机能。如需改动纵向机械原点的位置，可以在床身顶面的滑轨上移动和固定定位挡块和超程挡块，这给机床的使用和调整带来便利。

　　刀盘转位由型号为 BM1—80 的摆线液压马达驱动凸轮机构带动刀盘来实现。

刀盘的放松和夹紧是靠控制液压缸活塞运动来完成的。

尾座主轴的进退由一只三位四通电磁阀控制液压缸活塞运动来实现。

排屑机构则由电动机、减速器和链轮传动。

三、CK6140 型数控车床的结构及调整方法

本机床采用了导轨面与水平面成 60°斜置的床身形式。床身、主电动机、液压油箱、润滑油箱以及电气装置等部件都安装在一个底座上。

1. 主轴箱

主轴箱是机床结构中重要的部件之一。它由轴承座、主轴、主轴轴承、轴承调节螺母、位置编码器及 V 带等组成，如图 2-4 所示。

主轴箱安装于床身和床鞍钢导轨相平行的两条尾座移置导轨的左端。直流主轴电动机经有强力层的窄型 V

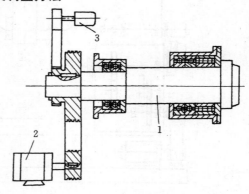

图 2-4　CK6140 主轴箱简图
1—主轴　2—主轴电动机　3—编码器

带把运动传给主轴，V 带轮与主轴箱 I 轴采用卸荷形式结构。

图 2-5 为 CK6140 型数控车床的主轴组件结构图。主轴粗而短，有前后两个支承，间距约为 400mm。主轴前支承采用成对安装的角接触球轴承 2 和圆柱滚子轴承 3 联合使用，承受轴向和径向综合负荷。径向游隙由轴承 3 本身保证，并由精密垫圈 4 的厚度作微量调整。当机床使用时间过长，主轴径向游隙过大而造成切削表面产生波纹时，可适当减薄垫圈 4，径向游隙会有所减小。但游隙太大，要过多地减薄垫圈 4 来减小径向游隙是不合理的，此时必须更换新轴承。控制主轴轴向窜动的是轴承 2，它的内外环之间的间隙是由安装在两环之间的精密垫圈 5 的厚薄来控制的，过厚则轴向窜动大，轴向精度降低，而过薄又会使机床在高速运转时，主轴发热。垫圈 4 和 5 磨薄后，两端面的平行度误差不得大于 0.005mm，轴承和垫圈重新装上后，应将螺母 6 拧紧，直至垫圈 4 和 5 压紧在主轴上不能移动，并采用了防松圆螺母 7。主轴后支承为圆柱滚子轴承 1，其径向游隙亦由该轴承本身保证，并用精密垫圈 8 作微量调整。同样由于机床长时间使用后，轴承也会出现径向游隙过大，其调整方法同前轴承 3。这种轴承的圆柱滚子是和滚道成直线接触的，所以可承受较大的径向负荷，而且即使主轴发热也可自由伸长，而不至于使主轴弯曲或使主轴箱体变形从而影响传动精度，采用这样的轴承配置，主轴轴承具有较好的刚度。主轴前端为短锥法兰式，可以直接安装卡盘，主轴轴端悬伸短，刚性好。

为了加工螺纹，主轴箱左端装有一个位置编码器，通过一对 1:1 的齿轮与主

轴联接。主轴每转一圈，位置编码器发出 1024 个脉冲和一个加工起始脉冲（也称螺头脉冲），用以保证主轴回转和进给的严格位移关系。

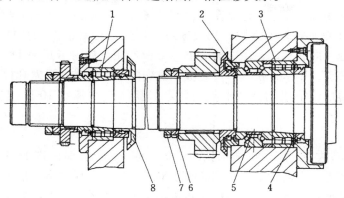

图 2-5　主轴组件结构图

1、3—圆柱滚子轴承　2—角接触球轴承　4、5、8—垫圈　6、7—螺母

2. 液压卡盘

如图 2-6a 所示，液压卡盘固定安装在主轴前端，回转液压缸 1 与接套 5 用

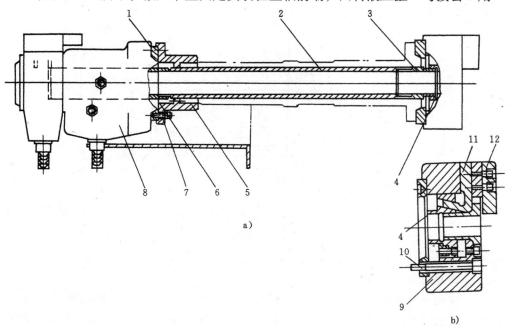

a)

b)

图 2-6　液压卡盘结构简图

1—回转液压缸　2—拉杆　3—连接套　4—滑套　5—接套　6—活塞

7、10—螺钉　8—回转液压缸箱体　9—卡盘体　11—卡爪座　12—卡爪

螺钉 7 联接，接套通过螺钉与主轴后端面联接，使回转液压缸随主轴一起转动。卡盘的夹紧与松开，由回转液压缸通过一根空心拉杆 2 来驱动。拉杆后端与液压缸内的活塞 6 用螺纹联接，连接套 3 两端的螺纹分别与拉杆 2 和滑套 4 联接。图 2-6b 为卡盘内楔形机构示意图，当液压缸内压力油推动活塞和拉杆向卡盘方向移动时，滑套 4 向右移动，由于滑套上楔形槽作用，使得卡爪座 11 带着卡爪 12 沿径向向外移动，则卡盘松开。反之液压缸内的压力油推动活塞和拉杆向主轴后端移动时，通过楔形机构，使卡盘夹紧。卡盘体 9 用螺钉 10 固定安装在主轴前端。

3. 尾座

CK6140 型数控车床尾座结构见图 2-7。尾座主轴套筒的进退是由液压来控制的。顶尖套支承在前轴承，靠圆柱滚子轴承 4 支承，后轴承靠推力球轴承 5 和单列深沟球轴承 6 支承。先用螺母 3 并紧，再用螺母 3 上的螺钉 2 支紧，从而消除轴承 4 的轴向移动。尾座要在床身上移动时，可将尾座上一个带有锥度的插销插进床鞍端面的孔内，借助床鞍的机械运动来拖动尾座。当床鞍和尾座需分开时，只需拉出插销并旋转一个方向，压缩弹簧就能实现。应注意的是，前端盖 1 和螺母 3 中间要有一定间隙，否则会引起发热现象。前端盖 1 可根据装配的实际情况进行调整。

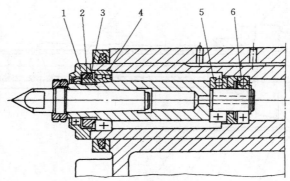

图 2-7　CK6140 型数控车床尾座结构
1—前端盖　2—螺钉　3—螺母　4—圆柱滚子轴承
5—推力球轴承　6—单列深沟球轴承

4. 进给系统传动装置

床鞍和滑板是机床进行纵向、横向进给运动的运动部分。在滑动件导轨面，以及下压板面上均贴有聚四氟乙烯导轨软带，它具有较小的摩擦因数和良好的耐磨性，使其运动时不会产生爬行。

纵向滚珠丝杠位于两条床鞍钢导轨的中间，它的中心线位置接近于切削进给力和导轨主导向面，因此床鞍运行的平稳性较好。它具有两个坚固的轴承座，每一个轴承座内用一对背对背安装的有预加负荷的 7208/P5 型轴承作径向支承，具有很高的旋转精度。前后轴承座内还各有一个 51208/P5 型轴承，用以承受对丝杠本身所预加的轴向拉力负荷，这样就使丝杠的传动刚度得到改善。滚珠丝杠与伺服电动机的连接采用特制的涨紧环，既安全又可靠。

　　图 2-8a 为横向（X 轴）进给滚珠丝杠轴承结构。它的上部为两个角接触球轴承 6，背对背安装，靠调节中间的内外隔圈的厚度差来消除游隙并预加一定负荷。轴承由螺母 7 来预紧。它的下部为一个单列深沟球轴承 3 来作径向支承，由螺母 2 进行预紧，螺母 1 的作用是防松锁紧。该轴承的上下还各有一个推力球轴承 4、5，用以承受轴向负荷。安装或调整时应将整个轴系的径向游隙调整为零，以便提高它的传动刚度。丝杠的轴向窜动误差不大于 0.005mm，否则轴系的松动会给机床加工精度带来严重后果。滚珠丝杠与伺服电动机的连接通过同步带传动装置实现，其速比为 1∶1，此种结构的特点是平稳性好，噪声小。同步带的松紧是可调的，从而解决了由于传动带断裂或过松对传动精度造成的影响。

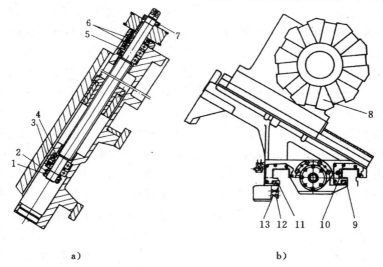

a)　　　　　　　　　　　　　　b)

图 2-8　横向进给滚珠丝杠轴承

1、2、7—螺母　3、4、5、6—轴承　8—刀架　9、10、11—镶条　12—限位开关　13—撞块

　　图 2-8b 中的限位开关 12、撞块 13 为机床参考点的限位开关和撞块，镶条 9、10、11 用于调整滑板与床身导轨的间隙。由于刀架 8 为倾斜布置，而滚珠丝杠不能自锁，刀架可能自动下滑，所以机床依靠 AC 伺服电动机的电磁制动来实现自锁。

　　5. 刀架

　　本机床配有转塔刀架和梳状刀架供选择。

（1）转塔刀架　CK6140 型数控车床配
有一个具有 12 工位的卧式转塔刀架。刀盘
布置图见图 2-9。它主要通过转塔头的旋转
分度定位来实现机床的换刀动作。外圆车
刀刀柄直接安装于转塔刀盘的矩形槽内，
由压板 1 和斜铁 2 压紧；镗孔刀排座和钻头
锥柄座在转塔刀盘上可以快换，刀排座是
利用一个带齿的顶柱来紧固的，装卸非常
方便。刀盘装刀座孔的端面有一个定位销，
在切削时承受主切削力，大大增强了刀具
系统的刚度，且具有精确可靠的重复定位
精度。切削液可充分地喷射到切削区域。

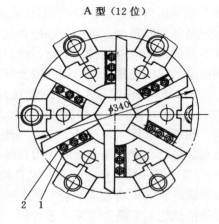

A 型（12 位）

图 2-9　刀盘布置图
1—压板　2—斜铁

数控车床转位换刀过程为：当接收到
数控系统的换刀指令后，刀盘松开—刀盘旋转到指令要求的刀位—刀盘夹紧并发
出转位结束信号。图 2-10 为转塔刀架结构简图。该刀架的夹紧与松开、刀盘的
转位均由液压系统驱动，PC 顺序来实现。安装刀具的刀盘 11 与刀架主轴 6 固定
连接。当刀架主轴 6 带动刀盘旋转时，其上的齿牙盘 13 和固定在刀架上的齿牙
盘 10 脱开，旋转到指定刀位后，刀盘的定位由齿牙盘啮合来完成。活塞 9 支承
在一对推力球轴承 7、12 及双列滚针轴承 8 上，它可以通过推力轴承带动刀架主
轴移动。当接到换刀指令时，活塞 9 及刀架主轴 6 在液压油推动下向左移动，使
齿牙盘 13 与 10 脱开，液压马达 2 起动，并带动平板共轭分度凸轮 1 转动，经齿
轮 5 和齿轮 4 带动刀架主轴及刀盘旋转。刀盘旋转的准确位置通过开关 PRS1、
PRS2、PRS3、PRS4 组合通断开关及 PRS5 奇偶校验开关来检测确认。当刀盘至
所需刀位前一位置时，PC 发出减速信号，使刀盘缓慢转到所需刀位附近。当刀
盘旋转到指定的刀位后，接近开关 PRS7 通电，向数控系统发出信号，控制液压
马达停转，这时液压油推动活塞 9 向右移动，使齿牙盘 10 和 13 啮合，刀盘被定
位夹紧。接近开关 PRS6 确认夹紧并向数控系统发出信号，于是刀架的转位换刀
循环完成。

这种转塔刀架可以通过控制系统中的逻辑电路或 PC 来选择回转方向，使每
次转位都经最短距离到达所需刀位，因此辅助时间是较短的。对于本机床在自动
工作状态下，当指定换刀刀号后，数控系统可以通过内部的运算判断，实现刀盘
就近转位换刀，即刀盘可正转也可反转。但当手动操作机床时，从刀盘方向观
察，只允许刀盘顺时针转动换刀，换刀流程图如图 2-11 所示。

如果刀盘转位没有到位，刀盘便下降，刀盘上的保险销就顶住刀盘体，使其
不能继续下降。接近开关未发出到位信号，刀盘则重复上述转位过程，直至定位

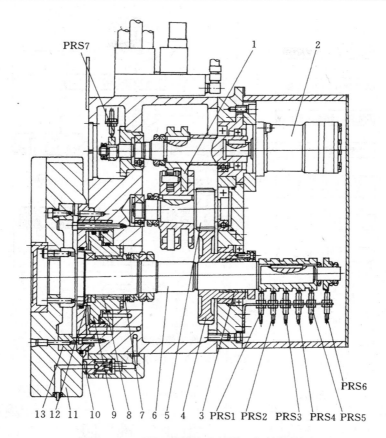

图 2-10　CK6140 数控车床转塔刀架结构简图

1—分度凸轮　2—液压马达　3—胀紧套　4、5—齿轮　6—刀架主轴　7、12—推力球轴承　8—滚针轴承
9—活塞　10、13—齿牙盘　11—刀盘 PRS1～PRS4—组合通断开关　PRS5—奇偶
校验开关　RPS6、PRS7—接近开关

正确为止。

（2）梳状刀架　本机床的床鞍滑板上可直接安装 2～3 个梳形刀架，根据加工零件的要求，通过 T 形槽在床鞍滑板上定位固定，无换刀动作，结构简单、可靠，效率高。

四、CK6140 型数控车床的液压原理

CK6140 型数控车床卡盘的夹紧与松开，主轴的机械变速，转塔刀架的松开与夹紧，刀架刀盘的正转与反转，尾座套筒的伸出与退回，尾座的夹紧与松开都是由液压系统驱动的，液压系统中各电磁阀电磁铁的动作是由数控系统的 PC 控制实现的。图 2-12 为液压系统原理图。

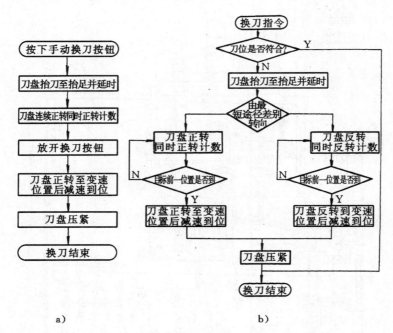

图 2-11　换刀流程图

a）手动换刀流程图　b）自动换刀流程图

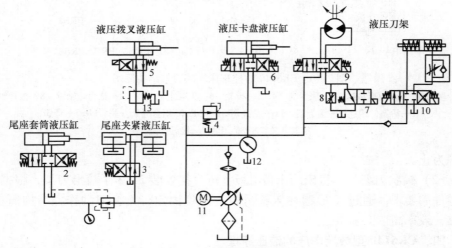

图 2-12　液压系统原理图

1、4、13—减压阀　2、3、5—电磁阀　6、7、9、10—电磁换向阀
8—节流阀　11—变量泵　12—压力计

　　机床的液压系统采用变量泵 11（YBX—25）驱动。液压油经过滤器进入控制油路。整个油路的压力由液压泵来调节，一般压力调整在 5～5.5MPa，压力计

12（Y—60B）起显示检查作用。

　　主轴箱中液压拨叉操纵一个双联滑移齿轮得到两种变速，液压拨叉变速油缸的换向是通过电磁阀 5（4WE6D50/AG24Z4）来实现的，压力调节则通过减压阀 13（ZDR6DP2—30/150Y）来完成；电磁换向阀 6（4WE6E50/AG24Z4）控制液压卡盘的夹紧和松开，夹紧力的大小则由减压阀 4（ZDR6DP2—30/150Y）调节其油路压力大小来控制。电磁阀 2（4WE6E50/AG24Z4）通过推动液压缸活塞运动实现尾座套筒伸缩。顶尖对工件的顶紧力可根据加工工件直径大小，任意调节减压阀 1（ZDR6DP1—30/150YM）手柄，使尾座液压油路的压力升高或降低达到不同顶紧力的目的。尾座与床身的夹紧则依靠电磁阀 3（4WE6D50/AG24Z4）控制两只液压缸紧固两块压板来实现。

　　转塔刀架的转位由一个液压马达通过凸轮传动机构和识别码开关来完成。电磁换向阀 7 和 9 来控制液压马达 BX—50 转速，刀盘的夹紧和松开动作依靠电磁换向阀 10（4WE650/AG24NZ4）控制液压缸运动来实现。在转动过程中，控制刀盘的电磁换向阀均失电。图中单向节流阀 8（MK6G1.2）的作用是当刀盘转到所需刀位前一位置时，PC 发出一个减速信号，液压马达的回油经节流阀减小，使刀盘慢速转动至所需刀位附近。

　　机床进行切削加工时，只需要保持液压卡盘的压力、尾座压板夹紧力、尾座套筒顶紧力、刀架夹紧力和液压拨叉的位置，所以液压系统不消耗流量。此时液压泵即自动卸荷。液压油可采用 40 减磨液压油。

　　为了有效地控制液压油的温度，本液压系统还安置了散热装置，此散热装置安装在油箱上，变量泵泄油孔的油通过高效的散热片，降温效果良好。

五、CK6140 型数控车床的电气原理

　　本机床电气系统主要由 FANUC—0TE—MODEL A—2 数控系统、可编程序控制器（PMC—L）、交流伺服系统、直流主轴伺服系统、强电控制部分、刀架、操作台以及其他一些基本单元组成。另外还可选择尾座、排屑机等部件。不仅数控系统本身具有保护装置，强电部分也采取了保护措施。其电气布置图如图2-13所示，控制图如图 2-14 所示。

　　机床电源部分为数控车床各用电设备提供电源，主要由电源板、控制变压器、伺服变压器和主轴伺服变压器组成。本机床采用 FANUC 控制变压器，它提供两组电源，200V ~ 用于数控装置，100V ~ 作为伺服单元上电磁接触器电源和强电板上交流继电器电源。

　　强电控制部分主要包括强电板、交流电动机、直流电磁阀等部分。强电控制线路采用了 HH52P—FL 型直流 24V 继电器作为中间继电器。交流接触器采用 220V ~ 和 110V ~ 3TB4117—OA 型。本机床采用了可编程序控制器（PMC），因此强电逻辑控制线路大为简化，同时可靠性也大幅度提高，除了完成机床冷却系

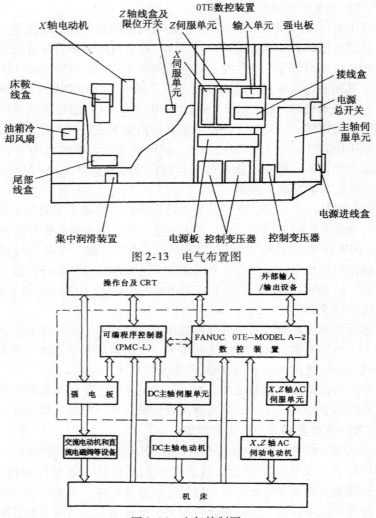

图 2-13　电气布置图

图 2-14　电气控制图

统、润滑系统、液压系统等部分的各种动作，还可将各种动作的完成情况以回答信号形式回送 PMC，以利于 PMC 进行各种逻辑控制。同时强电板上还装有 3VE1 型低压断路器，用于过载及短路保护。继电器带有红色发光二极管可以显示继电器的通断情况。

机床的液压泵、冷却泵、润滑泵均采用笼型异步电动机。

机床操作台上方是 CNC 操作面板，下方是强电操作面板。通过强电操作面板上的按钮，配合 CNC 面板操作可完成不同的机床控制。各开关及按钮的功能见图 2-15。

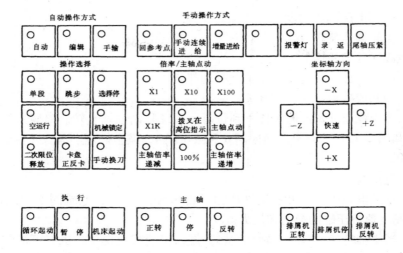

图 2-15　操作面板示意图

第二节　CK6140 型数控车床的故障征兆、分析与检修

数控车床同其他数控机床一样，由主机（包括液压和气动等部件）和 CNC 控制系统组成。数控车床是机、电、液、气一体化机床，各部分执行功能共同完成机械的移动、转动、夹紧、放松、变速和刀具转位等各种动作。由于车床工作时，它的各项功能相互结合，因此发生的故障也混在一起。有些故障虽然征兆相同，但引起故障的原因却不同，这给故障的诊断和排除带来很大困难。本节将以 CK6140 型数控车床为例介绍机械和 FANUC 控制系统中常见故障的原因及排除方法。

一、CK6140 型数控车床机械故障分析与检修（27 例）

针对数控车床机械部分故障的分析与检修，以下按主轴箱部分、转塔刀架部分、尾座部分、辅助装置部分、液压部分故障以及加工精度方面的故障顺序，分别加以介绍。

1. 主轴箱部分机械故障内容及排除方法

（1）主轴不转动

【故障原因分析】

1）电器主轴转动指令是否输出。

2）保护开关没有压合或失灵。

3）卡盘未夹紧工件或防护罩不到位。

4）变挡复合开关坏。

5）变挡电磁阀体内泄漏。

6）主轴高速旋转。

【故障排除与检修】

1）电气人员检查处理，见主轴驱动部分。

2）检修或更换压合保护开关。

3）当卡盘未夹紧或防护罩不到位时，系统限制主轴旋转。参照系统液压原理部分和图 2-12，检查电磁换向阀 6 和减压阀 4，调整修理卡盘，并在切削时拉上防护罩。

4）更换复合开关。

5）更换电磁阀。参见系统液压原理部分和图 2-12，电磁阀 5 和减压阀 13 用来控制变速液压缸的换向和压力。

6）当主轴转速过高时，轴承发热升温，引起咬死现象，也有可能使主轴停止转动。适当降低主轴转速便可解决。

（2）主轴无变速

【故障原因分析】

1）电器变挡信号是否输出。

2）压力是否足够。

3）变挡液压缸研损或卡死，窜油或内泄。

4）变挡电磁阀卡死。

5）变挡复合开关失灵或变挡液压缸拨叉脱落。

【故障排除及检修】

1）电气人员检查处理。

2）参见系统液压原理部分的图 2-12，压力计 12 用来检测工作压力，若低于额定压力，应调整。压力调节通过减压阀 13 来完成。

3）若变挡液压缸研损或卡死，应修去毛刺和研伤，清洗后重装；若变挡液压缸窜油或内泄，应更换密封圈。

4）、5）修复或更换。

（3）切削振动大

【故障原因分析】

1）主轴箱和床身联接螺钉松动。

2）轴承预紧力不够，游隙过大。

3）轴承预紧螺母松动使主轴产生窜动。

4）轴承拉毛或损坏。

5）主轴与箱体精度超差。

6）其他原因。

【故障排除与检修】

1）调整机床，恢复精度后并紧固联接螺钉。

2）可重新调整、消除轴承游隙。具体方法参见第一节中主轴箱结构部分和图2-5，适当减薄精密垫圈4和5，从而减小前轴承的径向游隙和轴向窜动；对于后轴承，用精密垫圈8调整过大的径向游隙。但预紧力不能过大，以免损坏轴承。

3）紧固预紧螺母6和防松圆螺母7，确保主轴精度合格。具体参见图2-5。

4）更换轴承。

5）修理主轴或修理箱体使之配合精度和位置精度达到要求。

6）检查刀具或切削工艺，有时转塔刀架运动部件松动或因压力不够未卡紧而引起振动。

（4）主轴箱噪声大

【故障原因分析】

1）主轴部件动平衡不好。

2）齿轮问题。

3）轴承拉毛或损坏。

4）传动带尺寸长短不一致或传动带松弛而受力不均。

5）润滑不良。

【故障排除与检修】

1）重作动平衡。

2）传动齿轮齿形受力过大引起变形或在装配过程中受损，齿轮啮合间隙大，齿轮精度差都可导致转动噪声，应及时修理、调整或更换。

3）更换轴承。

4）调整或更换传动带，不能新旧混用。

5）调整润滑油量，保持主轴箱清洁度。

（5）主轴发热

【故障原因分析】

1）主轴轴承预紧力过大。

2）轴承研伤或损坏。

3）润滑油脏或有杂质。

【故障排除与检修】

1）调整预紧力。

2）更换新轴承。

3）清洗主轴箱，重新换油。

2. 转塔刀架部分机械故障内容及排除方法

（1）转塔没有抬起动作

【故障原因分析】

1）控制系统是否有 T 指令输出信号。

2）抬起电磁铁断线或阀杆卡死。

3）压力不够。

4）抬起液压缸研损或密封圈损坏。

5）与转塔抬起连接的机械部分研损。

【故障排除与检修】

1）检查 T 指令抬起信号是否有输出，若无输出则请电气人员排除。

2）参见液压系统部分和图 2-12，电磁换向阀 10 控制刀盘松开抬起。修理或清除污物，更换电磁阀。

3）检查液压缸压力是否充足，重新调整压力。

4）修复研损部分或更换密封圈。

5）参见图 2-10 转塔刀架结构简图。刀盘 11 和刀架主轴 6 固定连接，当接到换刀指令时，活塞 9 及刀架主轴 6 在液压油推动下向左移动，使齿牙盘 13 和 10 脱开，刀盘抬起。如果这几处有研损，修复研损部分或更换零件。

（2）转塔落不到位和无法夹紧

【故障原因分析】

1）检查是否有落下信号输出。

2）落下电磁阀断线或卡死。

3）压力不够。

4）转塔卡紧液压缸研损。

5）转塔旋转滚针轴承脱落。

6）转塔选位开关松动，不正位落在齿顶上。

【故障排除与检修】

1）电气人员检查信号并修理。

2）、3）、4）由于抬起和落下电磁阀，抬起和落下液压缸是同一个，检修及排除故障同 1 中 2）、3）、4）。

5）修复或更换滚针轴承。

6）参见图 2-10 转塔刀架结构简图。刀盘旋转的准确位置通过开关 PRS1、PRS2、PRS3、PRS4 通断组合开关及 PRS5 奇偶校验开关检测确认。转塔在正位时，重新调整选位开关并多次试验，一直到可靠为止。

（3）转塔转位速度缓慢或转塔不转位

【故障原因分析】

1）查是否有转位信号输出。

2）转位电磁阀断线或阀杆卡死。

3）压力不够。

4）转位速度节流阀是否卡死。

5）液压马达研损卡死。

6）凸轮轴压盖调节过紧。

7）抬起液压缸与转塔平面产生摩擦、研损。

8）安装附具不配套。

【故障排除与检修】

1）转位继电器是否吸合。

2）、3）、4）、5）参见液压系统原理及图2-12，转塔刀架的转位由液压马达BX—50驱动。电磁换向阀7和9控制液压马达的转速动作。节流阀8的作用是当刀盘转至所需刀位的前一位置时，PC发出一个减速信号，液压马达回油经节流阀减小，使刀盘慢速转到所需刀位附近。以上元件有问题可以通过修理、清洗或更换来解决。并需要调整压力到额定值。

6）将调节螺钉退回一些。

7）将转位联接盘松开再进行转位试验。将联接盘取下，把平面轴承下面的调整垫块取出配磨，并使相对间隙保持0.04mm即可。

8）重新调整附具安装，以免减少转位冲击。

（4）转塔不正位

【故障原因分析】

1）转塔转位盘上的撞块与选位开关松动，从而使转塔到位时，传输信号超前或滞后。

2）转塔的机械连接部件如上下联接盘与中心轴花键间隙过大，产生位置偏差过大，落下时容易碰到齿顶面上，引起不正位。

3）转位凸轮和转位盘间隙大。

4）固定转位凸轮的螺母松动，使凸轮在轴上产生窜动。

5）转位凸轮轴的轴向预紧力过大，运转不灵活或有机械干涉，使转塔转不到位。

【故障排除与检修】

1）将护罩拆下，使刀塔处于正位状态。重新调整撞块与选位开关的位置，并紧固好，再做转塔转位动作。

2）重新调整联接盘与中心轴的中间位置，间隙过大可更换零件。

3）将两滚轮与凸轮用塞尺测试，把凸轮调到中间位置，转塔左右窜动量保持在两齿中间位置，落下时确保顺利啮合，转塔抬起时摆动转塔，摆动量最好不超过两齿的1/3。

4）重新调整并紧固好螺母。

5）重新调整预紧力，排除干涉。

（5）转塔转位时有机械干涉碰齿

【故障原因分析】

抬起速度缓慢或抬起延时时间短。

【故障排除与检修】

调整抬起延时参数，增加延时时间。

（6）转塔转位不停

【故障原因分析】

1）两个计数开关不同时计数或重置开关坏。

2）转塔上的 24V 电源线断开。

【故障排除与检修】

1）调整两个撞块的位置及计数开关的计数延时，修复重置开关。参见图2-11换刀流程图。

2）将 24V 电源线接好。

3. 尾座机械故障内容及排除方法

尾座顶不紧或无法运动

【故障原因分析】

1）压力不足。

2）液压阀断线或卡死。

3）液压缸活塞拉毛研损。

4）密封圈损坏。

5）套筒研损。

【故障排除与检修】

参见液压系统原理部分和图 2-12，电磁阀 2 推动液压缸活塞运动实现尾座套筒伸缩，顶尖对工件的顶紧力可调节减压阀 1 来控制。因此对于以上几个部件引起的尾座故障可用以下方法检修：

1）用压力表检查，调节减压阀 1。

2）更换减压阀。

3）更换密封圈。

4）清洗、更换阀体或重新接线。

5）修理研损部位。

4. 辅助装置机械故障内容及排除方法

CK6140 型数控车床的辅助装置有冷却装置、排屑装置、润滑装置和防护装置。这些装置在工作中也有可能发生故障，影响机床正常工作。

（1）刀具无法充分冷却

【故障原因分析】

1）冷却装置切削液压力太小，以致无法及时冲走切屑。

2）切削液变质。

【故障排除与检修】

1）增大切削液压力，使刀具充分冷却并及时冲走切屑。

2）定期更换切削液，同时要及时清理切削液箱内的脏物，保证冷却效果。

（2）排屑装置卡住

【故障原因分析】

切屑形状无规则，在排屑装置的通道中容易卡入缝隙，使排屑装置的传动部件卡住。

【故障排除与检修】

及时清理排屑装置通道中的卡住物，保证排屑通畅。传动部位应定期加油润滑，使其传动灵活。

（3）防护罩运动不灵活

【故障原因分析】

由于防护罩的连接运动部件一般无法进行自动加油润滑，长期使用后，由于缺油或脏物堵塞，会造成运动不灵活。

【故障排除与检修】

及时清理落在防护罩导轨处的切屑，经常在其活动部位加些润滑油，保证防护罩的运动灵活。轻拉轻关防护门罩，不敲击防护门罩，防止其变形。

（4）导轨和滚珠丝杠螺母润滑不良

【故障原因分析】

1）分油器堵塞或不分油。

2）油管破裂或渗漏，油路堵塞。

3）缺少气体动力源。

【故障排除与检修】

1）检查定量分油器，并更换损坏元件。

2）修理或更换油路，并清除污物，保证油路畅通。

3）检查是否有气源，检查气动柱塞泵是否堵塞，是否上下灵活。

5. 液压部分机械故障内容及排除方法

（1）液压泵不供油或油量不足

【故障原因分析】

1）液压泵转向接反或者转速太低，叶片不能甩出。

2）油的粘度过高，使叶片在转子槽内运动不灵活，甚至卡死。

3）由于压力调节螺钉过松，压力调节弹簧过松，定子不能偏心。

4）流量调节螺钉调节不正确，定子偏心方向相反。

5）油箱内油量不足，吸油管露出油面而进入空气。

6）吸油管堵塞或进油口漏气。

【故障排除与检修】

1）调整液压泵转向，并将转速控制在最低转速以上。

2）使用规定牌号的油，当叶片卡死时拆开液压泵修理，清除毛刺，重新装配。

3）将压力调节螺钉按顺时针方向转动到弹簧被压缩时，再转 3 ~ 4r，启动液压泵，调整压力。

4）按逆时针方向逐步转动油量调节螺钉。

5）把油加到规定油位，将滤油器埋入油面下。

6）及时清除吸油管中的堵塞物，修理并更换密封件。

（2）液压泵发热油温过高。

【故障原因分析】

1）油箱油量不足或压力过高。

2）液压泵工作压力超载。

3）液压泵吸油管和系统回油管靠得太近。

4）由于摩擦阻力引起的机械损失或泄漏引起的容积损失。

【故障排除与检修】

1）按规定量加油，油的粘度过大引起压力过高，使用符合规定的油。

2）按规定的额定压力工作。

3）调整油管，使工作后的油不直接进入液压泵。

4）检查机械零件是否有故障，更换零件和密封圈。

（3）液压泵有异常噪声或压力下降。

【故障原因分析】

1）液压泵转速过高或液压泵装反。

2）液压泵与电动机连接的同轴度差。

3）定子和叶片严重磨损，轴承和轴损坏。

4）进油口过滤器容量不足或局部堵塞。

5）油箱油量不足，过滤器露出油面。

6）吸油管吸入空气。

7）回油管高出油面，回油时空气被带入油池。

8）泵和其他机械共振。

【故障排除与检修】

1）按规定方向安装转子。

2）连接后不同轴是产生噪声的主要原因。连接同轴度应在 0.05mm 之内。

3）更换元件。

4）更换过滤器，进油容量应是液压泵最大排量的 2 倍以上，并及时清洗过滤器。

5）按规定油量加油。

6）找出泄漏部位，如管接头、密封圈损坏处、结合面不平或松动处，更换修理。

7）保证油位最低时，回油管埋入油面下一定深度。

8）更换缓冲胶垫。

（4）系统压力低，运动部件产生爬行

【故障原因分析】

主要原因是液压油泄漏。

【故障排除与检修】

首先检查各漏油部位，检查各部管件与接头和阀体是否泄漏，进行修理或更换。其次检查是否有内泄，即从高压腔到低压腔的泄漏。

6. 加工质量方面机械故障及排除方法

（1）加工精度达不到要求

【故障原因分析】

1）机床在运输过程中受到冲击。

2）机床安装不牢固，安装精度低或有变化。

【故障排除与检修】

1）检查对机床几何精度有影响的各部位，特别是导轨副，并按出厂精度要求重新调整或修复。

2）重新安装调平，并紧固。

（2）加工件表面粗糙度值低

【故障原因分析】

1）机床导轨没有足够的润滑油，使溜板产生爬行。

2）X 轴、Z 轴滚珠丝杠有局部拉毛或研损，甚至轴承损坏，运动不平稳。

3）伺服电动机增益过大。

【故障排除与检修】

1）加润滑油，排除润滑故障。

2）更换或修理丝杠，更换损坏的丝杠轴承。

3）调整伺服电动机控制系统。

（3）反向误差大，加工精度不稳定

【故障原因分析】

1）X 轴、Z 轴联轴器锥套松动。

2）X 轴、Z 轴滑板配合压板和镶条过紧或松动。

3）丝杠支承座的轴承预紧力过紧或过松。

4）滚珠丝杠螺母端面与结合面不垂直或结合过松。

5）润滑油不足或没有润滑油。

【故障排除与检修】

1）重新紧固并做打表试验，反复多做几次。

2）重新调整或修刮，用 0.03mm 塞尺塞不进合格，并使接触率达 70% 以上。

3）调整预紧力，间隙可用控制系统自动补偿机能消除，检查调整丝杠轴向窜动值，打表测量，使误差不得大于 0.015mm。

4）修调或加垫处理。

5）调节各导轨面均有润滑油为止。

（4）转塔刀架重复定位精度差

【故障原因分析】

1）液压夹紧力不足。

2）上下牙盘受冲击定位松动或者有污物或滚针脱落，卡在了牙盘中间。

3）夹紧液压缸拉毛或研损。

4）转塔座落在两层滑板之上，由于压板和镶条配合不牢，造成运动偏大。

【故障排除与检修】

1）检查压力并调到额定值。

2）重新调整固定上下牙盘，并及时清除污物保持转塔清洁，检修、更换滚针。

3）修理拉毛研损部分，更换密封圈。

4）调整压板和镶条，使 0.04mm 塞尺不能塞入。

（5）刀补值不稳定，加工精度低

【故障原因分析】

1）伺服电动机产生漂移，使滚珠丝杠振动。

2）机床各连接部件超差或配合过松过紧而引起的位置偏移。

3）主轴、X 轴、Z 轴脉冲编码器松动或损坏。

4）刀具未对准切削轴线中心。

5）主轴升温产生的变化。

【故障排除与检修】

1）电气人员维修。见进给伺服系统故障。

2）调整各运动部位并测试精度，修理调整连接部位的间隙，确保机床承受负荷时不产生应变。

3）紧固脉冲编码器。

4）确保刀具在中心上切削。

5）用控制系统刀具补偿机能来修正。

（6）加工件有锥度

【故障原因分析】

1）主轴中心与导轨平行度超差。

2）尾座中心和主轴中心同轴度超差。

【故障排除与检修】

1）调整主轴箱位置。

2）调整尾座或主轴箱。

（7）机床参考点位置不对

【故障原因分析】

1）主轴箱行程开关及减速挡块位置不对或松动。

2）编码器产生偏差或丝杠联轴器锥套松动。

【故障排除与检修】

1）重调位置，紧固松动挡块或开关。

2）调整紧固松动的锥套，检查或更换编码器。

二、CK6140 型数控车床 FANUC—0TE 系统故障分析与检修（30 例）

数控是以数字形式实现控制的一门技术，随着半导体技术，计算机技术的发展，数字控制装置已发展成为计算机数字控制装置，即 CNC 装置。CNC 系统中以 CNC 装置为核心再加上程序的输入、输出设备，可编程序控制器（PLC 或 PMC），主轴驱动装置和进给装置以及位置检测系统等几部分组成，CNC 系统构成框图如图 2-16 所示。

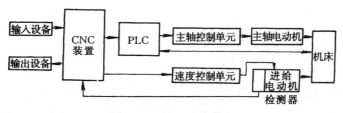

图 2-16　CNC 系统构成

1. 数控系统的故障内容及排除方法

CK6140 型数控车床配有 FANUC—0TE—A—2 数控系统。它具有自诊断功能，报警号和主板报警灯也有助于故障的寻找和排除。现以该系统在运行过程中出现的故障进行介绍，所述的分析方法和原则也同样适用于其他数控系统。

（1）电源无法输入

【故障原因分析】

1）交流电源没有接到 CNC 装置。

2）输入单元上报警指示灯亮。

3）外部电源开关 ON/OFF 的"OFF"接点接触不良。

4）CNC 装置柜门上的电源开关"OFF"接点不好。

5）CNC 装置柜门上的电源开关"ON"接触不好。

6）以上问题均不存在，则输入单元有故障。

【故障排除与检修】

1）检查方法是：确认输入单元上绿色指示灯 PIL 是否点亮。若 PIL 不亮，则检查输入单元的电源输入端子 TP1，确认是否有电源输入；若 TP1 上有电而 PIL 不亮，则检查熔体 F1、F2、F3 是否熔断。

2）如报警指示灯（ALM 红）亮，表示输入单元有故障，排除故障后，关断一次电源然后再接通，系统才能正常运行。

3）这个外部开关有可能设置在机床操作面板上，它是与 CNC 装置柜电源开关串联的。这可以通过检查输入单元的 TP2 端子上的 EOF 和 COM 之间是否短路来确认。

4）、5）检查方法有两种：第一，确认电源开关 OFF 或 ON 接点是否闭合；第二，确认输入单元上的 OFF 和 ON 是否短路。

（2）电源输入后 CRT 无显示画面　此故障有以下几种现象。

1）数控系统电源接通后 CRT 无辉度或无任何画面。

【故障原因分析】

① 与 CRT 单元有关的电缆连接不良。

② 输入 CRT 单元的电源电压不正常。

③ CRT 单元本身故障。

④ CRT 接口印制电路板或主控制电路板有故障。

【故障排除与检修】

① 应对电缆重新检查、连接一次。

② 在检查之前应先搞清楚 CRT 单元所用的电源是直流还是交流，电压有多大。因为生产 CRT 的厂家不同，产品之间有较大差异。一般来说，9in 单色 CRT 多用 +24V 直流电源，而 14in 彩色 CRT 却为 200V 交流电压。在确认输入电压过低的情况下，还应确认电网电压是否正常。如果是电源电路不良或接触不良，造成输入电压过低时，还会出现某些印制电路板上硬件或软件报警，如主轴低电压报警等。可通过几个方面的相印证来确认故障所在。

③ CRT 单元由显示单元，调节器单元等部分组成，它们中的任何一部分不良都会造成 CRT 无辉度或无图像等故障。

④ 可以先用示波器检查是否有 VIDEO（视频）信号输入。如无，则故障出在 CRT 接口印制电路板上或主控线路板上，往往伴有报警显示，可按报警指示的信息分析处理。

2）CRT 无显示，机床也不能工作。

【故障原因分析与检修】

这种情况下若无主控制板上硬件报警，说明故障发生在 CRT 控制板上，采取更换 CRT 控制板的方法来解决。若存在硬件报警，则根据提示信息判断故障根源。最有可能是主控制板或存储系统控制软件 ROM 板不良造成的。

3）CRT 无显示但机床仍能正常工作。

【故障原因分析与检修】

这种现象说明数控系统的核心控制部分仍能正常地进行插补运算以及伺服控制等，只是显示部分或 CRT 控制部分出了故障。对有关部分故障经排除或更换后，一般会恢复显示。有时如果故障较轻也会出现 CRT 图形周围扭曲，均向里凹，但显示还是清楚的，机床可以正常工作的情况。

（3）对于报警号的处理

FANUC—OTE 系统的报警号有数百条，虽然维修手册中有一部分是专门介绍报警表及其处理对策的，但只是简单提示。现举一些常用的加以说明。

1）纸带水平方向奇偶校验出错（001 TH 报警）。

【故障原因分析与检修】

此报警可用 RESET（复位）键消除。一般有三种原因：

① NC 纸带或纸带阅读有脏物。

② 纸带安装错误。把 NC 纸带反过来安装。

③ NC 纸带穿孔有错。

2）纸带垂直方向奇偶校验出错（002TV 报警）。

【故障原因分析与检修】

当纸带的一段程序中（两个 EOB 之间）的同步孔数为奇数个时就产生 TV 报警。可用 RESET 键来复位，原因及排除方法同上述 1）。

3）伺服位置编码器单脉冲信号失常（090 报警）。

【故障原因分析】

① 进给速度太低。

② 返回参考点的开始位置离参考点太近。

③ 位置编码器电压太低。

【故障排除与检修】

① 查看自诊断功能中 DGN3000$^{\#}$（位置偏差值）应大于 128，否则增大进给率，使进给速度大于 300mm／min。

② 这个距离必须大于 2 倍丝杠螺距。

③ 在位置编码器的电源（+5V）输入端的电压值不得小于 4.75V，电缆压降应小于 0.2V。

若①～③均无故障则说明主控制板已坏，应及时更换消除故障。

（4）不能点动

如果机床不能点动操作，会出现以下两种情况：

1）CRT 位置显示画面变化而机床不动。

【故障原因分析与检修】

① 用自诊断功能检查机床锁住信号（MLK）是否接通。

② 用自诊断功能或参数 1802 检查机床伺服关断信号是否接通。

③ 进给伺服单元有故障。

2）CRT 位置画面和机床都不变化。

【故障原因分析与检修】

① 机床互锁信号接通或点动（JOG）倍率设定为 0%，这应通过自诊断（DGN）检测 STLK 信号和 * OV1 信号。

② 进给轴方向没有输入。通过 DGN 来检测。

③ 状态信号没有输入。检查 CRT 画面上是否显示"JOG"状态。

④ 点动速度设定错误。检查参数 584#，如果没有快移机能，检查参数 1012—5（快移速度参数）。

⑤ 外部有复位信号。检查 CRT 画面上是否有"RESET"显示。

⑥ 参考点返回信号 2RN 接通。通过自诊断（DGN）检查 2RN 信号。

⑦ 主控制板上报警灯亮。可按 CRT 上相应报警号提示内容处理。

（5）同步进给操作故障

【故障原因分析】

1）主轴转速不对。

2）电缆连接不良。

3）位置编码器故障。

4）主控制板故障。

【故障排除与检修】

1）在 CRT 显示画面上检查主轴转速，也可利用自诊断功能检查 DGN700#状态。

2）检查 CNC 和位置编码器之间的连接。

3）、4）更换位置编码器和主控制板。

（6）自动操作故障　在自动状态下按启动按钮有两种情况：

1）机床操作面板上 STL 灯不亮。

【故障原因分析】

① 没有状态信号。

② 有复置信号输入。

③ 起动信号没有输入。

④ 自动操作停止信号有效。

⑤ 主板上报警灯亮。

【故障排除与检修】

①、② 可以通过 CRT 画面上是否有"auto"或"ST"信号来确认。

③、④ 可以用自诊断功能 DGN 来检查是否有"ST"、"SP"信号。

⑤ 按报警提示信息处理。

2）机床操作面板上 STL 灯亮，但轴不能运动。

【故障原因分析与检修】

① 倍率设定为 0%。

② 互锁信号有效。

③ 程序有错误。

④ 加工螺纹时，主轴单脉冲信号没有输出。

⑤ 在每转进给时，主轴没有转。

⑥ 主轴速度达到要求而信号没有输出。

⑦ 用纸带运行时，读纸带有故障。

上述原因通过自诊断功能 DGN700# 分别检查。

（7）主轴 BCD 码和模拟电压故障

发生以上故障时，首先执行 G97S—M03 指令通过 DGN172 和 DGN173 来检查 R01—R12，它们应满足

$$R12 \times 2^{11} + R11 \times 2^{10} + \cdots + R01 \times 2^0$$

$$= \frac{S_n}{S_{max}} \times \frac{S_{ovr}}{100} \times 4095 \tag{2-1}$$

式中　S_n——主轴转速。

S_{max}——主轴挡位最高转速（参数 540—543）。

S_{ovr}——主轴倍率。

检查结果有以下三种情况

1）所有 R01—R12 都是 0，这是由于有主轴停止信号输入（*SSTP）。

2）R01—R02 有输出但不符合式（2-1）。

【故障原因分析与检修】

① 没有挡位选择信号，检查 DGN118# 确认。

② 最大主轴速度设定不对。检查参数 556#。

③ 模拟电压设定值不对。检查参数 516$^{\#}$（标准 1000）。

3）R01—R12 输出，但模拟电压不输出或线性不好。

此时检查 DGN124，DGN125 和 DGN172，DGN173 是否一样，也有两种情况：

① DGN124，DGN125 和 DGN172，DGN173 相同，但无模拟电压输出。

【故障原因分析与检修】

a. 电缆连接错误。检查 CNC 侧 M10 来确定。

b. 主板上报警灯亮，根据报警提示信息处理。

② 输出电压线性不好。

【故障原因分析与检修】

a. 参数设定错误。输入 SO 指令检查模拟输出应为 OV，如不为 OV，设参数 539。输入最大 S 指令时模拟电压为 10V，如不为 10V，设参数 516。

b. 负载不正常。检查 CNC 侧 M10 的模拟电压 7 脚（SVC）20 脚（OV），其中 $V = \dfrac{S_n}{S_{max}} \times 10$（V）。

c. PMC 控制错误。查 PMC 中是否把模拟电压钳位。

（8）当返回参考点操作时，停位不准确

机床停止时离参考点的距离有三种情况：

1）单脉冲偏差。

【故障原因分析】

① 减速开关撞块位置不对。

② 减速开关撞块长度太短。

【故障排除与检修】

① 用 CRT 位置显示来检测减速撞块和参考点之间距离，应为丝杠螺距的 1/2。

② 按连接手册换修减速开关撞块。

2）偏离位置是一个任意值（无规律偏差）。

【故障原因分析】

① 干扰。

② 编码器电压太低。

③ 伺服电动机和丝杠轴连接套松动。

④ 脉冲编码器坏。

⑤ 主板有故障。

【故障排除与检修】

① 电缆屏蔽接地不好，电磁线圈无灭弧器，编码器电缆与电源电缆太近，

都是干扰源，消除了干扰源就可解决故障问题。

② 编码器的电源（+5V）输入端电压值不得小于4.75V，电缆压降应小于0.2V。

③ 紧固连接套。

④ 更换编码器。

⑤ 更换主板。

3）偏差是一个确定值。

【故障原因分析】

① 电缆连接器接触不良或电缆破损。

② 漂移补偿电压有变化。

【故障排除与检修】

① 换电缆或连接器。

② 用参数001的第7位置0来消除漂移补偿机能，然后用自诊断功能DGN800#来观察位置偏差并将该值作为补偿量设定。如果还不能解决问题，则只能更换主控制板。

（9）系统出错

如果发生系统出错故障，一般来说用户不可能自行排除，此时需由制造厂家专门设计维修人员来解决。系统故障包括PMC出错（600~605报警号），磁泡器件错误（900~909报警号），存储器RAM和ROM及CPU出错（910~998报警号）等。具体内容请参见FANUC—0TE系统维修说明书。

2. 伺服进给系统故障内容及排除方法

进给驱动系统按使用的电动机可分为直流进给驱动和交流进给驱动两大类。当前用得最多最成熟的是直流伺服电动机，但由于近几年来交流控制理论的发展、微处理器性能价格比的提高和电子器件的发展，使交流伺服系统在数控机床上应用越来越普遍。CK6140型数控车床进给伺服系统采用功率为2.8kW的FANUC20M型交流伺服电动机，电动机上装有脉冲编码器作为位置反馈和速度反馈的检测元件。所以下面将以交流进给驱动故障为主，但文中所述分析故障的原则，也同样适用于直流进给驱动。

根据经验，进给驱动系统的故障约占整个数控系统故障的1/3，故障的反映形式大致可分为三种：一是利用软件诊断程序，在CRT上显示报警信息；二是利用速度控制单元上的硬件（如发光二极管的指示，熔体熔断等）来显示报警；三是没有任何报警指示的故障。

（1）软件报警形式 现代数控系统都具有对进给驱动系统进行监视、报警的能力，在CRT上显示有关进给驱动的报警号有三种类型：第一类是有关伺服进给系统出错报警，这类报警的起因大多是速度控制单元方面的故障引起的，或是主控制印制电路板内与位置控制或伺服信号有关部分的故障；第二类是有关检测元件（测速发电机，旋转变压器脉冲编码器）或检测信号方面引起的故障；第三类是有关过热过载的报警，这里的过热是指伺服单元、变压器及伺服电动机。总之，可根据 CRT 上报警号的显示，查寻产生故障的可能原因，然后采用相应的对策，将故障排除。下面介绍故障的具体排除方法，如图 2-17 所示。

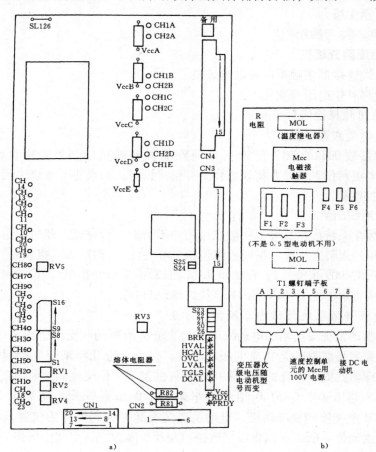

图 2-17　速度控制 P. C. B

a）正面　b）反面

　　1）速度单元控制信号（VRDY）断开（401，403 报警）。首先应检查速度控制单元上位置控制准备信号灯（PRDY）是否亮。若不亮说明无该信号，可判定速度控制单元和主板之间接线不良。若 PRDY 灯亮，再检查速度控制单元板上硬件报警灯是否亮，如果亮，按下面将要讲到的硬件报警的内容进行；如果不亮，故障原因分析如下：

【故障原因分析】

① 速度控制单元上有故障。

② 机床处于急停状态，没有送来机床准备好信号。

③ 机械负载不正常。

④ AC 伺服断路器断开。

⑤ 以上①~④均无故障说明晶体管模块 DR 或浪涌保护器有故障。

【故障排除与检修】

① 首先检查速度控制单元 Mcc 电磁接触器是否吸合，若吸合，仍说明是速度控制单元内部接线不良。在没有吸合的情况下检查速度控制单元 T1 端的 3、4 脚是否有 100V 电压。若有，说明 Mcc 接触器已坏，如图 2-17 所示。

② 在上述检查中如果 T1 端的 3、4 脚间无 100V 电压，可检查是否有机床急停信号，如有，则已恢复正常操作，报警消除。

③ 在快移时检查负载电流是否超过额定值，并用示波器检测 CH10、CH11、CH12 和 CH13（地）的波形，消除不正常负载。

④ 当断路器断开时，热跳按钮跳起，关断电源后等 10min 以后复置，按下按钮。

⑤ 当实施了以上措施，送电后断路器仍然断开，只能更换晶体管模块 DS 或浪涌保护器 ZNR。

2）没有位置准备信号（PRDY）却有速度控制信号（VRDY）（404，405 报警）。

【故障原因分析与检修】

发生该报警后，首先切断 CNC 电源，拆除电动机接线，设定 AC 伺服的 S10 到 TGLS（测速机断线）报警然后合上 CNC 电源，这时会出现两种情况：

① 伺服放大器 Mcc 接触器断开。这时再次切除 CNC 电源，拆除主印制电路板侧 M6、M8、M10、M22 连接器；合上电源，若没有 404 报警，说明连接 M6、M8、M10、M22 和 CN1 的电缆有问题。如果有 404 报警，说明主板有故障，只能更换主板。

② 伺服放大器 Mcc 接触器吸合，则说明伺服放大器有故障，应及时更换。

3）过载（400，402 报警）。

【故障原因分析】

① 电动机过载。

② 伺服变压器故障。

③ 过多的再生能量。

④ 接线错误。

⑤ 速度控制单元印制电路板设定错误。

【故障排除与检修】

① 电动机过载时往往伴随着 AC 伺服单元散热片过热，伺服变压器温控接点断开等现象。可以通过检查电动机电流来确认（CK6140 型数控车床 AC 伺服电动机为 20 型，故 I 应小于 20A），改变切削条件和减小机床负载，并调整快移速度消除报警。

② 如果当变压器表面温度低于 60℃ 时，温控开关就断开，说明温控开关已坏，可以暂时短接。如果伺服变压器坏，及时更换。

③ 该原因往往引起放电单元温控开关断开造成报警。此时应检查快移时升/降速时间，正确设置参数，并正确连接机床侧平衡装置。

④ 主要检查 CNC M6、M8、M10、M22 与速度控制单元 CN1 接线；伺服变压器与 CN2 接线；放电单元与 CN2 接线；AC 伺服电动机与 CN5 的接线。

⑤ 主要检查 AC 伺服单元 S1 的设定。

4）漂移补偿过大（412、422、432、442 报警）。

【故障原因分析】

① 连接不良。

② CNC 系统中有关漂移量补偿参数设定错误引起。

③ 速度控制单元或主板上位置控制单元有故障。

【故障排除与检修】

① 主要检查伺服电动机动力线连接以及它和检测元件之间的连线。

② 按急停按钮，在急停状态下将参数 0001# 第 7 位设定为 0，将 544～547 号参数设定为 0，然后再将 0001# 第 7 位设定为 1，释放急停按钮。

③ 换备用板。

5）位置超差（411，421，431，441 报警）

【故障原因分析】

① 位置偏差量设定错误。

② 位置超调。

③ 输入电源电压太低。

④ 主板位置控制部分和速度控制单元有故障。

【故障排除与检修】

① 检查参数 504～507，重新设定。

② 在加/减速时间内，如果电动机没有流过所需的电流值，位置控制回路误差增大，应保证超调量在 5% 以下。如果电动机电流已经饱和，增大加/减速时间常数或加大速度控制单元的增益。另外超调也可能因为电动机和丝杠之间连接松动或刚性太差而造成。

③ 电源电压低于额定电压的 85%，检查变压器抽头。

④ 调主板。

（2）硬件报警形式（见图2-17）

1）测速机断线（TGLS报警）。

【故障原因分析】

① 电动机电源电缆与速度控制单元T1端子板5、6、7连接故障。

② 伺服单元上的印制电路板设定错误。

③ 脉冲编码器没有反馈信号。

【故障排除与检修】

① 该原因表现为伺服电源刚接通，没有接到任何指令时报警就发生。换修电动机电源电缆。

② 最容易出错的是将检测元件脉冲编码器设定为测速机。

③ 用示波器测量速度反馈信号，更换损坏的检测元件和连接电缆。

2）高电压报警（HVAL报警）。

【故障原因分析与检修】

① 交流输入电源电压过高，超过额定值的10%，此时可检查和改变伺服变压器抽头。

② 伺服电动机线圈不良。

③ 速度控制单元印制电路板不良。

④ 负载惯量过大。此时可采取加大加/减数时间常数来消除报警。

3）低电压报警（LVAL报警）。

【故障原因分析】

① 输入的交流电源电压过低。

② 伺服变压器和印制电路板之间连接故障。

③ +5V熔体熔断。

④ 如不是以上三种原因，则印制电路板有问题。

【故障排除与检修】

① 交流电源电压低于额定电压的85%，检查伺服变压器抽头。

② 检测印制电路板上+24V，±15V，+5V电压，检测伺服变压器41～49端子（AC18V）和印制电路板CN2（1，2，3）连线。

③ 更换熔体。

④ 更换印制电路板。

4）过电流报警（HCAL报警）。

【故障原因分析】

① 电动机电源线连接不正常。

② 晶体管模块损坏。

③ 电动机绕组内部短路。

④ 印制电路板有故障。

【故障排除与检修】

① 如果将电动机电源线断开后通电，HCAL 不再报警，说明电动机电源线连接不正常。重新接好电源线，将 S_{10} 短路棒接到 L 侧，TGLS 报警应发生。

② 这时可采用机械万用表检查晶体管模块集电极和发射极之间的阻值。更换晶体管模块。

③ 更换电动机。

④ 更换印制电路板。

5）再生放电报警（DCAL 报警）。

【故障原因分析】

① 回馈晶体管损坏或印制电路板损坏。

② 印制电路板设定不适当。

③ 升降速过高。

【故障排除与检修】

① 每当电源合上就出现 DCAL 报警，此时更换回馈晶体管 Q_1 或印制电路板。

② 用放电装置时 S_2 应设在 L 侧。

③ 调整升/降速率。当升/降速降低时，在快移时报警取消。另外升/降速频率不能太高，一般来说，要求快速定位的频率不超过 1 次/s。

（3）无报警显示的故障　这类故障多以机床处于不正常运动状态的形式出现，但故障的根源却在驱动系统。

1）机床失控。

【故障原因分析】

① 从位置检测器传来的信号异常。

② 电动机和位置检测器之间连接异常。

③ 系统主板或速度控制单元有故障。

【故障排除与检修】

① 最大的可能是将负反馈接为正反馈，改正配线。

② 通过观察诊断号 DGN800（位置偏差量）的值来确认。

③ 更换不良的印制电路板。

2）产生振动。

【故障原因分析与检修】

产生振动有以下几种原因：

① 位置控制系统参数设定错误。

②　速度控制单元印制电路板的设定错误。

③　如果以上两个设定都正确，则应检查振动周期是否与进给速度成比例。

a. 如成比例，则故障可能是机床检测器不良，电动机不良，插补精度差，检测增益过高。检查与振动周期同步的部分，更换或修理不良部分。

b. 如不随速度变化时，可以短接 CH5，CH6，确认向左旋转 RV1 时振动是否减轻。若减轻说明伺服放大器的设定与机械匹配不良，可以改变印制电路板的设定；若振动没有减轻，说明速度控制单元印制电路板不良，则应更换印制电路板。

3) 单脉冲进给精度低。

【故障原因分析与检修】

首先用自诊断 DGN800$^\#$来观察检测器位置定位是否正确。

①　如定位正确，则本故障是由于机械系统的挠曲，松动引起的，需重新检测电动机轴，调整机床各部分的定位精度。

②　如定位不正确，则故障是由伺服系统增益不足引起的，可将速度单元印制电路板上 RV1 顺时针旋转 2～3 刻度来调整。

4) 对于正确指令，定位精度不良。

【故障原因分析与检修】

检查方法同3)，单脉冲进给精度差。

①　如定位正确，分析同3)。

②　如定位不正确，则故障可能出现在位置检测器，位置控制部分印制电路板和速度单元印制电路板上。

5) 两轴联动时圆度超差。

【故障原因分析与检修】

圆度超差有两种情况。

①　圆的轴向变形，这是由于机械各轴的定位精度未调整好，从而造成过象限时产生凸凹。

②　45°方向的椭圆。产生该故障的原因是位置环增益调整不良，机床的间隙和间隙补偿值不合适。可以同时进给二轴，朝向45°，调节速度单元印制电路板上 RV4，从而调整位置增益，消除轴间增益差。

3. 主轴控制单元故障内容及排除方法

和进给驱动一样，主轴驱动也分直流和交流两种，CK6140 型数控车床采用15kW 直流电动机驱动主轴，其常见故障如下。

（1）直流电动机过热

【故障原因分析】

1) 过载。

2）电动机绕组绝缘不良。

3）线圈内部短路。

4）励磁系统磁铁退磁。

5）制动器不良。

6）热管风扇动作不良。

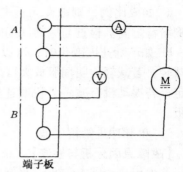

图 2-18　电动机去磁检测法

【故障排除与检修】

伺服电动机过热时，往往伴随着电动机内热动开关动作。

1）测量电动机电枢电流是否超过了额定电流。减小负载力矩，改善使用条件。

2）用万用表或兆欧表测量电动机绕组与电动机外壳之间的绝缘电阻，应为无穷大或 1MΩ 以上。否则，应清洁伺服电动机的换向器，可用不含水分的压缩空气吹换向器，将碳刷粉末等杂物吹净。

3）如经上述操作，仍不能提高绝缘电阻时，需检查电动机绕组内部是否短路，可用在空载时的电动机电流是否随转速成正比的增加来判断。在正常情况下，电动机空载电流应不随转速而变。清扫整流子周围，特别是整流子表面有油时易发生故障。

4）检查电动机是否去磁如图 2-18 所示。可在快速进给条件下测量电动机的转速 n，电压表和电流表指示值 V_{DC} 和 I_{DC}，如果 $V_{DC} - I_{DC} < K_e n$，则说明电动机已去磁。电动机需重新充磁才能恢复性能。计算式中 R_m 表示电动机电枢绕组，K_e 表示电动机的反电势常数。R_m 和 K_m 值可由电动机样本查得。

5）带有制动器的直流伺服电动机内的整流块坏了，或是制动器线圈断线，或是制动器气隙不合适，造成制动器不释放也会引起电动机过热。

6）分别检查风扇上的电压和配线是否正确，风扇同金属网是否接触，风扇电动机是否正常。

（2）主轴不转　机械方面的原因见本节中主轴箱故障。

【故障原因分析与检修】

1）印制电路板太脏使其接触不良。

2）触发脉冲电路故障（直流主轴控制单元多用晶体管作驱动功率开关元件）。

3）若速度指令正常，查找是否有准停信号输入，若有则应解除该信号。

4）电动机电源断线或主轴控制单元与电动机间连接不良。

（3）主轴转速不正常

【故障原因分析与检修】

1）装在主轴电动机尾部的测速发电机有故障。

2）速度指令给定错误。

3）D/A（数/模）变换器有故障。检修步骤是首先看 CNC 发出速度指令后，报警灯是否亮。如果亮，则按报警号显示内容处理。如不亮，再检查速度指令 VCMD 是否正常。如果 VCMD 不正常，检查指令是否为模拟信号，如是，可能速度指令错误或 CNC 内部有错；如不是模拟信号，则 D/A 变换器有故障。

（4）主轴电动机振动或噪声太大

【故障原因分析与检修】

1）换向器损坏或表面粗糙度值低。

2）主轴控制单元上电源频率开关（50/60Hz 切换）设定错误。

3）控制单元上增益电路调整得不好。

4）电动机轴承故障使电动机产生轴向窜动。

5）切削液进入电刷。

6）若电动机快速移动时机床振动或有大的冲击，可能是测速发电机的电刷接触不良造成的。

7）主轴负荷太大。

第三节　配置西门子 810 系统的数控车床的故障分析与检修

一、西门子 810 系统简介

西门子 810 系列产品相继推出了 GA1、GA2、GA3 三种型号，按功能分为车床使用的 810T 系统、铣床及加工中心使用的 810M 系统、磨床使用的 810G 系统和冲床使用的 810N 系统。

西门子 810 系统控制结构框图如图 2-19 所示，NC 执行加工程序，控制伺服轴的运行，并通过接口与 PLC 交换信息；该 PLC 是一个集成式可编程序控制器，它无单独的 CPU，硬件上与 NC 不能分离，PLC 执行 STEP5 用户程序，通过接口控制机床动作，并检测到位信号，实时与 NC 交换信息。

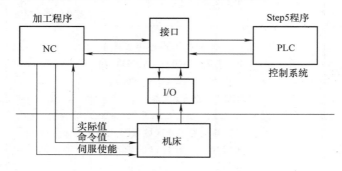

图 2-19　西门子 810 系统控制结构框图

1. 西门子 810 系统的软件结构

西门子 810 系统的软件分为启动软件、NC 和 PLC 系统软件、PLC 用户软件、机床数据、参数设置文件、工件程序等，见表 2-2。其中，Ⅱ、Ⅲ类程序及数据储存在 NC 系统的随机存储器 RAM 中，是针对具体机床的，机床断电时数据受电池保护。用户须将这些数据作磁盘备份，以防电池失效时数据丢失。

表 2-2　西门子 810 系统的软件及数据一览表

分类	名称	传输识别符	简要说明	所在存储器	编制者
Ⅰ	启动程序		启动基本系统程序，引导系统建立工作状态	CPU 模块的 EPROM	西门子公司
	基本系统程序		NC 和 PLC 的基本系统程序，NC 的基本功能和选择功能，显示语种	存储器模块的 EPROM 子模块	
	加工循环		用于实现某些特定加工功能的子程序软件包		
	测量循环		用于配接快速测量头的测量子程序，是选件	占用一定容量的工件程序存储器	
Ⅱ	NC 机床数据	% TEA1	数控系统的 NC 部分与机床适配所需设置的各方面数据	16KBRAM 数据存储器子模块	机床生产厂家的设计者
	PLC 机床数据	% TEA2	系统的集成式 PLC 在使用时需要设置的数据		
	PLC 用户程序	% PCP	用 STEP5 语言编制的 PLC 逻辑控制程序块和报警程序块，处理数控系统与机床的接口和电气控制		
	报警文本	% PCA	结合 PLC 用户程序设置的 PLC 报警（N6000～N6063）和 PLC 操作提示（N7000～N7063）的显示文本		
	系统设定数据	% SEA	进给轴的工作区域范围、主轴限速、串行接口的数据设定等		

（续）

分类	名称	传输识别符	简要说明	所在存储器	编制者
Ⅲ	工件主程序	%MPF	工件加工主程序%0~%9999	工件程序存储器	机床设计者或者机床用户的编程人员
	工件子程序	%SPF	工件加工子程序L1~L999		
	刀补参数	%TOA	刀具补偿参数（含刀具几何值和刀具磨损值）		
	零点补偿	%ZOA	可设定零偏G54~G57，可补偿零偏G58、G59及外部零偏（由PLC传送）		
	R参数	%RPA	R参数分子通道R参数（各通道有R00~R499）和所有通道共用的中央R参数（R900~R999）	16KBRAM数据存储器子模块	

2. 西门子810系统的硬件结构

西门子810系统的硬件结构紧凑，整体体积与一台14in的电视机相当，图2-20是带有集成面板的810M系统的面板示意图。图2-21是西门子810系统背面外观图。

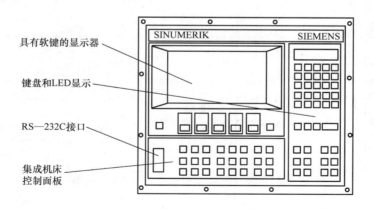

图2-20　带有集成面板的810M系统的面板示意图

西门子810系统的硬件主要由CPU模块、位置控制模块、系统程序存储器模块、文字处理模块、接口模块、电源模块、CRT显示器及操作面板等组成，西门子810T系统硬件模块原理框图如图2-22所示。

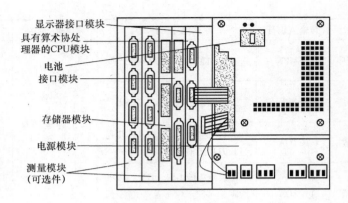

图 2-21　西门子 810 系统背面外观图

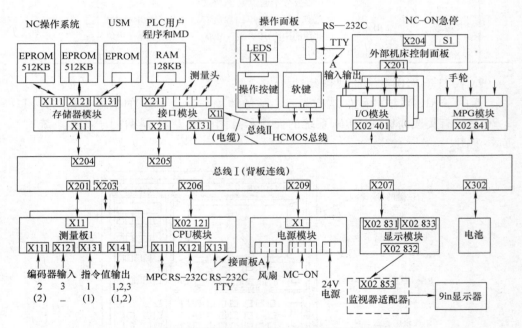

图 2-22　西门子 810T 系统硬件模块原理框图

3. 西门子 810 系统的机床数据

数控系统机床数据用来匹配不同的机床，通过设定机床的数据，可以使用相同的数控系统，实现不同机床的不同功能。

西门子 810 系统的机床数据分类如下。

NC　MD　0…261：　　　　　通用数据

NC　MD　108※…118※：　　通道特定数据（※代表通道号，0 为 1 通道，1

为 2 通道，下同）。

NC　MD　200*…396*：　　伺服轴特定数据（*代表轴号，0 代表第 1 轴，为 X 轴；1 代表第 2 轴，为 Z 轴，下同）。

NC　MD　400#…461#：　　主轴特定数据（#代表主轴号，0 代表第 1 主轴；1 代表第 2 主轴，下同）。

NC　MD　5000…5050：　　通用数据位

NC　MD　5060…5066：　　传送数据

NC　MD　520#…521#：　　主轴特定数据位

NC　MD　540※…558※：　通道特定数据位

NC　MD　560*…584*：　　伺服轴特定数据位

NC　MD　6000…6249：　　丝杠误差补偿数据位

NC　MD　1096*：　　　　伺服轴特定数值

PLC　MD　0…9：　　　　通用系统数据

PLC　MD　1000…1007：　PLC 用户机床数据

PLC　MD　2000…2005：　通用系统数据位

PLC　MD　3000…3003：　PLC 用户机床数据位

4. 机床数据用系统集成面板的输入修改

西门子 810 机床数据除了通过专用编程器和计算机输入外，还可以通过键盘输入，输入数据前必须输入正确密码。注意有些数据输入后必须关机重新起动才能起作用。

1）手动输入数据需在系统进入诊断（DIAGNOSIS）功能时，按"＞"键，进入 DIAGNOSIS 扩展菜单。这个菜单有 4 个选项；按下其中 NC MD 下面的软键，即可进入 NC 机床数据菜单，它有 5 个选项，分别为通用数据（GENERAL DATA）、进给轴数据 1（AXIAL DATA1）、进给轴数据 2（AXIAL DATA2）、主轴数据（SPINDLE DATA）和机床数据位（MACHINE BITS）；再按"＞"键即得通道数据（CHANNEL DATA）选项。

2）按下通用数据（GENERAL DATA）下面的软键，就能进入通用数据显示菜单；进入数据显示菜单，就可以修改光标定位的机床数据，若是其他选项，照此办理。

5. 西门子 810 系统数据传输

若数控系统机床的数据丢失，系统将不能正常工作，造成死机。此时应通过系统的 RS—232C（V24）异步通信接口，把程序、数据输入到系统存储器内，可使用西门子专用编程器或者通用计算机为工具实施这种操作。使用通用计算机时，可采用西门子 V24 专用软件 PCIN 来传输数据，PLC 程序也可使用西门子专用 STEP5 编辑软件送入。用户应持有数控机床磁盘数据备份，如果厂家没有提供备份，就可以用上述办法自行将数据传输出来，作为备份。需要备份的文件见表 2-2 中的分类 Ⅱ 和 Ⅲ。

1）数据传出。做备份就是把数据从数控系统中传入计算机中，作为电子文件保存，出现问题后，可用计算机再把备份文件传回数控系统。

西门子 810 系统报警文本和 PLC 程序的向外传输，只能在系统初始化菜单中进行，另外在初始化菜单中还可以传输机床数据、设定数据和 PLC 数据。在通电之前把通信电缆一头插到系统集成面板上的通信接口上，另一头插到计算机 COM1 口上。数据系统通电，并使系统进入初始化菜单，按 DATAIN – OUT 下面的软键，在屏幕上出现设定数据画面。

通常把把通信口 1 设置成数据通信口。在计算机一侧启动 PCIN 软件，设置通信参数如下：

COM NUMBER1

BAURATE：9600（波特率）

PARITY：EVEN（奇偶校验：偶校验）

2：STOPBIT（停止位）

7：DATABIT（数据位）

BINFILE：OFF

然后按 NC 系统集成面板上 DATA OUT 下面的软键，进入数据输出菜单，在屏幕 Interface No. for data out 右侧的方框中输入 1，即选择通信口 1。

在计算机侧 PCIN 软件的 DATA – IN（数据输入）菜单下，输入相应的文件名，在 NC 侧按相应的软键，即可把机床数据（NC – MD）、PLC 数据（PLC – MD）、PLC 程序（PLC – PRG）逐一传入计算机。如果有 UMS 数据，也可传回计算机保存。

请注意：用 PCIN 输入的 PLC 程序只能用 PCIN 传回，不能使用 STEP5 编程软件传回。

按 NC 系统上的启动输出软键后，在屏幕的右上角显示 DIO，指示接口已开通，如果再按同一软键，将在屏幕下方显示 INTERFACE BUSY，指示接口忙。

按软键右侧的 " > " 键，进入数据输出扩展菜单；此时可选择将报警文本（PLC – TXT）传入计算机。

按软键左侧的 "Λ" 按键，可返回上级菜单。

退出初始化状态，在正常操作页面的 DATA IN – OUT 菜单下，其他数据也可传入计算机，具体操作与上述相仿。

2）数据传入。不仅 PLC 程序和报警文本，其他数据都可通过面板操作键输入，但效率较低。用 PCIN 软件通过计算机将数据传入 NC 较快捷。

PLC 程序、报警文本只能在初始化操作状态下输入。在初始化后也可输入机床数据、PLC数据、设定数据等其他文件。

数控系统进入初始化画面后，按 DATA IN – OUT 下面的软键，设置通信设定数据位（同上）后，按 DATA IN 软键，在屏幕显示的 Interface No. for data in：右侧的方框中输入1，即选择接口1作为通信接口。按 START（启动）键后，屏幕的右上角显示 DIO，等待数据输入。

在计算机侧启动 PCIN 软件，设置通信参数如上，然后在 DATA – OUT 输出菜单下选择要传输的文件名，取得传输，即可完成 NC 系统数据输入工作。

其他文件的输入可在正常操作页面的 DATA IN – OUT 菜单下进行。

3）使用 STEP5 编程软件传入传出 PLC 用户程序。使用 STEP5 编程软件，应首先把810系统的接口设置成 PLC 接口，在系统 SETING DATA 菜单下，将通信口数据设置如下，为 PLC 方式：

5010 = 00000100　　5011 = 11000111
5012 = 00000000　　5013 = 11000111
5014 = 00000000　　5015 = 00000000
5016 = 00000000　　5017 = 00000000

之后按系统 DATA IN – OUT 下面的软键，系统显示 INTERFACE NO. FOR DATAIN：□，把光标移动到方格位置，然后输入"1"，即把输入/输出接口设置成1号接口。

按 DATA – IN START 下面的软键，在屏幕的右上角显示 DIO，指示 NC 系统 PLC 接口已开。这时在计算机或者编程器一侧启动 STEP5 编程软件，把工作方式设置成"ON – LINE"，此时操作 STEP5 编程软件传输功能就可以把 PLC 程序从 NC 系统中传出，并储存在计算机或者编程器中了；但如此传出的 PLC 程序必须用 STEP5 编程软件才能传回。

通过 STEP5 编程软件也可以把 PLC 程序传入 NC 系统。传入 NC 系统时，一定要在初始化状态下进行，先把 PLC 程序格式化，然后再把 PLC 程序传入 NC 系统。

6. 西门子810系统的故障报警

西门子810系统的故障监控系统在识别出故障时，会有固定的报警号和文字显示。系统会根据故障情况决定是否撤销 NC 准备好信号，或者封锁循环启动。对于加工运行中出现的故障，必要时会自动停止加工过程，等待处理。西门子810系统报警大致可分为以下几类：

1）NC 系统报警。1~15号是系统自身的报警，提示的报警含义比较明确。

2）通信口报警。16~48号是系统 RS – 232C 通信口的一些报警。810系统有两个 RS – 232C 接口，对它们的设定数据为：MD5010~5028。通信电路的连接、系统和传输设备的状态、数据格式、传输识别符以及传输波特率是否正确是成功实现数据传输的必要条件。此类报警通过这些方面对数据传输的过程进行监控，及时对通信过程的故障进行报警，保证传输畅通。

3）伺服轴报警。100 ＊ ～196 ＊ 号是伺服系统报警。

4）急停报警。2000 号是急停报警。

5）程序报警。2030 ~ 3999 号报警主要指示程序编制过程中出现的错误和主轴系统的故障等。

6）PLC 系统报警。6100 ~ 6163 号为 PLC 程序编制者提供的报警，可指示 PLC 的程序问题或 PLC 自身错误。

7）PLC 故障报警。6000 ~ 6063 号报警不是系统本身的报警，而是机床制造厂为特定机床编制的，指示机床本身出现的报警。

8）PLC 操作信息。7000 ~ 7063 号报警是数控机床制造厂家为特定机床设计的操作提示，一般不属于真正的报警。

6000 ~ 6063 号和 7000 ~ 7063 号报警是通过 PLC 程序检测出来的，显示的报警信息来自机床制造厂编制的单独的文件，以% PCA 为标识符，其格式如下：

% PCA

N6000 = EMERGENCY OFF SWITCH ACTIVE

…

N6063 = OIL LEVEL IS LOW

N7000 = SLIDING GUARD NOT CLOSED

…

N7073 = SWITCH CABINET DOOR OPEN

M02

西门子 810 系统的报警文本只能在编程器或计算机上编制，并在数控系统初始化菜单中通过 RS – 232 接口传入数据系统，此文本在 GA1、GA2 版本中只能传入不能传出，GA3 版本上传入传出均可。

西门子 810 系统的报警信息显示在屏幕的上面第二行。

7. 西门子 810 系统的初始化操作

810 系统进入系统初始化菜单后，可以对系统数据进行初始化操作；需要注意的是：如果对正常运行的系统进行初始化，系统将不再正常工作，除非重新装入程序和数据。

（1）进入系统初始化菜单的方式

1）启动方式：在系统通电的同时按住系统面板上"诊断"按键几秒钟，松手后，系统就进入初始化菜单。

2）正常工作时，按系统操作面板上"诊断"键，系统就会提示输入密码，输入正确密码后，再按这个键，屏幕显示三项选择：

按 SET UP END（启动结束）下面的软键，不进入系统初始化菜单，但密码保持有效。

按 SET UP END PW（启动结束，密码）下面的软键，不进入系统初始化菜单，密码取消。

按 INITIAL CLEAR（启动清除）下面的软键，即可进入系统初始化菜单。

（2）系统初始化菜单　进入系统初始化菜单后，屏幕显示的内容对应于相应软键的功能：DATA IN – OUT 数据输入/输出（通过通信口）、NC 数据初始化（NC DATA）、PLC 初始化（PLC INITIAL）和机床数据初始化（MACHINE DA-TA）；按右侧软键（SET UP END PW）退出初始化操作，并使密码失效。

其中 NC 数据初始化、PLC 初始化和机床数据初始化这 3 种功能对系统不同类型的数据进行格式化，使用前要注意：格式化后，系统的用户数据将丢失，必须重新装入机床才能工作。

按软键右侧的“＞”键进入初始化扩展菜单，它有 4 种功能：按 NC A-LARM 和 PLC ALARM 软键将显示 NC 和 PLC 的报警号和报警信息。

按 HW VERSION（硬件版本）下面的软键，屏幕将显示出硬件版本号。

按 SW VERSION（软件版本）下面的软键，屏幕将显示出软件版本号。

（3）NC 存储器格式化　上述系统初始化菜单中，按 NC DATA 下的软键，系统进入 NC 存储器格式化菜单，可对三方面内容进行格式化。若按软键，在屏幕上相应的项目前面就会打上“√”，表示该功能已完成。

1）用户存储区格式化。按 FORMAT USER M（格式化用户存储器）下面的软键，则清除刀具偏置、设定数据、输入缓冲区数据、R 参数和零偏。

2）清除工件程序存储器。按 CLEAR PART PR（清除工件程序存储器）下面的软键，NC 工件程序存储器被清零。

3）格式化报警文本。按 FORMAT AL – TEXT（格式化报警文本）下面的软键，如果 NC MD5012BIT7 被设置为“1”，则存储器被格式化，PLC 报警文本被清除。

按软键左侧的“Λ”键，返回系统初始化菜单。

（4）PLC 初始化　在系统初始化菜单中，按 PLC INITIAL 软键后可进行 3 种操作，若按软键，在屏幕上相应的项目前面就会打上“√”，表示该功能已完成。

1）清除 PLC。按 CLEAR PLC 下面的软键，将清除 PLC 用户程序、输入/输出接口映像、NC/PLC 接口、定时器、计数器和数据块。

2）清除 PLC 标志。按 CLEAR FLAGS 下面的软键，将 PLC 的断电保护标志位全部清零。

3）从 UMS 装载 PLC 程序。如果 PLC 用户程序保存在 UMS，在上面两项工作完成后，按 LOAD UMS – PRG（装入 UMS 程序）下面的软键，可将 PLC 用户程序从 UMS 装入系统。

按软键左侧的"Λ"键，返回系统初始化菜单。

（5）机床数据格式化　在系统初始化菜单中，按 MACH DATA 软键后可进行 5 项操作，若按软键，在屏幕上相应的项目前面就会打上"√"，表示该功能已执行。

1）清除 NC 机床数据。按 CLEAR NC MD 下面的软键，把 NC 机床数据清除。

2）装入标准 NC 数据。按 LOAD NC MD 下面的软键，将 NC 的标准机床数据装入。

3）清除 PLC 机床数据。按 CLEAR PLC MD 下面的软键，把 PLC 机床数据清除。

4）装入 PLC 标准机床数据。按 LOAD PLC MD 下面的软键，将 PLC 的标准机床数据装入。

5）向 UMS 装入机床数据。如果用户数据储存在 UMS 存储器内，上面几项操作完成后，按 LOAD MD UMS（装入 UMS 数据）下面的软键，将用户数据装入系统存储器中。

按软键左侧的"Λ"键，返回系统初始化菜单。

在系统初始化菜单中，按 SET UP END PW 下面的软键，退出初始化菜单。

二、数控系统断电死机的故障分析与检修（8 例）

1. 数控系统断电死机的故障原因

1）电源问题。供电电源电压过低，为防止系统误操作，系统自动关机；或者负载出现短路，为防止系统电源损坏，应及时关闭系统。

2）温度问题。系统温度过高，为防止烧坏硬件，系统自动切断电源。

3）软件问题。通常是系统备份因电池没电，或者电磁干扰等原因使系统数据丢失或者混乱，出现开机无显示或死机现象。出现这类故障必须强行启动系统，如果数据丢失，必须重新装入数据才能使系统恢复正常。

2. 故障维修实例

（1）每个工位都配置了西门子 810T 系统的双工位车床在工作中经常自动关机，关机时工件加工的位置不尽相同，而系统重新启动后仍可正常工作

【故障原因分析】

由于双工位车床的每个工位配置一台西门子 810 系统进行控制，出问题的是右侧工位。将两套系统的控制板互换后，还是右侧系统出问题。根据数控系统工作原理，如果供电系统的 24V 直流电压过低，系统检测到后会自动关机。两套数控系统共用一套 24V 的直流电源，经测量，左侧的数控系统的电压在 23V 左

右，右侧系统的电压仅 22V 左右，由于整流电源所在的电气柜离数控系统的位置较远，而右面的供电线路更长，压降更大。实测负载加大时，右面系统的电压还要向下波动，当系统自动断电后，电压又恢复到 22V 以上，系统供电电压过低是引起系统工作不稳定的主因。

【故障排除与检修】

加大供电线路的线径，以减少线路压降，使右侧系统的供电电压达到 23V 以上。之后，该机床没有出现上述问题。

（2）一台装有西门子 810T 系统的机床在工作中突然断电，按系统启动按钮，系统无法启动，面板上指示灯全不亮

【故障原因分析】

经观察及测量 5V 负载电压，首先怀疑系统电源模块有问题，但换上备用模块后故障依旧，说明是其他模块使 5V 电源短路，电源模块通电检测到短路后导致关闭电源。为此，先后拔下图形控制模块、接口模块和测量模块进行通电试验，确定问题出在测量模块区域上。为缩小检查范围，把测量模块的电缆插头拔下，重新把测量模块插回，通电测试系统能正常通电，说明测量模块本身没问题。再将电缆插头依次插到测量模块上，当 X121 插头插回时，系统又不能启动。根据系统接线图查到是主轴脉冲编码器有问题，发现它的连接电缆破皮损坏，导致对地短路。

【故障排除与检修】

对电缆破皮处进行绝缘防护处理，系统再通电启动，机床工作正常。

（3）一台配置西门子 810T 的数控车床在正常工作时经常自动关机，稍停并重新启动后还可以工作

【故障原因分析】

因为系统自动断电关机，屏幕上无法显示故障，硬件部分也无报警灯指示，对供电电源进行实时监测，24V 电压稳定正常。对系统的硬件结构进行检查，发现系统的冷却风扇的入口过滤网太脏。增设过滤网是为了防止灰尘进入系统，由于滤网变脏，影响了进风降温效果。时值盛夏，系统自动检测到温度超过上限，采取了自动关闭的保护措施。

【故障排除与检修】

更换新的过滤网后，机床的故障消失。

（4）一台配置西门子 810T 系统的数控车床 X、Z 轴都不运动

【故障原因分析】

开机返回参考点的过程不执行，手动移动 X、Z 轴也不动，除了"没有找到参考点"的故障显示外，无其他报警。检查伺服使能条件也都满足，仔细观察屏幕发现，伺服轴的进给倍率设置为 0，但按进给倍率增大键，屏幕上的倍率数

值不变。关机再开也无济于事。

【故障排除与检修】

为了将此类似死机的状态清除，强行启动系统，使系统进入初始化状态，但不进行初始化操作，而是直接退出初始化菜单。这时再按进给倍率增大键，进给速率开始变大，直至增加到 100%，此时各轴能正常操作。

（5）一台配置西门子 810T 系统的数控车床，开机后屏幕有显示但不能进行任何操作

【故障原因分析】

由于这台机床启动系统自检后，直接进入自动操作状态，系统工作状态不能改变，也不能进行任何其他操作，据此分析，系统可能陷入了死循环。

【故障排除与检修】

为了退出死循环，对系统进行强行启动，进入初始化菜单，检查系统数据并没有丢失，没有进行初始化操作，退出初始化状态后，系统恢复正常工作。

（6）一台配置西门子 810T 系统的数控车床开机后屏幕没有显示

【故障原因分析】

这台机床长期停用后，开机后屏幕没有显示，怀疑备份电池没电，导致系统数据混乱。观察系统启动过程，面板上 LED 显示正常，检查断电保护电池发现确实没电，造成机床数据丢失。

【故障排除与检修】

首先更换电池，然后关机强行启动系统，系统进入初始化画面，显示出均为德文。将系统初始化，并输入机床数据和 PLC 程序后，机床恢复正常。

（7）一台配置西门子 810T 系统的数控车床开机后没有报警指示

【故障原因分析】

因为系统开机后能正常启动，但没有报警指示，操作机床没有任何动作，因此系统 PLC 程序丢失的可能性最大。

【故障排除与检修】

因为 PLC 程序固化在系统 UMS 存储器中，进入系统初始化菜单，重新装入 PLC 程序，退出初始化菜单，机床恢复正常。

（8）一台配置西门子 805 系统的数控车床开机后屏幕没有显示

【故障原因分析】

因为是开机出现问题，所以首先检查显示器，发现没问题。电源供电也正常，最大的可能是因为系统死机而无法启动。

【故障排除与检修】

为了消除这种死机故障，首先要使系统进入初始化菜单，对系统进行复位。西门子 805 系统在主机控制板的在下角有一个 16 挡设定开关，0 位置是系统正

常工作方式，2 位置是初始化调整方式。在机床断电的情况下，将该开关从 0 位置拨到 2 位置，系统通电，显示正常，进入了初始化菜单；然后将系统断电，将设定开关拨回 0 位，系统重新通电，进入正常画面，机床即恢复正常。

三、根据数控系统报警信息排除并检修故障（4 例）

西门子 810 系统可以通过按菜单转换键及菜单扩展键，再按 DIAGNOSIS（诊断）下面的软键，进入系统诊断菜单，屏幕上显示有 5 个功能，下面有对应的软键：分别为系统报警显示（NC ALARM）、PLC 报警显示（PLC ALARM）、PLC 操作信息显示（PLC MESSAGE）、PLC 状态显示（PLC STATUS）和软键版本（SW VERSION）显示功能。按“＞”软键进入诊断菜单扩展菜单。

扩展菜单有 4 个功能，下面有对应的软键：分别为 NC 机床数据（NC MD）、PLC 机床数据（PLC MD）、伺服轴功能（SERVICE AXES）和伺服主轴功能（SERVICE SPINDLE）。

1. 配置西门子 810T 系统的数控车床显示 6003 号报警“Z AXIS – VE OVER-TRAVEL”（Z 轴超负限位）

【故障原因分析】

这台车床在手动调整时，出现这个报警，根据报警含义，检查发现 Z 轴压住了负向限位开关。

【故障排除与检修】

将限位开关的解除钥匙开关打开，使 Z 轴向正向运动，脱离限位开关，将钥匙开关关闭，用复位键将故障信息消除，机床恢复正常。

2. 配置西门子 810T 系统的数控车床显示 7009 号报警“HYDRAULIC FIL-TER BLOCK”（液压过滤器堵塞）

【故障原因分析】

车床开机后出现 7009 号报警，不能进行其他操作，根据报警提示，操作人员检查液压过滤器发现有淀积油污堵塞。

【故障排除与检修】

把过滤器清理干净后，故障报警消失，机床恢复正常。

3. 配置西门子 810T 系统的数控车床运行时偶尔出现 11 号报警，此时机床厂家设置的特定功能不起作用

【故障原因分析】

根据西门子报警手册解释，11 号报警说明机床制造厂家储存在 UMS 中的程序不可用，或者在调用的过程中出现了问题。故障的原因可能是存储器模块或者 UMS 子模块出现了问题。为此，将系统存储器模块拆下进行检查，发现电路板上 A、B 间的连接线已被腐蚀，造成接触不良。

【故障排除与检修】

4. 配置西门子 840T 系统的数控车床出现 9060 报警号，"Hydraulic system oil short age"（液压系统缺油）

【故障原因分析】

出现报警号 9060，表示液压系统缺油，对液压系统进行检查，发现确实是油位低了。

【故障排除与检修】

添加液压油后，机床报警即消除。

四、数控车床加工程序不执行的故障分析与检修（4例）

数控车床的很多故障是在自动运行中出现的，如果维修人员能了解些编程知识，则对维修工作大有益处。限于篇幅，此处不作展开，请参考有关数控系统的编程资料。

1. 配置西门子 810T 系统的数控车床在自动加工时出现报警 2062 "FEED MISSING/NOT PROGRAMMED"（速率丢失/没有编程），程序执行中断

【故障原因分析】

观察车床运行，当程序执行完语句 N20 G00 X25 F20000 后，出现这个报警。根据说明书，2062 号报警的含义是，在程序中，F 功能的数值没有编入或者数值太小。对加工程序进行检查，N20 语句之后是 N30 G01 X165 Z22 F R30，该程序块没有问题，以前也执行过；但把 R 参数打开检查时，发现 R30 的内容为 0.1320，而实际上应该设置成 1320，是切削速度设置过小所致。

【故障排除与检修】

将 R30 更改成 1320 后，机床恢复了正常使用。这个故障是由于 R 参数设定不合理造成的。

2. 配置西门子 810T 系统的数控车床在启动循环时出现报警 2039 "REFERENCE POINT NOT REACH"（未达到参考点）

【故障原因分析与检修】

故障报警指示自动循环之前应该返回参考点，返回参考点后，程序继续正常运行没有问题。这是操作不熟练的问题，即机床中途断电后，再次启动时，操作员忘了重新返回参考点，这时数控系统提示：须返回至参考点后才能继续运行加工程序。

3. 一台配置西门子 810T 系统的数控车床无法启动加工循环

【故障原因分析】

观察加工现场，按循环启动按钮后，程序根本无启动的迹象，怀疑加工程序没有启动，所以对程序启动过程进行检查，发现循环启动按钮失效。

【故障排除与检修】

更换新的启动按钮后，机床恢复正常使用。

4. 调试西门子810T系统的数控车床切换到自动操作状态后，出现报警1720 "WORK AREA LIMIT"（工作区域超限）

【故障原因分析】

因为报警指示机床运行超出工作区域，检查设定数据中的工作范围，发现均为0。很可能是在机床数据丢失后重新装入时，操作员忘记设置工作区域范围。

【故障排除与检修】

按该机床的要求设置后（若原设定有数据备份，也可用编程器传入数控系统），机床故障消除。

五、数控车床机床侧故障检修实例（6例）

数控车床机床侧故障是指机床上出现的非控制系统的故障，包括机械问题、检测开关问题、强电问题、液压问题等。要诊断机床侧故障，第一要分析报警信息，第二要观察故障现象，第三要充分利用PLC状态显示功能，对复杂的故障利用在线跟踪梯形图运行的方法诊断机床故障。

1. 一台配置西门子810T系统的数控车床自动加工时没有切削液

【故障原因分析】

在手动操作状态下，按下按钮也无切削液喷出。图2-23所示为切削液电动机电气控制原理图，机床首先通过PLC输出Q6.2程序控制切削液电动机，切削液电动机再带动冷却泵产生流量和压力，最后进行喷射。为了诊断故障，首先手动启动切削液电动机，利用系统DIAGNOSIS功能检查PLC输出Q6.2的状态（见图2-24），发现Q6.2位为"1"，说明PLC输出没有问题，接着检查接触器K62也吸合了。因此怀疑切削液电动

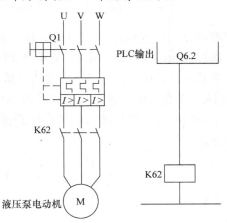

图2-23　切削液电动机电气控制原理图

机有问题，对它进行检测，发现该电动机线圈绕组已经烧坏。

【故障排除与检修】

调换切削液电动机后，系统即恢复正常工作。

2. 一台配置西门子810T系统的数控车床排屑器不转

【故障原因分析】

检查排屑器正向不运动，反向运动正常，说明排屑器电动机没问题，排屑器电气控制图如图2-25所示。检查控制电动机正转的接触器K5，当按下正转按钮

```
JOG                                                              −CH1
 PLC STATUS

            7 6 5 4 3 2 1 0                    7 6 5 4 3 2 1 0
  QB0      0 0 1 1 0 0 0 1          QB1       0 0 1 0 1 1 1 1
  QB2      0 1 0 1 0 1 0 1          QB3       0 0 1 0 1 0 1 0
  QB4      0 1 1 1 0 1 1 1          QB5       1 0 1 0 1 0 1 0
  QB6      1 0 0 1 0 1 0 1          QB7       0 0 1 0 1 0 1 0
  QB8      0 1 0 1 0 1 0 1          QB9       1 0 1 0 1 0 1 1
  QB10     0 1 0 1 1 1 1 1          QB11      1 1 1 0 1 0 1 0
  QB12     0 0 1 0 0 1 0 1          QB13      0 0 1 0 1 1 1 0
  QB14     0 0 0 1 0 1 0 1          QB15      1 1 1 0 1 0 1 0
  QB16     0 0 0 1 0 1 1 1          QB17      0 0 1 0 1 0 1 1
  QB18     0 0 0 1 0 1 1 1          QB19      0 0 1 0 1 0 1 1
```

屏幕最底行	KM	KH	KF		
软键					

图 2-24　西门子 810 系统 PLC 输出状态显示

时没有吸合。根据机床工作原理，排屑器正转是通过 PLC 输出 Q2.1 控制正转的，通过机床的 DIAGUOSIS 功能检查 PLC 输出 Q2.1 的状态。当按下正转按钮时，其状态从 "0" 变成 "1"，说明系统没有问题。K1 和 K2 继电器也闭合，但 K5 线圈上没有电压，进一步检查发现 K1 的触点上也没有电压。当检查 PLC 输出端子板时发现，PLC 接口板到端子板的电缆插头有些松动，测量端子板 Q2.1 的电压为 0V。

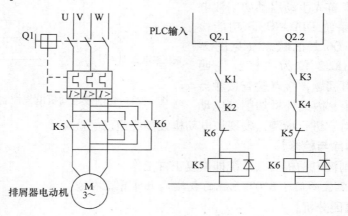

图 2-25　排屑器电气控制原理图

【故障排除与检修】

当把电缆接头重新插接好后，开机测试，排屑器恢复正常。

3. 一台配置西门子 810T 系统的数控车床出现报警 6013 "CHUCK PRES-SURE SWITCH"（卡紧压力开关）

【故障原因分析】

因为卡紧工件时出现 6013 报警，表示卡紧压力不够，经检查，卡紧压力没有问题，可能是压力开关有问题。根据卡紧压力开关工作原理（见图 2-26），压力开关 B05 检测工件卡紧压力，接入 PLC 的输入 I0.5。利用系统 DIAGNOSIS 功能检查 I0.5 的状态为 "0"，说明确实没有压力检测信号，检查压力开关，发现已损坏。

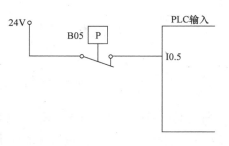

图 2-26　工件卡紧压力检测开关连接图

【故障排除与检修】

更换压力开关，车床故障消除。

4. 一台配置西门子 810T 系统的数控车床卡具无法松开

【故障原因分析】

根据故障现象，自动加工时卡具无法松开；手动状态时，踩脚踏开关也无法松开。根据卡紧松开电气控制工作原理（见图 2-27），工件卡紧是电磁阀 Y14 控制的，电磁阀 Y14 受 PLC 输出 Q1.4 的控制。利用系统 DIAGNOSIS 功能检查 PLC 输出 Q1.4，在踩脚踏开关时，Q1.4 的状态仍为 "0"，说明 PLC 并未给出松开卡具的信号。

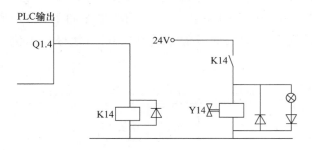

图 2-27　卡紧松开电气控制原理图

查阅 PLC 梯形图，关于卡紧松开控制的 PLC 输出 Q1.4 的梯形图如图 2-28 所示。利用系统 DIAGNOSIS 功能检查各个元件的状态，发现标志位 F141.2 和

F146.2 的状态为 "0"，使 PLC 输出 Q1.4 的状态不能置位。

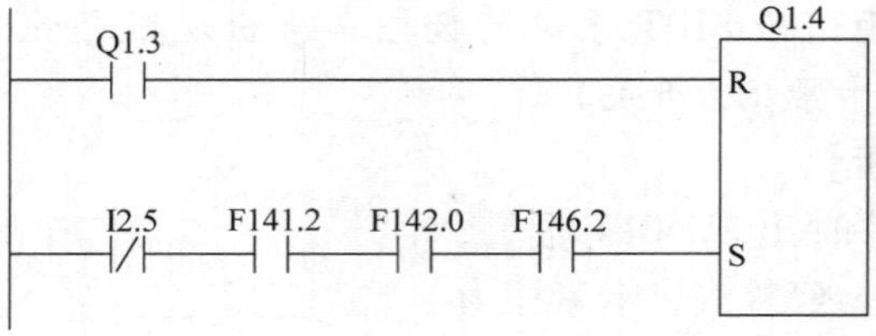

```
        Q1.3                                            Q1.4
 ───────┤ ├──────────────────────────────────────────┤ R
                                                        │
        I2.5    F141.2   F142.0   F146.2                │
 ───────┤/├─────┤ ├──────┤ ├──────┤ ├───────────────────┤ S
```

图 2-28　PLC 输出 Q1.4 的梯形图

标志位 F141.2 的梯形图如图 2-29 所示，观察其置位元件的状态，发现标志位 F146.2 的状态为 "0"，使得标志位 F141.2 不能置位。

```
        F142.0                                          F141.2
 ───────┤ ├──────────────────────────────────────────┤ R
                                                        │
        I2.5    I102.0   F100.5   F146.2                │
 ───────┤ ├─────┤/├──────┤/├──────┤ ├───────────────────┤ S
        I6.7             Q103.2
 ───────┤ ├────────┬─────┤ ├───┬─
        F37.2       │          │
 ───────┤ ├─────────┘
```

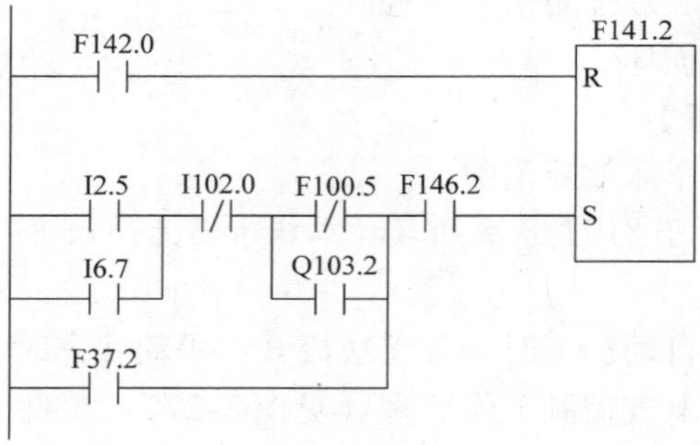

图 2-29　标志位 F141.2 的梯形图

由此发现 PLC 输出 Q1.4 和标志位 F141.2 不能置位的根本原因都是标志位 F146.2 的状态为 "0"。标志位 F146.2 的梯形图如图 2-30 所示。检查各个元件的状态，发现 PLC 输入 I4.7 的状态为 "0"，使得标志位 F146.2 的状态为 "0"。

```
        Q100.7   I4.7    I114.3   F32.3           F146.2
 ───────┤/├──────┤ ├─────┤ ├───┬──┤ ├───────────────( )──
                               │  Q103.2
                               └──┤ ├───┘
```

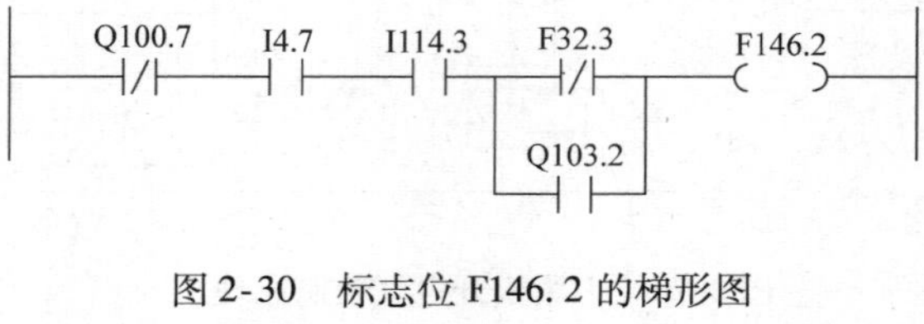

图 2-30　标志位 F146.2 的梯形图

PLC 输入 I4.7 是主轴静止信号，接入主轴控制单元，如图 2-31 所示。检查工件主轴已经停止，测量 PLC 输入 I4.7 的端子确实没有电压，但断电测量 K5

闭合没有问题。检查主轴 24V 输入端子 14 没有电压信号，继续检查检查发现接线端子 65 松动，使电源线虚接，所以即使主轴静止继电器已经动作，PLC 仍无法得到信号。

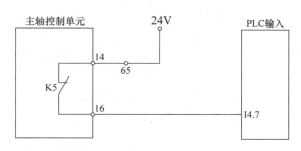

图 2-31　PLC 输入 I4.7 的电气连接图

【故障排除与检修】

将电源线连接端子 65 紧固好后，机床即恢复正常。

5. 一台配置西门子 810T 系统的数控车床出现报警 6012 "CHUCK CLAMP PATH FAULT"（卡具卡紧途径错误）

【故障原因分析】

因为报警指示工件卡紧途径错误，为防止工件飞出，系统禁止加工。6012 报警是 PLC 报警，根据西门子 810 系统报警机理，标志位 F101.4 是 6012 的报警标志，利用系统 DIAGNOSIS 功能检查标志位 F101.4 确实也是 "1"。

标志位 F101.4 的梯形图如图 2-32 所示，检查各个元件的状态，发现 T4 的状态为 "1" 使报警标志位 F101.4 置位。

定时器 T4 的梯形图如图 2-33 所示，由于 F142.0 的状态为 "1" 和 F142.4 的状态为 "0"，使定时器 T4 有电，标志位 F142.0 是检测卡紧压力是否正常的标志，为 "1" 是正常的。标志位 F142.4 的梯形

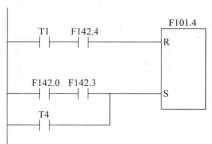

图 2-32　标志位 F101.4 的梯形图

图如图 2-34 所示，故障原因是 PLC 输入 I0.6 的状态为 "0"。根据机床工作原理，如图 2-35 所示，PLC 输入 I0.6 连接到开关 S06，检测卡具的机械位移已经到位，没有问题。那么就得检查开关 S06，最终查出该开关已损坏。

【故障排除与检修】

更换检测开关 S06，机床故障消除。

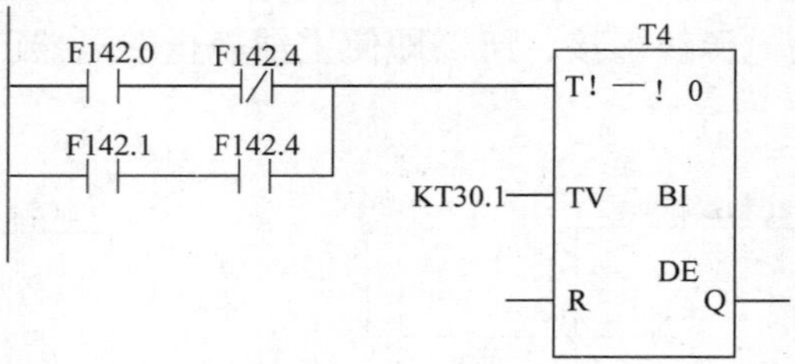

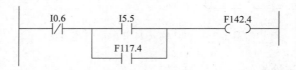

图 2-33　定时器 T4 的梯形图

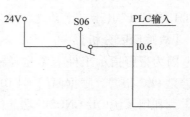

图 2-34　标志位 F142.4 的梯形图

6. 一台配置西门子 810T 系统的数控车床开机后系统没有显示

【故障原因分析】

开机后系统无法启动，面板上和 CPU 模块上的 LED 都没有显示。检查电源模块上的直流 24V 电源正常无问题。继续检查发现连接到电源模块上的 NC – ON 信号在系统启动时没有闭合。对机床电气原理图进行分析，这部分的原理图如图 2-36 所示，对控制线路进行检查，当按下 PB1 时，K1 线圈得电，但 K1 的触点没有动作，说明触点已损坏。

图 2-35　PLC 输入 I0.6 的连接图

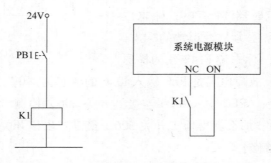

图 2-36　系统 NC – ON 信号控制图

【故障排除与检修】

更换 K1 继电器，车床恢复正常。

六、数控车床伺服系统故障检修实例（11 例）

1. 一台配置西门子 810T 系统的数控车床出现报警 1120 "CLAMPING MONI-TORING"（卡紧监视）

【故障原因分析】

该车床的伺服系统采用的是西门子 6SC610 系统，在开机返回参考点时，出现 1120 报警，表示 X 轴运动出现问题。关机后重开报警消失，但返回参考点时还是出现这个报警。为观察故障现象，当按下 X 轴手动按键时，屏幕显示的 X 轴坐标值在变化，而轴实际上没有动，直到屏幕上 X 轴坐标值变为 14 左右时，系统产生 1120 报警，屏幕上 X 轴坐标值变为 0。沿负向运动时，当坐标值变为 -14 左右时也出现 1120 报警。可见，数控装置发出让 X 轴运动的命令，但伺服电动机未执行。为确认故障原因，检查伺服装置的输入控制信号，当 X 轴手动按钮按下时，伺服系统 N1 板上端子 56、14 间上有电压变化，而控制 X 轴伺服电动机的电源板上的输出端子却没有电压变化，说明问题出在伺服控制系统上。

【故障排除与检修】

更换伺服装置的伺服控制板 N1，故障消除。为此可以认定故障原因是：N1 板损坏，X 轴伺服电动机停转，系统未得到移动的反馈，跟随误差变大而产生了 1120 报警。

2. 一台配置西门子 810T 系统的数控车床出现报警 6015 "SLIDE AXIS MO-TOR TEMPERATURE"（滑台伺服电动机温度），伺服系统不能工作

【故障原因分析】

该车床的伺服系统采用的是西门子 6SC610 系统，检查发现伺服装置的控制板 N1 上第 2 轴的电动机超温报警灯亮。第 2 轴是机床的 Z 轴，检查 Z 轴电动机并不热，检查热敏电阻也没有问题，将 X 轴伺服电动机的反馈电缆与 Z 轴的伺服电动机的反馈电缆在控制板上交换插接，发现故障报警灯还是第 2 轴的亮，说明伺服控制板 N1 有问题。

【故障排除与检修】

更换 N1 板，报警消除，车床恢复正常。

3. 一台配置西门子 810T 系统的数控车床出现报警 6016 "SLIDE POWER PACK NO OPERATION"（滑台电源模块没有操作），伺服系统无法启动

【故障原因分析】

该车床的伺服系统采用的是西门子 6SC610 系统，根据报警信息指示，首先检查伺服系统，根据故障现象，检查 G0 板，发现其上的熔丝熔断和几个元件被烧。

【故障排除与检修】

更换 G0 板，机床恢复正常运行。

4. 配置西门子 810T 系统的数控车床 X 轴一运动就出现 1040 报警"DAC LIMIT REACHED"（达到 DAC 极限）

【故障原因分析】

西门子 810T 系统的数控车床 1040 号报警是 X 轴的伺服报警，当 DAC 设定值比机床数据 MD2680（最大 DAC 设定值）的值大时会出现此报警。出现此报警后，DAC 的设定值不能再增加。首先检查机床数据 MD2680、MD3640 和 MD3680 都正常无误。至此，问题多半是由伺服电动机不转或反馈回路出错引起的。

该车床的伺服系统采用的是西门子 SIMODRIVE611 系统，在启动 X 轴时检查伺服系统的指令输入信号，电压很高，但 X 轴并没有动，屏幕上 X 轴的数值也没有变化。说明系统部分无问题，位置反馈也无问题。因为 Z 轴运动正常，说明伺服系统的电源模块也无问题。更换 X 轴伺服放大器，故障依然如故，说明原放大器正常。那么是否是伺服放大器上的参数设定板有问题呢？采用互换法与 Z 轴的参数设定板对换，这时 Z 轴运动时，出现 1041 报警，故障转换到 Z 轴上，说明原 X 轴的参数设定板损坏。

屏幕上 X 轴的数值也没有变化。说明系统部分无问题，位置反馈也无问题。更换参数设定板，机床恢复正常工作。

5. 一台配置西门子 810T 系统的数控车床出现报警 1120、1121 "CLAMPING MONITORING"（卡紧监视）

【故障原因分析】

车床是在返回参考点时，X、Z 运动轴分别出现 1120 报警和 1121 报警。当按下 X、Z 轴手动按钮后，屏幕上坐标值不变，伺服轴实际上也没有动。

该车床采用的是西门子 SIMODRIVE611A 伺服控制器，X、Z 共有一个伺服放大模块，当按下 X 或 Z 轴手动按钮时，检查伺服放大器有输入信号，但伺服放大器并没有输出驱动信号，因此认定是伺服放大器模块损坏。

【故障排除与检修】

更换新的伺服放大器，机床恢复正常使用。

6. 一台配置西门子 810T 系统的数控车床 X 轴运动时出现 1040 报警 "DAC LIMIT REACHED"（达到 DAC 极限）

【故障原因分析】

根据西门子 810T 系统说明书解释，1040 号报警说明 X 轴的 DAC 设定值比机床数据 MD2680（最大 DAC 设定值）的值大时。出现此报警后，DAC 的设定值不能再增加。所以首先检查机床数据 MD2680、MD3640 和 MD3680，这些数据都正常无误。通常，问题多半是伺服电动机不转或反馈回路出错。检查伺服电动机确实没转，屏幕上 X 轴的数值也没有变化。说明不是反馈回路的问题。该机床的伺服系统采用的是西门子 6SC610 系统，在 X 轴运动时检查伺服单元上的指令信号，确实很高，说明数控系统无问题，问题应该出在伺服部分。更换伺服系统的控制板和 X 轴的伺服放大器板，问题依旧存在，再将 X 轴伺服电动机拆下检查，发现是机床切削液已经进入电动机，造成电动机损坏。

【故障排除与检修】

更换备用伺服电动机，机床恢复正常使用。

7. 配置西门子 810T 系统的数控车床出现报警 6016 "SLIDE POWER PACK NO OPERATION"（滑台电源模块没有操作）

【故障原因分析】

故障复位后，过一会儿仍出现此报警。6016 是 PLC 报警，表示伺服系统有问题；该车床采用的是西门子 SIMODRIVE6SC610 伺服系统，在出现故障时，N1 板上第二轴的［Imax］t 报警灯亮，指示 Z 轴伺服电动机过载。引起过载有三种可能，一种可能是因为机械负载阻力过大，经检查机械装置未发现问题；第二种可能为伺服功率板损坏，但更换伺服功率板后故障依旧；第三种可能为伺服电动机出现问题，对其进行测量，发现其绕组电阻确实偏低。

【故障排除与检修】

更换新的伺服电动机，机床恢复正常使用。

8. 配置西门子 810T 系统的数控车床出现报警 1320 "CONTROL LOOP HARDWARE"（控制环硬件）

【故障原因分析】

根据 1320 报警指示，问题出在 X 轴伺服环上，更换数控系统的伺服测量模块后，故障依旧。接着又检查 X 轴编码器的连接电缆和插头，这才发现编码器的电缆插头内有些浸水，这是机床加工时切削液渗入所致。

【故障排除与检修】

将编码器电缆插头清洁烘干后，采取密封措施，重新插接，通电开机，机床恢复正常。这个故障的原因是编码器电缆接头进水，使连接信号变弱或者产生错误信号，从而出现 1320 报警。

9. 配置西门子 810T 系统的数控车床出现报警 1321 "CONTROL LOOP HARDWARE"（控制环硬件）

【故障原因分析】

根据 1321 报警指示，问题出在 Z 轴伺服环上。这类报警一般是位置反馈系统的问题，在系统测量板上将 Z 轴的位置反馈电缆与 X 轴反馈电缆交换插接，这时系统出现 1320 报警，故障转移到 X 轴，更证明是 Z 轴的位置反馈出现问题，对 Z 轴的位置反馈电缆和电缆插头进行检查没有发现问题。Z 轴的编码器是内置在伺服电动机上的，将位置反馈电缆插接到备用的伺服电动机的编码器上时，机床报警消除。

【故障排除与检修】

更换 Z 轴伺服电动机的内置编码器，机床恢复正常。

10. 配置西门子 810T 系统的数控车床出现报警 1361 "MEAS. SYSTEM DIRT-Y"（测量系统脏）

【故障原因分析】

1361 报警表示 Z 轴测量系统故障，检查 Z 轴编码器时，发现编码器的电缆插头内有切削液渗入。

【故障排除与检修】

将编码器电缆插头清洁烘干后，采取密封措施，重新插接，通电开机，机床恢复正常。

11. 配置西门子 840C 系统的数控车床 X 轴振动过大

【故障原因分析】

该机投入使用几年后，X 轴运动时的振动已影响到加工工件的表面粗糙度，但系统没有报警。对机床的丝杠和滑台进行检查未发现异常，更换伺服电动机和伺服控制器都不能解决问题。因此怀疑伺服系统使用一段时间后，数据需要重新调整。

【故障排除与检修】

找到关于 X 轴的加速度数据 2760 和 Kv 数据 2520 后，把数据向低调整，直到没有振动为止。

七、数控车床返回参考点故障检修实例（5 例）

1. 一台配置西门子 810T 系统的数控车床找不到 Z 轴参考点

【故障原因分析】

观察故障的过程是：车床首先由 X 轴正常返回参考点，然后沿 Z 轴返回参考点，这时 Z 轴一直正向运动，没有减速过程，直至运动到压上限位开关，产生超限位报警。根据工作原理分析，零点开关有问题。Z 轴的零点开关接入 PLC 的输入 I12.2，用数控系统的 DIAGNOSIS 功能检查 PLC 的输入 I12.2 的状态，发现其状态为 "0"，在返回参考点的过程中一直没有变化，更证明零点开关有问题；但检查零点开关却没有问题，再检查其电气连接线路，发现开关的电源线折断，由于 PLC 得不到零点开关的变化信号而没有产生减速信号。

【故障排除与检修】

重新连接线路，故障随即排除。

2. 一台配置西门子 810T 系统的数控车床找不到 X 轴参考点

【故障原因分析】

观察该车床返回参考点时正向运动，但没有减速的过程，没有减速过程说明可能是 X 轴零点减速开关有问题，压上后，开关触点没有动作。X 轴为寻找零点减速开关，继续正向运动撞上机械限位机构（经检查，限位开关的撞块已移位，不能起到保护作用），直到出现 1120 报警 "CLAMPING MONITORING"（卡紧监视）。

在 X 轴返回参考点过程中，通过数控系统的 PLC 状态信息显示功能，检查正向限位开关的 PLC 输入 I12.1 的状态，发现其状态一直为 "1"，没有变化，说明减速零点开关失效。

【故障排除与检修】

更换零点开关，机床故障消失。

3. 一台配置西门子 810T 系统的数控车床在返回参考点时，找不到参考点，并出现报警 1360 "MEAS. SESTEM DIRTY"（测量系统脏）

【故障原因分析】

因为报警 1360 是对 X 轴的，于是检查了 X 轴的伺服系统，在检查 X 轴编码器时，发现电缆插头内有切削液渗入。

【故障排除与检修】

将编码器电缆插头清洁烘干后，采取密封措施，重新插接，通电开机，机床恢复正常。

4. 一台配置西门子 810T 系统的数控车床在 Z 轴返回参考点时出现出超行程报警

【故障原因分析】

经观察，机床返回参考点时，X 轴没有问题；Z 轴返回参考点时，在压上零点开关后，减速运行，但运动不停，直至压上限位开关。据此判断，零点开关没有问题，可能是位置反馈元件没有发出零点脉冲。该机床 Z 轴采用旋转编码器作为位置反馈元件，内置在伺服电动机上，利用示波器检测确实没有发现零点脉冲。

【故障排除与检修】

更换伺服电动机的内置编码器，机床恢复正常工作。

5. 一台配置西门子 810T 系统的数控车床 X 轴有时出现报警 1120 "CLAMPING MONITORING"，指示 X 轴超程

【故障原因分析】

检查零点开关没有问题。用示波器检查 X 轴编码器，零点脉冲正常没有问题，每转一圈，就有一个脉冲，说明编码器也没有问题。因此怀疑零点脉冲与零

点开关太近，即有时压上零点开关后，马上就接到零点脉冲，这时就能找到参考点；而有时零点开关压上后，断开较晚，这时已错过这圈的零点脉冲，还没有接收到下一个零点脉冲时，就压上限位了。

【故障排除与检修】

将零点开关撞块向前调整 3mm，此后机床运行再也没有出现这个问题。

八、数控车床主轴系统故障检修实例（10 例）

1. 一台配置西门子 805 系统的数控车床主轴转速不稳定

【故障原因分析】

该机床主轴由普通交流电动机带动，由西门子 SIMODRIVE611 伺服系统控制。测量主轴旋转时的转速给定信号，给定电压比较稳定，说明问题与数控系统无关。测量电动机的电源供应不稳，可能伺服系统有问题，更换参数板没有奏效，当将另一台的伺服放大器与这台的放大器互换时，这台机床恢复正常，故障转移到另一台上，证明是伺服放大器有故障。

【故障排除与检修】

更换伺服放大器模块，机床恢复正常工作。

2. 一台配置西门子 810T 系统的数控车床出现报警 6020 "SPINDLE CURRENT RECTIFIER READY OPERATION"（主轴电流整流器准备操作），主轴无法起动

【故障原因分析】

该车床主轴采用直流电动机，使用直流控制器控制主轴运行。报警表示主轴控制器有问题，检查主轴控制系统，发现有报警灯显示，说明主轴控制系统有故障。

【故障排除与检修】

对直流控制器的控制单元进行维修后，机床恢复正常。

3. 一台配置西门子 810T 系统的数控车床出现报警 7006 "SPINDLE SPEED NOT IN TARGET RANGE"（主轴速度未在目标范围内）

【故障原因分析】

根据报警检查主轴，发现主轴根本没有旋转。在起动主轴时检查直流电动机，励磁电压和控制电压都有，控制部分没有问题。在车床断电后，检查直流电动机，发现电动机绕组烧断。

【故障排除与检修】

将电动机修复后，车床恢复正常工作。

4. 一台配置西门子 810T 系统的数控车床主轴起动后有异响

【故障原因分析】

手动起停主轴，发现主轴旋转时就有异响，转速越快响声频率越高，主轴停

转后响声也没有了。响声来自直流电动机，并有火花产生。检查主轴直流电动机，发现换向环已被烧蚀，与电刷接触不良，导致电动机旋转时产生火花，并伴随响声。

【故障排除与检修】

对换向环进行修复处理，使其表面平整光滑，安装恢复后，机床主轴恢复正常运转。

5. 一台配置西门子 810T 系统的数控车床出现报警 2153 "CONTROL LOOP SPINDLE HW"（主轴控制环硬件）

【故障原因分析】

报警 2153 表示主轴控制环硬件有问题，一般为测量反馈有误。该车床主轴采用旋转编码器作为转速反馈元件，由编码器测量主轴转速，并在屏幕上显示转速数值，用手盘动主轴，屏幕主轴速度数值没有变化，检查编码器连接电缆没有问题，因此怀疑主轴编码器有问题。

【故障排除与检修】

更换主轴编码器，机床恢复正常。

6. 一台配置西门子 810T 系统的数控车床出现 2154 报警 "SPINDLE MEAS-URING SYSTEM DIRTY"（主轴测量系统脏）

【故障原因分析】

根据报警，首先对主轴反馈系统进行检查，反馈电缆和电缆接头都无问题；随即检查主轴编码器，采用互换法与这台机床的另一个工位的主轴编码器对换，故障报警转移到另一个工位上，确认是编码器出现故障。

【故障排除与检修】

更换新的主轴编码器，机床恢复正常。

7. 一台配置西门子 810T 系统的数控车床出现报警 6001 "SPINDLE FR. CONVERTER NOT OK"（主轴变频器有故障），主轴无法起动

【故障原因分析】

这台车床采用西门子交流主轴伺服电动机，由西门子 611A 主轴控制器控制。出故障时主轴控制器上有 F05 报警，表示电动机有问题，检查发现有一根电源线脱落，造成电动机缺相，控制器产生报警，使主轴无法起动。

【故障排除与检修】

将主轴电动机的电源线连接好后，主轴即恢复正常。

8. 一台配置西门子 810T 系统的数控车床出现报警 6019 "SPINDLE MOTOR FIELD MONITORING"（主轴电动机励磁监视）

【故障原因分析】

该车床主轴系统采用直流系统，主轴控制系统监控直流主轴电动机的励磁电

源，其反馈信号接入 PLC 输入 I4.6，利用系统 DIAGNOSIS（诊断）功能，检查 PLC 输入 I4.6 的状态确实为"0"，表示励磁电源有问题。检查励磁电源，发现可控制板上的熔丝烧断，检查电路和电动机未见异常，说明熔丝系意外熔断。

【故障排除与检修】

更换可控制板上的熔丝，通电再试，机床恢复正常工作。

9. 一台配置西门子 810T 系统的数控车床，主轴起动时出现报警 6023 "SPINDLE TEMPERATURE NOK"（主轴温度不正常），主轴无法起动

【故障原因分析】

系统报警表示主轴温度过高，检查主轴电动机并不过热。根据西门子 810 系统的报警机理，6023 报警是由 PLC 标志位 F102.7 被置位引起的，如图 2-37 所示。

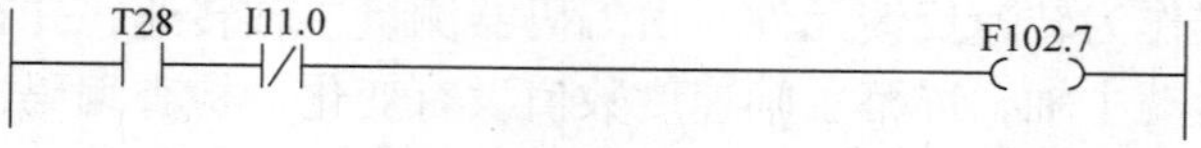

```
      T28    I11.0                                    F102.7
 ──────┤├────┤/├──────────────────────────────────────( )──
```

图 2-37　产生 PLC 报警 6023 的梯形图

由于 T28 的状态为"1"且 I11.0 的状态为"0"，使标志位 F102.7 被置"1"。根据机床工作原理，T28 的状态为"1"是正常的，PLC 输入 I11.0 连接的是主轴电动机内的热敏电阻，如图 2-38 所示。

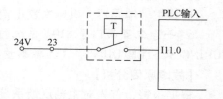

图 2-38　PLC 输入 I11.0 的连接图

测量电动机的热敏电阻阻值正常，但测量电动机上的热敏电阻端子上的电压，两个连接端子都没有 24V 电压，说明 24V 电源没有接入热敏端子，根据图样进行检查，发现端子 23 松动，使 24V 电源断开。

【故障排除与检修】

将 23 号端子的螺钉紧固后，机床报警消除，恢复正常。

10. 一台配置西门子 810T 系统的数控车床，主轴起动时出现报警 7006 "SPINDLE SPEED NOT IN TARGET RANGE"（主轴速度不在目标范围内），不能进行自动加工

【故障原因分析】

因为故障表示主轴有问题，而主轴已经旋转，通过屏幕检查主轴转速为 0，所以出现报警。可能是转速反馈系统出了问题。该机主轴编码器是通过传送带与主轴系统连接的，检查发现传送带已经断了，使主轴编码器不随主轴旋转，导致没有速度反馈信号。

【故障排除与检修】

更换传送带，机床恢复正常工作。

九、数控车床刀塔系统故障检修实例（6 例）

1. 一台配置西门子 810T 系统的数控车床出现报警 6036 "TURRET LIMIT SWITCH"（刀塔限位开关）

【故障原因分析】

根据报警对刀塔进行检查，发现刀塔确实没有锁紧，导致刀塔限位开关没有闭合，出现 6036 报警。根据机床工作原理，刀塔锁紧是靠液压缸完成的，液压缸的动作是靠 PLC 控制的。图 2-39 所示为刀塔锁紧电气控制原理图，PLC 的输出 Q2.2 控制刀塔锁紧电磁阀，利用系统 DIAGNOSIS 功能检查 Q2.2 的状态，发现为"1"，没有问题。但检查继电器 K22 常开触点却没有闭合，线圈上也没有电压。继续检查发现 PLC 输出 Q2.2 为低电平，说明 PLC 输出口 Q2.2 已损坏。

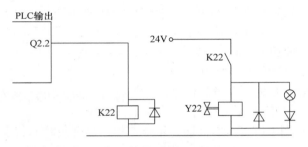

图 2-39　刀塔锁紧电气控制原理图

【故障排除与检修】

因为 PLC 系统有备用输出口，用机外编程器把 PLC 用户梯形图中的所有 Q2.2 更改成 Q3.7，并将继电器 K22 的控制线路连接到 Q3.7 上，再开机时报警消除，机床恢复正常。

2. 一台配置西门子 810T 系统的数控车床刀塔不转

【故障原因分析】

该车床刀塔的旋转由伺服电动机带动的，在起动刀塔旋转时，测量伺服控制器的给定信号正常，伺服放大器也输出驱动信号电压，因此怀疑车床的机械方面有问题。将刀塔保护罩拆开检查，发现伺服电动机的同步带断裂，不能带动刀塔旋转。

【故障排除与检修】

更换同步带，刀塔恢复正常。

3. 一台配置西门子 810T 系统的数控车床出现报警 6016 "SLIDE POWER PACK NO OPERATION"（滑台电源模块不能操作）

【故障原因分析】

操作人员反映，最初出现这个报警是机床工作两三小时后，在自动换刀时，刀架转动不到位，这时手动旋转刀塔也出现这个报警。到

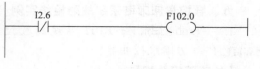

图 2-40　6016 报警梯形图

后来，在开机确定 0 号刀时就出现报警，无法确定刀具零点。

图 2-40 所示为 6016 报警梯形图，6016 报警是由 PLC 的报警标志位 F102.0 被置"1"所致的。利用 NC 系统的 DIAGNOSIS 功能检查 PLC 输入 I2.6 的状态，发现其状态为"0"，导致 F102.0 的状态变为"1"，从而产生 6016 报警。

图 2-41 所示为 PLC 伺服报警连接图，根据机床电气控制原理，PLC 的输入 I2.6 连接伺服控制单元的 72 号端子。因为刀塔的旋转是由伺服电动机带动的，该伺服系统采用西门子 SIMODRIVE610 系统，其 72 号端子是伺服系统的准备操作信号，该信号状态为

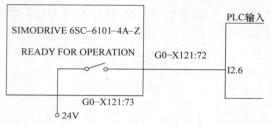

图 2-41　PLC 伺服报警连接图

"0"，说明伺服控制系统可能有问题，不能工作。出现故障时检查伺服系统，N1 板上第三轴的［Imax］t 报警灯亮，指示刀塔伺服电动机过载。引起过载有三种可能，一种可能是因为机械负载阻力过大，经检查机械装置未发现问题；第二种可能为伺服功率板损坏，但更换伺服功率板后故障依旧；第三种可能为伺服电动机出现问题，对其进行测量并未发现明显问题，但与另一台机床上的伺服电动机交换后，故障转移到另一台上，说明这个伺服电动机确实有问题。

【故障排除与检修】

更换新的伺服电动机，机床恢复正常。

4. 一台配置西门子 810T 系统的数控车床刀塔旋转时出现报警 6016 "SLIDE POWER PACK NO OPERATION"（滑台电源模块不能操作）

【故障原因分析】

根据机床工作原理，6016 报警表示伺服控制器出现故障，该车床采用西门子 6SC610 伺服系统，检查发现第三轴［Imax］t 报警灯亮。第三轴报警说明刀塔旋转控制系统有问题。根据伺服系统手册说明，［Imax］t 报警是伺服系统过载报警。引起过载有三种可能，一种可能是因为机械负载阻力过大，将刀塔拆开检查未发现问题；第二种可能为伺服功率板损坏，但更换伺服功率板后故障依旧；第三种可能为伺服电动机出现问题，但采用互换法更换伺服电动机问题也没有解决。

最后在检查伺服电动机速度反馈电缆连接时，发现反馈插头上的管形插头出现问题，使伺服控制系统没有得到正确的速度反馈信号，系统工作失常，导致伺服系统报警。

【故障排除与检修】

更换反馈电缆插头，机床恢复正常。

5. 一台配置西门子810T系统的数控车床加工过程中出现报警6027"TUR-RET LIMIT SWITCH"（刀塔限位开关），加工程序中断

【故障原因分析】

根据报警指示，对刀塔检查，发现刀塔旋转后没有落下，因此程序不能进行。根据刀塔落下电气控制原理（见图2-42），刀塔落下是受电磁阀Y41控制的，而电磁阀又受PLC输出Q4.1通过直流继电器K41控制的。利用西门子810系统DIAGNOSIS功能，检查PLC输出Q4.1的状态为"1"，已经发出落下指令，但电磁阀上并没有电压，那么可能是直流继电器K41损坏。经检查，该继电器触点确实损坏。

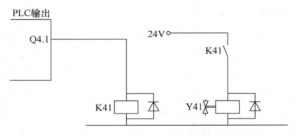

图2-42　刀塔落下电气控制原理图

【故障排除与检修】

更换新的继电器，机床恢复正常工作。

6. 一台配置西门子840C系统的数控车床刀塔运转时出现报警9177"TOOL COLLISION"（刀具碰撞），无法进行自动加工

【故障原因分析】

该车床装有监控刀塔运行的传感器，如果发生碰撞会立即停机，如图2-43所示。U415为声波传感器，检测碰撞的噪声信号，U45为反馈信号处理电路，负责将碰撞信号连接到PLC输入I9.0。手动旋转刀塔会出现这个报警，而此时根本就没有碰撞的可能，在刀塔旋转时利

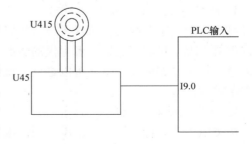

图2-43　刀塔碰撞信号检测连接图

用系统 DIAGNOSIS 功能检查 PLC 输入 I9.0 的状态，确实变为"1"，说明检测反馈回路有问题。首先采用互换法与另一台机床的反馈信号处理板对换，这台机床恢复正常，而另一台机床出现这个报警，说明是反馈信号处理板损坏。

【故障排除与检修】

更换反馈信号处理板备件后，机床恢复正常。

第四节　其他型号数控车床故障分析检修实例

任何一种数控车床要想长期连续可靠地工作，除了要保证机床自身的质量之外，使用者平时必须进行正确地维护保养，及时排除故障。做好维护保养工作，是充分发挥设备效能的基本保证。

一、常见故障分类

一台数控车床由于自身原因不能进行正常地工作，这时就称机床有了故障。对于常见故障，可按故障的性质、产生的原因分为以下几类。

1. 系统性故障和随机性故障

系统性故障是指机床或数控系统在一定条件下必然出现的故障。随机性故障是指偶然出现的故障。一般随机性故障往往由于机械结构的局部松动错位，控制系统中元器件出现工作特性漂移，机床电气元器件可靠性下降等原因造成。这类故障在同样条件下只偶然出现一两次，需经反复试验和综合判断才能排除。

2. 有诊断显示故障和无诊断显示故障

目前数控车床配置的数控系统都有丰富的自诊断功能。日本发那科公司和德国西门子公司的数控系统都具有几百条报警号。有诊断显示的故障一般都与控制部分有关，根据报警内容，较容易找到故障原因；而无诊断显示的故障，往往车床停在某一位置不能动，甚至手动操纵也失灵，工作循环无法进行。这类故障无诊断显示，维修人员只能根据出现故障前后的现象来分析判断，所以排除故障难度较大。

3. 破坏性故障和非破坏性故障

对于由于伺服系统失控造成飞车、短路烧保险等破坏性故障，维修排除时不允许重复出现，只能根据操作者提供的情况进行修理，所以难度较高，而且有一定风险。对于非破坏性故障，可以经反复试验，突出故障环节或原因后排除，这样方便得多。

4. 车床运动特性故障

在车床正常运行的情况下，没有任何报警显示，但加工零件不合格。这时只有经过有针对性的检测，才能确定故障的原因。例如，车床定位精度超差，反向死区过大，两坐标直线插补运动中发生振荡等。对于这类故障，必须配合使用检测仪器，对机械、控制系统及伺服系统进行调整来排除。

5. 硬件故障和软件故障

硬件故障是指更换已损坏的器件就能排除的故障；另一种是由于编程错误造成的软件故障，只要改变程序内容，修改机床参数设定就能排除故障。

二、故障分析方法

数控车床出现的故障，除少量属于有诊断显示原因的故障外，大部分都是综合故障。为了确定故障原因，必须经过充分的调查分析，然后作出判断处理。

1. 充分调查故障现场

车床发生故障后，维修人员应首先向操作者了解车床是在什么情况下出现故障的，故障现象如何，操作者采取了什么措施。仔细观察数控装置的工作寄存器和缓冲工作寄存器中尚存的工作内容，了解已执行的程序内容及自诊断显示的报警内容。然后按数控系统的复位键，观察系统经清除复位后故障报警是否消失，如果消失，就属于软件故障，如不消失，即属于硬件故障。

2. 罗列可能造成故障的因素

数控车床出现同一故障现象，其原因可能多种多样。有机械的、电气的及控制系统的等。因此，要准确地判断故障出现的环节和造成故障的原因，必须认真分析所有有关的因素。

3. 确定产生故障的原因

根据故障现象及可能的许多因素，依据机床的说明书、维修记录及运行记录，利用工具仪器进行必要的测试和试验，最后确定产生故障的原因，然后才能排除故障。

三、其他数控车床故障检修实例（14 例）

数控车床的机械结构基本类似，而 CNC 系统由于配置不同，参数设置、出现的故障也各种各样，下面举几个典型例子加以说明。

1. 有一台沈阳第一机床厂生产的配置有 FANUC 0T MATE E—2 数控车床，发生 511 号报警

【故障原因分析与检修】

511 号报警表示 X 轴超程报警，这类故障多是软件故障。解决办法是重新设定参数 704、705 号，并将机床 X 轴移到中间，即可消除超程报警，随后应再将704、705 参数恢复到原来设定值。

2. 有一台 IKEGAI 厂生产的数控车床，配置 FANUC 的 10T 系统发生 SV008、SV009 报警，X 轴通过时有下滑现象

【故障原因分析与检修】

SV008、SV009 号报警表示在停机时，移动时误差过大，即位置超差。参见本章第三节中伺服进给系统中故障分析与检修的相同内容，虽然报警号、参数

号、诊断号因数控系统配置不同而不同，但分析方法同样适用。首先检查位置偏差量的设定。检查诊断 DGN3000#，当按 25% 快速移动时，偏移量 E = 1500；当 100% 速度时，E = 5000，而 1828 参数设定的位置偏差极限 X = 400，Z = 300，这是不符合实际机床工作状态要求的。正确的设定值由下列方法计算。首先检查每转快速移动速度参数 1420# 值 X = 1000，Z = 1000，单位为 mm/min，检查表示各个轴的伺服回路增益 G 的参数 1825#。查得 G = 3000 × 0.01/s，根据 $E = \dfrac{16.7F}{G} = 5.56\,\text{mm} =$ 5566.6μm。应将 1828# 参数设定为 X = 11200，Z = 5600，系统即恢复正常。

3. 日本池贝株式会社生产的 AX15Z 数控系统，配置有 FANUC 10TE—F 系统，故障现象是：

CRT 显示：FS10TE　1399B

　　　　　ROM TEST：END

　　　　　RAM TEST：

【故障原因分析与检修】

上述显示表示系统的 RAM 试验没有通过。参见本章第三节中数控系统中系统出错分析方法和维修说明书，在一般情况下多是由于 CNC、PC 及 FAPT 参数丢失引起的。如果参数正常，则需考虑 RAM 片的故障。经检查，是由于更换电池之后，由于电池接触不良，造成参数丢失，所以一开机就出现上述故障现象。

4. 有一台配置有 FANUC—10M 系统由 HAMAI 生产的数控车床，在运行过程中突然停电，结果主轴伺服单元不能工作

【故障原因分析与检修】

该机床主轴伺服电动机为交流，区别于 CK6140 型数控车床直流主轴驱动系统。但分析原则仍然适用。经检查发现，三个交流电源输入熔体全部烧毁，但按系统维修说明书的维修指示内容检查均正常。按交流主轴伺服单元的工作原理进行分析，因故障是在正常工作中突然停电造成的，系统突然停电，主轴电动机内的能量必然要立即释放。由于产生的反电势太高，可能使能量回收回路损坏。根据上述分析，检查有关回路部分，果然发现两个晶闸管损坏，经更换之后，机床主轴恢复正常。

5. 有一台波兰 Defum 生产的数控车床，采用的是 FANUC—6T 系统。故障现象为出现 6007 报警

【故障原因分析与检修】

6007 号报警表示 X 轴润滑故障，尤其是在冬季，因为气温低，润滑油粘度大，这个报警几乎不能消除。该现象从表面上看是机床的润滑问题，与系统无关。但换上优质导轨油，并清洗油路后，故障仍存在。但仔细再分析润滑工作过程可见，X 轴采用间隙润滑，润滑泵的工作受 PC 程序控制。通过分析 PC 程序

可知，其工作过程为：当 X 轴润滑系统压力达到一定值时，开始计时，经过 60s 以后，再次启动润滑泵，直至压力又到预定值，再启动计时……往复循环工作实现间隙润滑。而且润滑泵起动之后必须在 5s 之内达到预定压力，否则发出故障报警信号。从上述过程可知，如果润滑泵起动的间隔时间太长，将会造成报警。所以修改 PC 程序，将润滑间隔时间从 60s 改为 15s，报警即消失，导轨润滑状态也一直处于良好状态。

6. 有的数控车床主轴用交流驱动系统，过热报警产生的原因与直流驱动系统有所区别

【故障原因分析与检修】

1）风扇电动机故障。

2）过载。使用负载表检查，重新考虑切削条件和刀具。

3）电动机冷却系统太脏。

4）电动机与控制单元连接不良。

7. 一台配置 FANUC - 10T 系统的数控车床。CRT 无显示，主板上指示"B"报警，而且"WATCH DOG"灯亮

【故障原因分析】

这类现象大多是主板失效造成的。

【故障排除与检修】

经更换主板（A16B - 1010 - 0041），进行初始化，重新输入 NC 参数，PC 参数即恢复正常工作。

8. 一台配置 FANUC - 0TB 系统的 TSUGAMI CORPORAT 10N 数控车床，使用中突然不能工作，并在主轴伺服单元上出现 AL - 02 报警

【故障原因分析】

经观察，当主轴转速为 100r/min 时，电动机开始振动，当转速为 500r/min 时出现 AL - 02 报警。根据 AL - 02 报警可能原因的提示，逐项进行检测、排除，发现交流主轴电机的速度检测器即脉冲发生器信号异常，其中有一路信号的阻值偏大。

【故障排除与检修】

更换脉冲发生器后，机床恢复正常。

9. 东方汽轮机厂的采用 FANUC - 7CT 数控系统的 CF5225 立式车床，当数控系统输入较短的程序，如 10 个程序段，能正常工作，但输入较长如 20 个程序段时，则显示 T08000001 报警

【故障原因分析】

T08000001 报警，属奇偶出错报警。由于它出现在输入加工程序时，所以故障出现在 MEM 板（即 01GN715 号板）它是由 17 片 HM43152P 芯片组成的存储

器板，它们分别表示 0~15 位和 1 位 P/V 校验。对它们各位进行诊断记录，发现第一组和第二组的诊断数据在第十位都不对，说明第十位芯片出了故障（该芯片位于 MEM 板的 A36 位置上）。

【故障排除与检修】

在无备用芯片的情况下，将第二刀架上未用的芯片取下换到有故障的第一刀架的第十位上，上述故障排除。

10. 东方汽轮机厂的采用 FANUC – 7CT 数控系统的 CF5225 立式车床，输入加工程序时一旦输入 F×××时便显示输入无效

【故障原因分析】

F – 7CT 数控系统的 MDL/DPL 面板由键盘、键盘驱动电路、显示器及显示译码电路几部分组成，所有键盘按键均通过 74LS07 驱动器接到地址总线上。其中 F、S、T、M、Q、W 这六个字母键用同一芯片，且按这六个键中任一键，都无输入显示

【故障排除与检修】

对该芯片外加 +5V 电源进行逻辑关系测试，确认该芯片损坏，更换后即输入正常。

11. 天津钢管公司一台采用 FANUC – 11T 系统的数控车床出现

1）ROM 存储器板损坏。

2）磁泡存储器板损坏。

【故障排除与检修】

1）FANUC – 11T 系统的 A16B – 1210 – 0470VROM 板用于储存数控系统功能软件，这部分内容不允许用户修改，上面的芯片用胶粘在板子上。如作为备件购买此板也不提供存储芯片，芯片软件的价格是板子的数倍。为节约重复购买软件的费用，就在原 ROM 板的 EPROM 芯片封死的情况下，自己设计外围电路，把每个芯片内储存的内容读出来，再写到同型号板子的空白芯片中，解决了存储芯片中的软件问题。

2）磁泡存储器板号为 A87L – 0001 – 0084，用于储存系统参数和加工程序。若更换同型号的备板，只需按维修手册的方法进行初始化操作等步骤即可；若更换的是新型的 SRAM（BMU）1M – 1（A16B – 2001 – 0132A），则不需初始化，只需先把 CNC 的任选参数（Option）重新输入，然后再输入参数和零件加工程序，机床即正常。

12. 配置 SINUMERIK 802Ce 数控系统的 CJK1640 数控车床，出现不换刀故障，系统无报警

【故障排除与检修】

用手触摸换刀驱动电动机，感觉温度异常高。通常引起电动机温升的原因主

要是过载或缺相，检查发现之前调换插座后相序不对，相序调整到位后换刀恢复正常。

13. 配置 SINUMERIK 802Ce 数控系统的 CJK1640 数控车床，通电后出现 700006 号报警

【故障原因分析】

该报警号提示伺服驱动没有准备好，即控制器没有收到伺服驱动器发出的 READY 信号。

【故障排除与检修】

经检查 READY 信号线短路，更换短路的信号线，系统恢复正常。

14. 配置 SINUMERIK 802Ce 数控系统的 CJK1640 数控车床，在加工中经常出现 Z 轴不动作现象，并出现 25080 号报警

【故障分析与排除】

该报警提示 Z 轴不能准确定位，检查 32200 号参数，发现伺服增益系数过小，将原来的 1 改为 2，加工动作恢复正常。

第三章　立式车床的故障分析与检修

第一节　C5112A、C5116A 型立式车床的结构

一、C5112A、C5116A 型立式车床的传动系统

1. 传动系统图

C5112A、C5116A 型立式车床的主轴结构根据滑动导轨和滚动导轨的不同而采用两种不同的形式，传动系统图见书后插页图 3-1。图中引出线图注由几个数字组成，第一个数字是编号，第二个数字是齿轮的模数，第三个数字是齿轮的齿数，如果是蜗杆则是头数，线下则是变位量或螺旋角等。

2. 转速分布图

C5112A 立式车床的主传动转速分布图和与此相应的 C5116A 立式车床主传动转速表见图 3-2。

C5112A 和 C5116A 立式车床进给传动转速分布图如图 3-3 所示。

二、C5112A、C5116A 型立式车床的主要结构性能

1. 变速箱

C5112A 主传动由主电动机直接起动和能耗制动。主电动机固定在立柱侧面，通过 V 带将运动传至装在立柱内的变速箱。变速箱由四个双联滑移齿轮实现 16 级变速。运动由带轮 1 经一系列传动齿轮传至轴Ⅵ（见图 3-4）。再由锥齿轮 2 传至轴Ⅶ，最后经轴Ⅶ上的斜齿圆柱齿轮传动工作台（见图 3-5）。工作台变速是由装在工作台底座上的手动控制阀控制的。控制阀控制的分配油路，通过操纵液压缸 3、4、5 和 6 中活塞杆上的拨叉，带动双联滑移齿轮进行变速。

2. 工作台

工作台主轴上装有 NN3000K 型双列圆柱滚子轴承。其内圈带有锥度可以调整径向间隙，图 3-5 中径向间隙由螺母 M140×2 和 M110×2 调整，保证工作台在高速回转时的精度和平稳工作。轴向载荷由工作台底座导轨承受，并用 0.2～0.4MPa 的压力油进行润滑。

3. 进给箱

C5112A 进给箱采用电磁离合器（见图 3-1d），因此不论快速移动或进给方向的选择均可通过按钮操纵。进给箱装有双速电动机传动刀架进给，并装有快速电动机实现刀架快速移动，刀架快速移动或进给的正反方向由电动机正反转传动

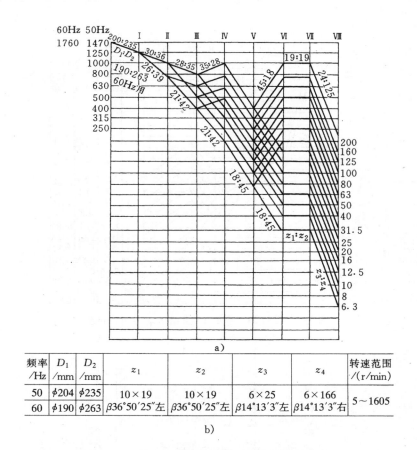

频率 /Hz	D_1 /mm	D_2 /mm	z_1	z_2	z_3	z_4	转速范围 /(r/min)
50	$\phi204$	$\phi235$	10×19	10×19	6×25	6×166	5～1605
60	$\phi190$	$\phi263$	$\beta36°50'25''$左	$\beta36°50'25''$左	$\beta14°13'3''$左	$\beta14°13'3''$右	

b)

图 3-2　主传动及进给传动转速分布图及转速表

a) C5112A 主传动转速分布图　b) C5116A 主传动转速表

来实现，垂直刀架或侧刀架的快速移动和进给不能同时进行。在正常情况下，垂直刀架或侧刀架进行水平移动，则垂直方向由进给箱中制动离合器制动。反之，当刀架进行垂直移动时，则水平方向制动。如果刀架进行手动曲面加工，应把水平和垂直制动电磁离合器全脱开，操纵进给箱面板上的转换开关即可实现。

4. **垂直刀架**（见图 3-6）

C5112A 立车的垂直刀架运动由进给箱通过光杠和锥齿轮 8，再经一对锥齿轮副传至螺母 3，随着螺母 3 转动时，垂直丝杠 4 带动立刀架滑枕 5 作垂直进给运动。直接转动丝杠 9，可使横滑板沿横梁作水平进给运动，如图 3-6 所示。

垂直刀架上装有可回转的五角刀台，能装夹多种工具，并可在五个位置上定位。转位时，拉下手柄 10，刀台松开，被装在刀架体中的三个弹簧 11 抬起。此时将手柄 10 转动一周，经齿轮传动使五角刀台转过一个位置。转位后，向上推

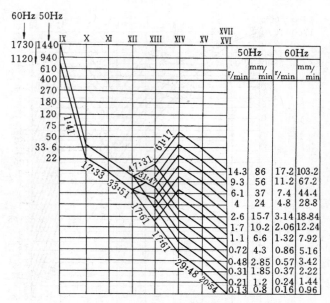

图 3-3　C5112A、C5116A 进给传动转速分布图

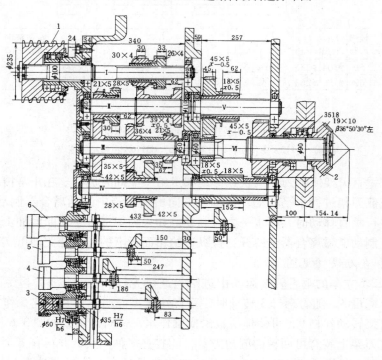

图 3-4　C5112A 变速箱装配图

1—带轮　2—锥齿轮　3、4、5、6—液压缸

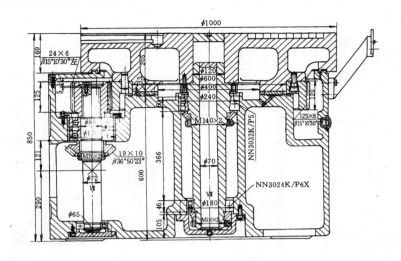

图 3-5　C5112A 工作台装配图

手柄（如图 3-6 如示位置），五角刀台由多齿盘定位，并由手柄根部的偏心轮经垫圈 1 锁紧。

垂直刀架滑座 6 通过蜗杆 7 和扇形蜗轮可作 ±30°回转，用于加工各种锥形零件。

垂直刀架的五角刀台上，只备有一个用于安装钻铰孔刀具的工具孔（深 90mm，有 2 个紧固刀柄的螺孔），其余四个孔均为一般的刀夹定心孔。

为防止垂直刀架滑枕的自动脱落，C5112A 立车在横梁光杠的左端装有防止掉刀的夹紧装置。

5. 横梁

C5112A 的横梁被液压缸通过杠杆放大力将横梁牢固地夹紧在立柱上，按钮站上有控制横梁升降的按钮，它通过电磁滑阀转变进油方向，使横梁得以放松，并由电动机使其作升降移动。横梁升降传动中丝杠螺母下备有钢制保险螺母，以防铜螺母过分磨损而失效，致使横梁脱落造成事故。所以该保险螺母不得拧紧。

6. 侧刀架

C5112A 立式车床的侧刀架上带有方刀台，通过刀台上的扳手可以放松、回转和卡紧。刀架和滑枕的移动可以通过手轮操纵。

垂直刀架滑枕和侧刀架质量分别由各自的液压平衡缸平衡，以达到上下移动力比较接近。

三、C5112A、C5116A 型立式车床的液压系统

C5112A、C5116A 的液压系统是用于：

1）工作台变速。

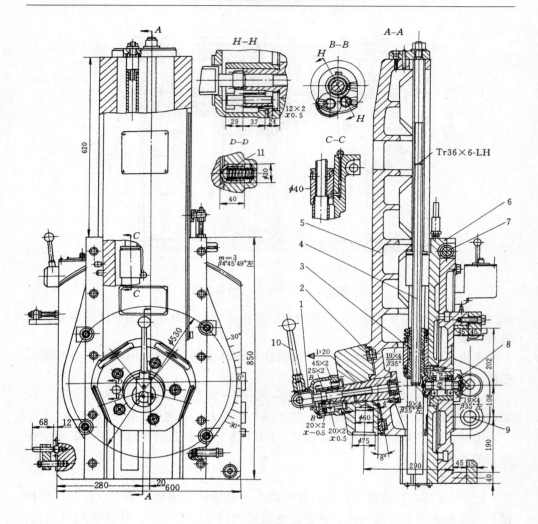

图 3-6　C5112A 垂直刀架装配图

1—垫圈　2—五角刀台　3—螺母　4—垂直丝杠　5—立刀架滑枕

6—垂直刀架滑座　7—蜗杆　8—锥齿轮　9—丝杠　10—手柄　11—弹簧

2）横梁夹紧机构夹紧与放松。

3）垂直刀架滑枕的液压平衡。

4）侧刀架的液压平衡。

5）工作台导轨润滑。

6）变速箱与工作台传动机构的润滑。

液压原理图如图 3-7 所示。

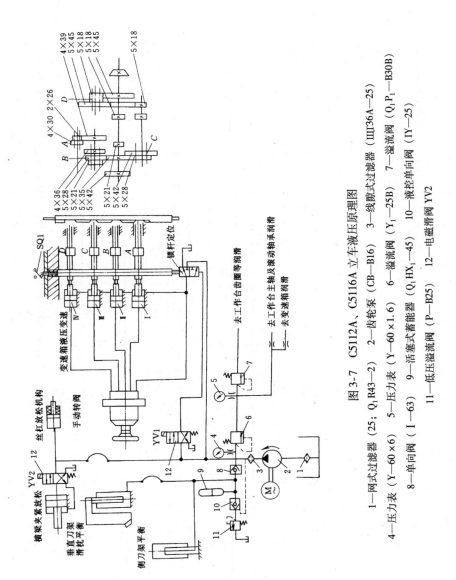

图 3-7　C5112A、C5116A 立车液压原理图

1—网式过滤器（25；Q₁R43—2）　2—齿轮泵（CB—B16）　3—线隙式过滤器（ⅢГ36A—25）
4—压力表（Y—60×6）　5—压力表（Y—60×1.6）　6—溢流阀（Y₁—25B）　7—溢流阀（Q₁P₁—B30B）
8—单向阀（Ⅰ—63）　9—活塞式蓄能器（Q₁HX₁—45）　10—液控单向阀（ⅠY—25）
11—低压溢流阀（P—B25）　12—电磁滑阀 YV2

	转数															
C5112A	6.3	8	10	12.5	16	20	25	31.5	40	50	63	80	100	125	160	200
C5116A	5	6.3	8	10	12.5	16	20	25	31.5	40	50	63	80	100	125	160
变速液压缸 I	+	−	+	−	+	−	+	−	+	−	+	−	+	−	+	−
II	+	+	−	−	+	+	−	−	+	+	−	−	+	+	−	−
IV	−	−	−	−	+	+	+	+	−	−	−	−	+	+	+	+
V	−	−	−	−	−	−	−	−	+	+	+	+	+	+	+	+
啮合齿轮 A	26/39	30/36	26/39	30/36	26/39	30/36	26/39	30/36	26/39	30/36	26/39	30/36	26/39	30/36	26/39	30/36
B	21/42	28/35	21/42	28/35	21/42	28/35	21/42	28/35	21/42	28/35	21/42	28/35	21/42	28/35	21/42	28/35
C	21/42				35/28				21/42				35/28			
D	18/45								45/18							
注	"+" 通高压油　"−" 通回油															

图 3-7　C5112A、C5116A 立车液压原理图（续）

1. 工作台变速

工作台变速是用手动转阀分配油路操纵四只液压缸来实现齿轮变速的，手动转阀芯及阀套按 16 级变速所对应的各液压缸通油情况安排孔道的。变速时，旋转手动转阀至需要的转数，然后按悬挂按钮站上的变速按钮，电磁阀 YV1 通电，压力油经过 YV1 至变速箱定位锁杆液压缸端位（锁杆定位阀）推动锁杆至松开位置压合行程开关（SQ1）、同时主电动机起动伺服，压力油经锁杆定位阀分两路：一路至各液压缸右端，另一路经手动转阀再分配至各液压缸左端，各液压缸按转数配油，推动齿轮变速，待各滑动齿轮正确啮合后，主电动机伺服停止，YV1 断电，定位锁杆恢复定位。与此同时，位置反馈行程开关（SQ1）发信号使变速按钮站信号灯亮，则表示变速完成。

2. 横梁夹紧机构的夹紧与放松

当按下横梁升降按钮时，电磁滑阀 YV2 通电，压力油进夹紧液压缸大面积端，使横梁放松，此时又经限位开关接通横梁升降电动机，横梁开始升降。如果放松横梁升降按钮，横梁停止，同时 YV2 断电，压力油经 YV2 进入夹紧液压缸小面积端使横梁夹紧。

3. 垂直刀架滑枕与侧刀架的液压平衡

垂直刀架的滑枕与侧刀架液压平衡是由 CB—B16 齿轮泵直接供给压力油，平衡压力油由 Y1—25B 溢流阀调节，调节压力为 2 ~ 2.5MPa。其调压值大小，依垂直刀架滑枕及侧刀架升降手动拉力而定，为了保证进给均匀和停液压泵后保持一定时间垂直，刀架滑枕与侧刀架不下沉，液压系统中装有活塞式蓄能器（Q1HX1—45）、单向阀（I—63）、液控单向阀（IY—25）及低压溢流阀（P—B25）。这四套液压元件装在床身内，打开床身侧面板后便可以看见，其中 I—63 与 IY—25 不用调整。P—B25 的调整方法：开动液压泵在 Y$_1$—25B 调整好后放松 P—B25 调整螺母，看见回油后，再拧紧调整螺母，达到从回油到刚不回油的状态即可，即 P—B25 的调整压力略高于 Y$_1$—25B 的调整压力。

4. 工作台导轨及传动机构的润滑

工作台导轨压力润滑油及传动机构的润滑油同是由齿轮泵（CB—B16）供油的。由 Q$_1$P$_1$—B30B 来调整压力，来自 Y$_1$—25B 的溢流油首先满足工作台导轨和变速箱传动机构的润滑，其余通过溢流阀 Q$_1$P$_1$—B30B 的溢流去润滑工作台齿圈及主轴轴承等，其压力调节为 0.15 ~ 0.5MPa。

为了方便调整和排除液压故障，特给出液压元件在机床上的位置示意图，如图 3-8 所示。图中引出线上的编号与图 3-7 中编号是相同的，代表了同一个液压元件。

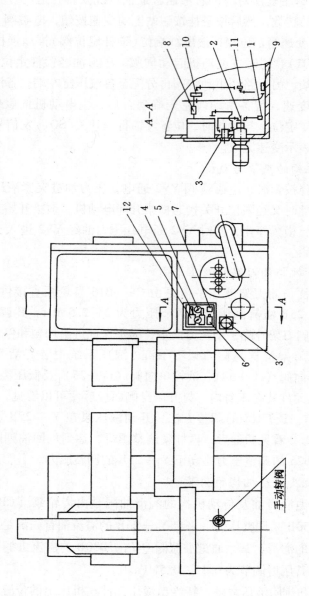

图 3-8　液压元件位置示意图

四、C5112A 型立式车床的电气系统

1. C5112A 立式车床的电气原理图

1）供电电源、电动机驱动电气原理图（见图 3-9）。

2）工作台控制电气原理图（见图 3-10）。

3）刀架电动机驱动与控制电气原理图（见图 3-11）。

4）刀架离合器控制电气原理图（见图 3-12）。

上述电气原理图中电气元件代号的说明：

1）M1～M7：电动机。

2）SA1、SA3：主令开关；SA5、SA6：扳把开关。

3）SQ1～SQ5：行程开关。

4）QF：电柜门联锁装置。

5）XS：插销。

6）EL：矿用安全灯。

7）XT1～XT7：接线板。

8）QF：自动空气断路器。

9）FU1～FU10：熔断器。

10）KM：交流接触器。

11）KA：中间继电器。

12）KT：时间继电器。

13）FR：热继电器。

14）TC：整流变压器。

15）C：电容器。

16）SB：按钮。

17）SA2、SA4：十字开关。

18）HL1、HL2：信号灯。

2. C5112A 立式车床的电气元件清单（见表 3-1）

3. 机床电气系统说明

本机床设有工作台电动机 M2，横梁升降电动机 M3，垂直刀架快速及进给电动机 M4 及 M5，侧刀架快速及进给电动机 M6 及 M7，液压泵电动机 M1 共七个交流异步电动机。控制及照明回路分别通过变压器 TC3 及 TC4 供电。

电动机能耗制动电源通过 TC1 供电，10 个电磁离合器和 2 个电磁滑阀通过 TC2 供电。

所有操纵按钮及选择开关，除安装在垂直、侧刀架进给箱上的进给ⅠⅡ挡选择开关 SA1、SA3 及有、无制动选择开关 SA5、SA6 外，其余均集中安装在悬挂式按钮站上，所有控制电器集中安装在立柱后面的壁龛内。

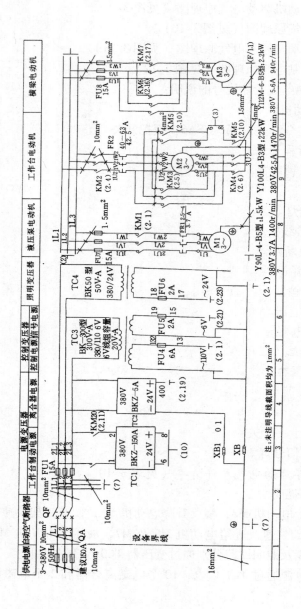

图 3-9　C5112A 立式车床供电电源、电动机驱动电气原理图

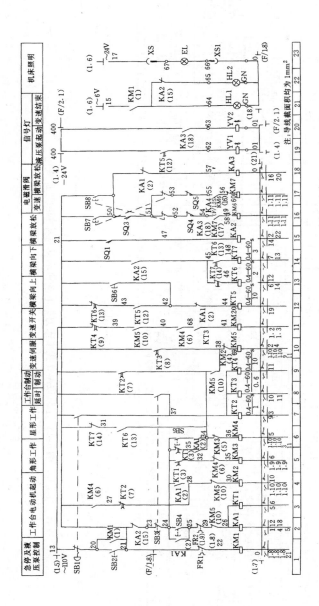

图 3-10　C5112A 立式车床工作台控制电气原理图

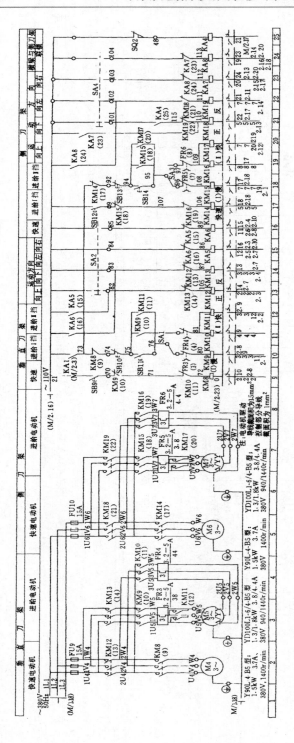

图 3-11　C5112A 立式车床刀架电动机驱动与控制电气原理图

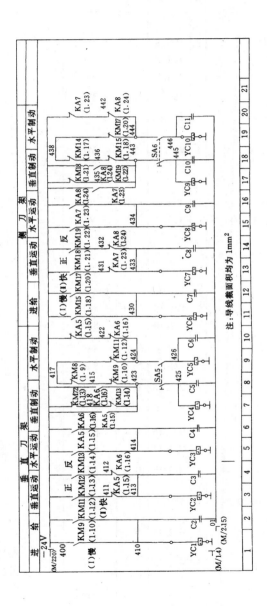

图 3-12 C5112A 立式车床刀架离合器控制电气原理图

表 3-1　　C5112A 立式车床的电气元件清单

名称	型号及规格	件数	图区	净重/kg	图上代号	备注
	2.1　电机					
Y 系列三相异步电动机	Y90L—4—B5 型,1.5kW 380V,50Hz,1400r/min 3.7A	3	M/1.8 F/1.2 F/1.5	25	M1 M4 M6	
	Y180L—4—B3 型,22kW 380V,50Hz,1470r/min 42.5A	1	M/1.9	205	M2	
	Y112M—6—B5 型,2.2kW 380V,50Hz,940r/min 5.6A	1	M/1.11	45	M3	
YD 系列三相变极式多速异步电动机	YD100L1—6/4—B5 型 1.3/1.8kW, 380V, 50Hz, 940/1440r/min,3.8/4.4A	2	F/1.3 F/1.7	38	M5 M7	
	2.2　床身电器					
主令开关	LS2—2 型	2	F/1.10 F/1.18	0.01	SA1 SA3	
扳把开关	KN5 型	2	F/2.8 F/2.19	0.01	SA5 SA6	
行程开关	LX19—001B 型	1	M/2.15	0.4	SQ1	
	IXS—11Q/1 型	1	F/1.25	0.4	SQ2	
行程开关	LX2—121A 型	2	M/2.16 M/2.17	0.4	SQ4 SQ5	
	LX3—11H 型	1	M/2.16	0.4	SQ3	
电柜门联锁装置	JDS—1 型,配 DZ10—100 型	1	M/1.1	0.7	(QF)	
插座	C1—6/4 型	1	M/2.23	0.1	XS	
照明灯	灯头 E—27 型,24V,40W	1	M/2.23	0.2	EL	带灯泡
端子板	CTL—1515 型	4		0.15	XT2 XT3 XT4 XT5	

（续）

名称	型号及规格	件数	图区	净重/kg	图上代号	备注
	2.3　壁龛内电器					
自动空气断路器	DZ10—100/330 型，复式脱扣器额定电流 60A，磁脱扣器动作电流整定倍数 10 板前接线	1	M/1.1	6	QF	
熔断器	RL1—15/6 型	1	M/1.5	0.1	FU4	
	RL1—15/2 型	2	M/1.6	0.1	FU6	
			M/1.6		FU5	
熔断器	RL1—15/15 型	15	M/1.2	0.1	FU1（3）	
			M/1.8		FU7（3）	
			M/1.11		FU8（3）	
			F/1.2		FU9（3）	
			F/1.5		FU10（3）	
交流接触器	CJ0—75A 型,线圈电压 110V	1	M/2.10	2.5	KM5	
	CJ10—60 型,线圈电压 110V	3	M/2.4	2	KM2	
			M/2.5		KM3	
			M/2.6		KM4	
	CJ10—10 型,线圈电压 110V	15	M/2.1	0.46	KM1	
			M/2.16		KM6	
			M/2.17		KM7	
			F/1.9		KM8	
			F/1.10		KM9	
			F/1.11		KM10	
			F/1.12		KM11	
			F/1.13		KM12	
			F/1.14		KM13	
			F/1.17		KM14	
			F/1.18		KM15	
			F/1.19		KM16	
			F/1.20		KM17	
			F/1.21		KM18	
			F/1.22		KM19	
	LC1—D099F 型,线圈电压 110V	1	M/2.11	1	KM20	

（续）

名称	型号及规格	件数	图区	净重/kg	图上代号	备注
中间继电器	JZ7—44 型，线圈电压 110V	8	M/2.2	0.25	KA1	
			M/2.15		KA2	
			M/2.18		KA3	
			F/1.25		KA4	
			F/1.15		KA5	
			F/1.16		KA6	
			F/1.23		KA7	
			F/1.24		KA8	
时间继电器	JS7—2A 型，线圈电压 110V	4	M/2.3	0.25	KT1	10s
			M/2.8		KT3	0.6s
			M/2.9		KT4	10s
			M/2.13		KT6	2s
	JS7—4A 型，线圈电压 110V 整定时间范围 0.4~60s 整定值见备注	3	M/2.7	0.25	KT2	1s
			M/2.12		KT5	10s
			M/2.14		KT7	3s
热继电器	JR16—20/3 型，整定电流 3.7A JR16B—60/3D 型，整定电流 42.5A	1	M/1.8	0.4	FR1	
	JR16—20/3D 型，整定电流 3.8A JR16—20/3D 型，整定电流 4.4A	1	M/1.9	0.7	FR2	
		2	F/1.3	0.4	FR3	
			F/1.7		FR5	
		2	F/1.4	0.4	FR4	
			F/1.8		FR5	
整流变压器	BKZ—150A，1000VA AC380V DC24V，50Hz	1	M/1.3	10	TC1	
	BKZ—5A、200VA、AC380V DC24V、50Hz	1	M/1.4	3	TC2	
	BK—300 型，300VA，380/110V，6V 独立绕组 6V 容重 20VA	1	M/1.5	4	TC3	
	BK—50 型，50VA，380/24V	1	M/1.7	0.5	TC4	
电容器	CZJ—L2 型、400V，4μF	10	F/2.2	0.01	C2	
			F/2.4		C3	
			F/2.6		C4	
			F/2.8		C5	
			F/2.10		C6	
			F/2.12		C7	
			F/2.14		C8	
			F/2.16		C9	
			F/2.18		C10	
			F/2.20		C11	

（续）

名称	型号及规格	件数	图区	净重 /kg	图上代号	备注
端子板	CTL—1545 型	1		0.45	XT6	
	CTL—1540 型	1		0.4	XT7	
	2.4　按钮站电器					
按钮开关	LAY3—11ZS/1 型；红色	1	M/2.1	0.05	SB1	
	LA19—11 型；红色	3	M/2.2	0.05	SB3	
			F/1.10		SB10	
			F/1.18		SB13	
	LA19—11 型；绿色	4	M/2.1	0.05	SB2	
			M/2.2		SB4	
			F/1.10		SB11	
			F/1.18		SB14	
	LA19—11 型；黑色	5	M/2.6		SB5	
			M/2.16		SB7	
			M/2.17		SB8	
			F/1.9		SB9	
			F/1.17		SB12	
	LA19—11 型；蓝色	1	M/2.13	0.05	SB6	
十字开关	LSS1—42A 型	2	F/1.15	0.35	SA2	
			F/1.22		SA4	
信号灯	XDY1—B/12 型;6V,绿色	2	M/2.21	0.01	HL1	
			M/2.22		HL2	
端子板	CTL—1533 型	1		0.33	XT1	

注：图区中 M 对应图 3-9 和图 3-10,F 对应图 3-11 和图 3-12。

C5112A 立式车床的动作功能分别为工作台的起动和停止，工作台的点动和变速，横梁升降，垂直刀架的快速移动和工作进给，侧刀架的快速移动和工作进给，以及工作台的直流能耗制动，垂直刀架和侧刀架的电磁制动等。要达到这些动作功能，必然要使控制电路复杂一些，一个动作往往要满足多个条件才能实现，因此在检查或维修之前，一定要读懂图样，熟悉实物，了解机械动作和电气功能之间的关系；运用前面已经掌握的检修 CA6140、C620—1 等卧式车床电气的知识，也就不难掌握 C5112A 立式车床的电气原理，正确判断它的故障原因，迅速找到它的故障点并及时排除。

为了便于读懂图样，对电气线路工作原理作如下说明：

（1）工作台的起动　必须首先开动液压泵电动机 M1，按压 SB2 按钮使接触器 KM1 的辅助常开触点在"20—21"处闭合，为控制回路工作做好准备，如图 3-10 所示。

按压按钮开关 SB4，继电器 KA1 动作并自锁，同时 KT1 线圈得电，相应触点使 KM2、KM3、KM4 动作。使其各接触器触点接通了工作台电动机 M2 回路，使工作台电动机处于三角形（△）联结状态下运行，拖动工作台旋转。

（2）工作台停止转动　只要按压按钮 SB3 断开继电器 KA1 线圈回路即可，若放手不按 SB3 按钮可自由停机，若要得到伴随能耗制动停机，可一直按压按钮 SB3，其常开触点在"13—37"处接通，使时间继电器 KT2 及接触器 KM5 动作，KT2 触点在"13—34"处接通。接触器 KM4 动作。使工作台电动机处在星形（丫）联结状态下能耗制动。若要工作台停止，放松 SB3 即可，如图 3-10 所示。

（3）工作台点动　按压按钮 SB5，接触器 KM2、KM4 动作，工作台电动机处在星形（丫）联结状态下运行，放手 SB5 按钮即停，这是自由停机。

（4）工作台变速（见图 3-10）　变换工作台转速必须在停机状态下进行，其动作情况为先扭转工作台座上的变速转阀手轮，使其指向工作台所需转速，然后按压按钮 SB6，继电器 KT5 动作，从而电磁滑阀 YV1 动作，变速开关 SQ1 受压，其触点在"21—47"处接通，中间继电器 KA2 线圈得电，常闭触点"21—23"断开，保证在变速未结束工作台不能动作，同时中间继电器 KA2 的常闭触点在"15—65"处断开，切断了信号灯 HL2 的回路，灯亮表示变速结束，中间继电器 KA2 常开触点"21—45"处闭合，接通了变速伺服时间继电器线圈回路，其触点在"21—42"处间隙动作。使工作台电动机进行脉冲转动，保证齿轮迅速啮合。变速开关 SQ1 释放，KA2 断电，信号灯 HL2 亮，表示变速完结。

（5）机床总停（见图 3-10）　要使机床全部停止运行，按压按钮 SB1 即可，若不停液压泵，只停工作台，可按压按钮 SB3 就能实现。按压 SB1 或 SB3 都可以实现能耗制动停机，按压 SB1 必须在 20s 内向左旋转 30°，以免发生机床故障。

（6）横梁的升降（见图 3-10）　若横梁上升，按压按钮 SB7，继电器 KA3 动作，横梁上升，电磁阀 YV2 动作，并带动开关 SQ3 动作，接触器 KM6 动作，横梁电动机正转带动横梁上升；升到所需位置放开按钮 SB7 即可，并设有限位开关 SQ4；当横梁上升到极限位置碰撞上 SQ4 开关时，即可停止，得到保护，使横梁自动夹紧在极限位置上。

横梁的下降与上升动作相仿，只是电动机反转带动横梁下降。

（7）垂直刀架的快速移动和工作进给　垂直刀架的快速移动和工作进给均需将十字开关 SA2 拨向要求运动的方向，十字开关的通断作用如下（见图

3-11）：

十字开关向上："21—82"接通，KM13 吸合，接通快速移动或工作进给的正向三相电源。

十字开关向下："21—83"接通，KM12 吸合，接通快速移动或工作进给的反向三相电源。

同时接通电磁离合器 YC2，准备了垂直方向移动的条件（见图 3-12）。

十字开关向左："21—84"接通，KA5 吸合，KM13 吸合，接通了快速或工作进给的正向三相电源。

十字开关向右："21—85"接通，KA6 吸合，KM12 吸合，接通了快速或工作进给的反向三相电源。

同时接通电磁离合器 YC3，准备了水平方向的移动条件（见图 3-11，图 3-12）。

此时，如按快速移动按钮 SB9，则 KM8 吸合，垂直刀架快速电动机 M4 工作，刀架向十字开关 SA2 手柄指向快速移动，放开按钮移动即停止。

如果要刀架自动进给，首先，十字开关 SA2 放在预选位置；然后，进给量选择开关 SA1 放在预选位置Ⅰ或Ⅱ；最后，工作台必须在正常运转状态。

此时按压 SB11 按钮，KM9 或 KM10、KM11 吸合，进给电动机 M5 以三角形（△）联结或星形（丫）联结运转，即以 940r/min 或 1440r/min 的转速运行。由于同时接通了电磁离合器 YC1，刀架就自动进给工作，若要停止进给运动，按压 SB10 按钮即可。

制动开关 SA5 可根据加工要求决定接通或断开 YC4 或 YC5 制动电磁离合器，它的工作规律是当进给电动机停止时，进给制动电磁离合器 YC4 和 YC5 同时得电，垂直和水平方向同时被制动。

当刀架水平方向移动时，垂直方向被制动，当刀架垂直方向移动时，水平方向制动，起到了保证加工精度的作用。

车削锥度或圆弧时，可切断 SA5 开关，即可取消双向制动，如图 3-12 所示。

（8）侧刀架的快速移动和工作进给　与垂直刀架的快速和进给原理相同。进给变挡要在进给停止后才能进行，侧刀架的向上进给只有在 SQ2 没有被压住的情况下进行，如图 3-11 所示。

第二节　C5112A、C5116A 型立式车床的故障征兆、分析与检修

本节从立式车床加工工件的质量，机械系统的结构性能，液压、润滑系统，电气系统四个方面的故障征兆、分析及检修进行介绍。

一、加工工件质量不良反映的车床故障分析与检修（3例）

1. 精车外圆圆度误差过大

【故障原因分析】

1）主轴轴承间隙过大。

2）工作台导轨有研伤。

【故障排除与检修】

1）在立柱上设置一个指示表，采用最低转速或手动转动工作台面，检查工作台面的径向圆跳动的数值，误差是以一个位置指示表读数最大差值来计算的，标准值是0.04mm，如果超差过多，即应考虑重新调整主轴轴承的间隙。

① C5112A（滚动导轨）立式车床主轴轴承的调整，主要是通过轴向调整轴承内圈，使轴承滚柱与内外圈间隙发生变化，其步骤为：

将工作台中心孔内的螺钉9、盖8、锁紧螺钉7、螺母6、压环10、螺钉4和定位板5拆下，如图3-13所示。

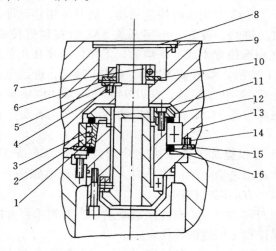

图3-13　C5112A主轴轴承的调整（滚动导轨）

1—轴承内圈　2—轴承外圈　3—滚柱　4、9、11、14—螺钉

5—定位板　6—螺母　7—锁紧螺钉　8、12—盖

10—压环　13—工作台　15—挡圈　16—调整垫

将工作台13从底座上取下来，再将螺钉14和挡圈15从工作台13上拆下，从孔中将轴承外圈2取出来。

将调整垫16取下，将6个螺钉11向紧圈方向拧动时，盖12向下压，推动轴承内圈1轴向移动，使之产生径向变形。将轴承外圈2套上时，使其不向下掉，即轴承外圈与滚柱间的摩擦力等于轴承外圈的自重，并且转动灵活。再将调整垫16磨至调整后的尺寸，装在轴承内圈下端。

　　将轴承外圈2装于工作台13的孔内，装上挡圈15和螺钉14，再将工作台13装到底座上，装上定位板5和螺钉4，压环10、螺母6、锁紧螺钉7、盖8和螺钉9，即调整完毕。

　　② 对于滑动导轨主轴轴承间隙的调整如图3-5所示，其调整步骤为：

　　将工作台连同主轴及轴承内圈一起抽出，把工作台安放在平台上并使主轴向上。

　　从工作台底座的主轴内取出轴承外圈。

　　拧松螺母M110×2和螺母M140×2上的锁紧螺钉后，再拧动螺母即可压紧轴承内圈；将外圈套上后，借助螺母M110×2和M140×2，使轴承内圈产生轴向移动以调整径向间隙。

　　再拧紧锁紧螺钉，把轴承外圈装在工作台底座主轴孔中，将带有主轴的工作台装回到主轴孔中，调整结束。

　　③ C5116A滚动导轨主轴轴承的调整（见图3-14），其步骤如下：

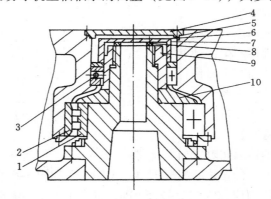

图3-14　C5116A滚动导轨主轴轴承间隙的调整
1—轴承内圈　2—轴承外圈　3—轴承　4—中心孔盖　5、6—螺钉
7—压盖　8—调整垫　9—螺母　10—压环

　　将工作台中心孔盖4、螺钉5和6、压盖7及调整垫8拆下。

　　将螺母9向紧固方向拧动时，压环10向下压，推动轴承内圈1轴向移动，产生径向变形，将轴承外圈2套上时，使其不向下掉，并转动灵活。

　　将压盖7装上，拧紧螺钉5，调整轴承3使其转动灵活，量出压盖7与主轴的间隙，将调整垫8磨到此尺寸后装上，然后装上中心孔盖4、拧紧螺钉5，即调整完毕。

　　2）在上述调整主轴轴承间隙过程中，如果是拆出工作台时，可检查工作台导轨的状况，如果有研伤，就应修刮研伤位置，并检查导轨的润滑情况。如果润滑不良，容易引起导轨的研伤，这种情况需要检查和调整控制导轨润滑油压力的阀（见图 3-7 和图 3-8 中的 4 和 6），4 是压力表，6 是调整压力的溢流阀。并进一步检查油箱里的油位、油质及滤油器的滤油能力（是否堵塞），并采取相应的措施。

2. 精车外圆圆柱度超差

【故障原因分析】

1）主轴轴承间隙过大。

2）垂直、侧刀架导轨镶条松动，镶条弯度较大，用塞尺检查超差过大。

【故障排除与检修】

1）重新调整主轴轴承间隙，如上所述。

2）调整镶条达到松紧适度，使 0.04mm 塞尺插不进去，镶条弯度过大时应校直修刮。

3. 精车平面精度不高，表面粗糙度值太大

【故障原因分析】

1）主轴轴承间隙过大。

2）工作台导轨动压润滑压力较大。

3）刀架移动部件产生振动。

4）工作台导轨面产生研伤。

5）切削用量选择不当。

6）刀架移动存在爬行。

【故障排除与检修】

1）应调整主轴轴承间隙，如上所述。

2）应该降低工作台导轨的润滑压力（见图 3-7 和图 3-8 的 4 和 6），压力表 4 上显示的正常的压力应控制在 2～2.5MPa，过高了可调整溢流阀 6。

3）检查导轨镶条是否有松动，调整到松紧适当为止。

4）吊起工作台检查导轨是否有研伤，并在研伤处进行修刮补救。

5）根据工件材质和加工质量要求，改变切削用量，满足平面度和表面粗糙度要求。

6）参照下面介绍的方法解决。

二、机械系统、结构性能故障分析与检修（9 例）

1. 刀架进给时出现爬行现象

【故障原因分析】

1）电磁离合器电刷接触不良或摩擦片失效。

2）刀架镶条和压板调整过紧。

3）镶条有较大的弯度。

4）滑动导轨面润滑不良。

【故障排除与检修】

1）每个进给箱共有 5 个电磁离合器，其中 3 个用于传动，另外 2 个用于制动。在工作过程中，无须对它们加以任何调整，但须定期检查电刷及摩擦片的磨损情况（见图 3-15），电刷 5 装在支架上，打开盖 2 将电刷旋出检查其磨损情况，磨损太多时应更换新的。

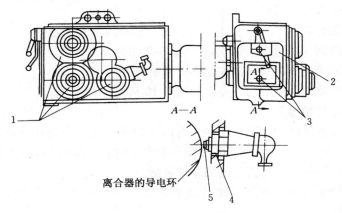

图 3-15 进给箱电磁离合器的调整
1—法兰盘 2—盖 3—螺钉 4—支架 5—电刷

检查摩擦片的磨损情况及更换摩擦片的拆卸方法如下：

先把电刷 5 连同其支架拆下，旋出法兰盘 1 的固定螺钉，将离合器连同其轴从箱体内抽出，安装离合器则按相反程序进行。

在拆卸及安装离合器时应注意不能损坏通入制动器中的导线，制动离合器装在法兰盘 1 上，为此先应取下盖 2，拆下制动离合器的导线。摩擦片过度磨损则应更换新件。

2）适当调松刀架镶条和压板。

3）校直修刮镶条至适用。

4）检查刀架滑动导轨面上的润滑情况。开机前就应按润滑表的要求加油，爬行时可增加润滑油量。

2. 车削过程中刀架发生掉刀现象

【故障原因分析】

1）刀架平衡，液压缸压力波动较大。

2）当刀架向一个方向移动（如水平移动），则另一个方向（如垂直方向）移动的离合器没有制动（正常情况应该制动）。

【故障排除与检修】

1）检查溢流阀内小孔是否有堵塞现象，应予以清洗；检查吸油管和液压泵是否漏气？吸油量是否足够？如有漏气应予以修复，并清洗滤油网和提高油位（见图3-7和图3-8）。

2）检查控制垂直刀架机动和手动的开关（位于进给箱右下角）和控制侧刀架机动和手动的开关（位于侧刀架进给箱右下角）是否处于机动位置，应该把它扳到上部方位（即机动位置）。

3. 工作台变速不灵活

【故障原因分析】

1）电磁滑阀YV1动作不正常（见图3-7中的元件12）。

2）锁杆伸出后不易缩回，如图3-7所示。

3）锁杆已缩回，但是灯不亮，如图3-10所示。

【故障排除与检修】

1）首先检查滑阀的电磁线圈是否有电，如果有电而滑阀动作不灵活，则应拆卸、清洗和修理滑阀，见图3-7和图3-8中电磁滑阀及图3-10中YV1。

2）修理和调整锁杆，使它达到动作灵活。

3）调整位置开关（SQ1）使其接触良好，如果图3-10中HL2信号灯亮，表示变速完毕。

4. 横梁升降时声音较大

【故障原因分析】

1）升降传动丝杠的润滑情况不良。

2）丝杠弯度较大。

3）传动丝杠产生轴向窜动。

4）横梁压板压得过紧或导向镶条与立柱导轨间隙超差。

【故障排除与检修】

1）在升降丝杠上加足够的润滑油，如果声音依然大的话，可在横梁升降丝杠上加注00号极压锂基润滑脂，情况即可改善。

2）如果经检查发现丝杠弯度过大，检修时应校直它。

3）将升降传动丝杠上的螺母锁紧，避免窜动。

4）调整横梁压板，使其松紧均匀。而横梁导向镶条与立柱导轨面的间隙调整可参看图3-16中的情况。当横梁处于放松状态（升降时），要求横梁导向镶条2与立柱导轨面的间隙为0.04mm，且塞尺插不进，如果超差时，应采用下述方法调整：

① 先将传动横梁升降电动机的熔体取下，或将开关与6脱开。

② 按横梁升或降按钮，使压力油进入I端，横梁处于放松状态。

③ 利用螺母4调整横梁导向镶条2的上下位置。

④ 将熔体拧上或使开关与活塞杆6恢复正常状态。

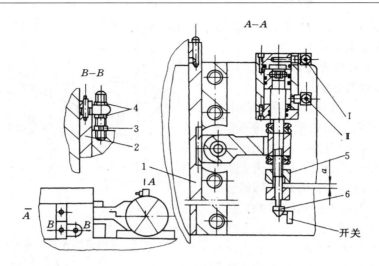

图 3-16 横梁夹紧机构的调整
1—横梁夹紧镶条 2—横梁导向镶条 3—螺钉
4—螺母 5—调整螺母 6—活塞杆

当横梁处于夹紧状态时，镶条 2 与立柱导轨面间隙没有具体要求。横梁夹紧镶条 1 的放松位置可利用调整螺母 5 来调整 a 值的大小。

5. 按横梁升或降按钮时横梁不动

【故障原因分析】

1）电磁滑阀（YV2）无电或滑阀不动，见图 3-7 和图 3-8 中 12 元件。

2）夹紧液压缸放松后拉杆没有碰上限位开关（SQ2）。

3）电气控制系统失灵。

【故障排除与检修】

1）检修滑阀的电磁线圈，如果线圈有电了而滑阀动作不灵活，应拆卸、清洗和修复滑阀，见图 3-7、图 3-8 或图 3-10 中的 YV2。

2）调整限位开关 SQ2，使它在夹紧液压缸放松后与拉杆碰上。

3）检查电气控制系统中 SB7、KA3、KM6 等元件的动作，如图 3-10 所示。

6. 重切削时主轴转速低于表牌所示转速

【故障原因分析】

1）主电动机的 V 带拉力不够大。

2）主电动机拖动力不够。

【故障排除与检修】

1）应正确调整 V 带，不应有可见的松弛现象。调整步骤如下：

先拧松固定电动机的螺母 3，再拧紧螺母 1，然后用螺钉 2 移动电动机拉紧

V 带，调紧后，最后把螺母 1 和 3 旋紧，如图 3-17 所示。

2）检修主电动机。

7. 五角头压紧力不够大

【故障原因分析】

如图 3-18 所示，刀具工作时手柄 2 应扳到向上的位置。回转五角头变换下一工位的刀具时，应先依图示箭头方向扳下手柄 2，用手柄 2 旋转五角头，每转一圈，五角头回转五分之一圈；将五角头转到所需的工位以后，向上推手柄 2，偏心凸轮 1 压紧垫圈 3，使五角头在新的工位上定位并压紧。当偏心凸轮 1 及垫圈 3 磨损后，五角头则压不紧。

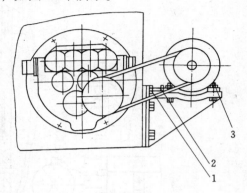

图 3-17　主电动机 V 带拉力的调整

1、3—螺母　2—调整螺钉

【故障排除与检修】

将紧定螺钉 4 松开，转动调整罩 5 可调节五角头压紧时所需要的压力。如果偏心凸轮 1 及垫圈 3 磨损得特别严重，可以调换新件。

8. 方刀架压紧力不够大

【故障原因分析】

方刀架工作时手柄 4（见图 3-19）应处于位置Ⅰ。要将方刀架转到新的工

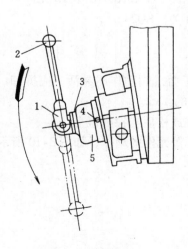

图 3-18　五角刀台调整

1—偏心凸轮　2—手柄　3—垫圈

4—紧定螺钉　5—调整罩

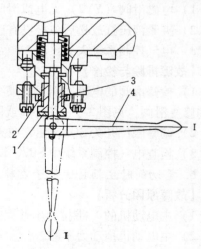

图 3-19　方刀台的调整

1—垫圈　2—螺母　3—螺

丝套　4—手柄

作位置时，先将手柄4扳到位置Ⅱ，用手转动方刀架至所需要的位置后，再将手柄4扳回到位置Ⅰ，当垫圈1磨损后，方刀架即压不紧。

【故障排除与检修】

旋出螺丝套3调整压紧力，用螺母2来锁紧螺丝套3，使其不松动即可，如图3-19所示。

9. 垂直刀架水平或垂直方向移动时，当刀架向另一个方向反向移动时（例如向左移动反向为右，向下移动反向为向上时），响应滞后大

【故障原因分析】

垂直刀架水平或垂直方向移动是靠丝杠和螺母实现的，尽管有滚珠丝杠副和滑动丝杠副不同的结构，但是丝杠和螺母间隙太大仍会产生正反向转动变换时自由度大，即表示为响应滞后现象的产生。

【故障排除与检修】

对于不同的结构采用基本类同的方法：

1）C5112A垂直刀架水平移动滚珠丝杠副间隙调整，如图3-20所示，拨开锁紧垫圈1的爪，旋转螺母2，使调整螺母4作轴向移动，而螺母3是不动的，由于两螺母轴向位置相对移动，因此可以调整螺纹接合的间隙。当间隙调整好后，再将锁紧垫圈的爪扣住螺母2，以免松动。

2）C5116A垂直刀架水平移动滑动丝杠副间隙的调整如图3-21所示，调整步骤与上述C5112A的方法相同。

3）C5112A垂直刀架垂直移动滑枕滚珠丝杠副间隙的调整如图3-22所示，螺母是由1和3两部分组成，用键2联

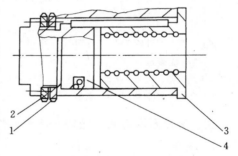

图3-20　C5112A垂直刀架水平移动
滚珠丝杠副间隙的调整
1—锁紧垫圈　2—螺母　3—螺母
（不动）　4—调整螺母

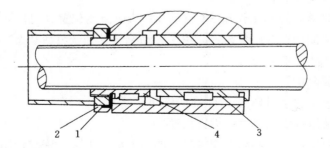

图3-21　C5116A垂直刀架水平移动滑动丝杠副间隙的调整
1—锁紧垫圈　2—螺母　3—螺母（不动）　4—调整螺母

结，调整时在滑枕上取下盖板 7，把滑枕移到使此窗口对着两个锁紧螺母 4 与 6，拨开锁紧垫圈 5 的爪，松开螺母 6，用螺母 4 进行调整。待螺纹间隙调紧适当以后，拧紧螺母 6，用锁紧垫圈的爪将螺母的槽扣住，再盖上盖板 7。

4）C5116A 垂直刀架垂直移动滑枕的滑动丝杠副间隙的调整如图 3-23 所示，调整步骤与上述 C5112A 的方法相同。

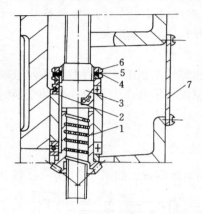 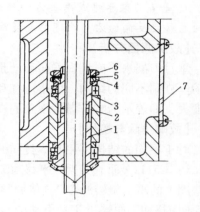

图 3-22　C5112A 垂直刀架垂直移
动滑枕滚珠丝杠副间隙的调整
1、3、4、6—螺母　2—键
5—锁紧垫圈　7—盖板

图 3-23　C5116A 垂直刀架垂直移
动滑枕的滑动丝杠副间隙的调整
1、3、4、6—螺母　2—键
5—锁紧垫圈　7—盖板

三、液压及润滑系统故障分析与检修（5 例）

1. 液压泵开动后自动停止

【故障原因分析】

1）热继电器 FR1 调位调得较低（见图 3-9）。

2）液压泵装置装配不良，传动阻力太大。

【故障排除与检修】

1）应把热继电器 FR1 调至 3A 或稍高一点电流的位置（见图 3-9）。

2）重新装配调整液压泵装置，用手转动感觉其处于灵活状态。

2. 垂直刀架严重漏油

【故障原因分析】

1）平衡液压缸密封环（G51—3）松动。

2）平衡液压缸上部放气孔螺钉松动。

3）由于液压缸与滑座结合面密封环的槽太深，失去了密封作用。

【故障排除与检修】

1）垂直刀架滑枕是采用液压平衡的，长期使用后，如有漏油现象，可拧紧

螺钉 a，以调整密封圈与活塞的配合，达到不漏油。各螺钉的拧紧程度应均匀，使刀架手柄轻便为止，如图 3-24 所示。

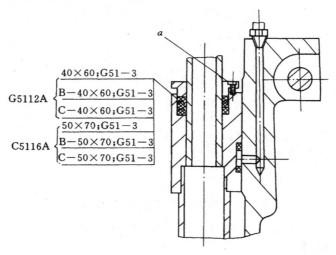

图 3-24　垂直刀架液压平衡装置的调整

2）把平衡缸上部的放气螺钉调紧。

3）增加塑料垫使密封环凸出结合面，恢复液压缸与滑座结合面间的密封性。

3. 侧刀架严重漏油

【故障原因分析】

1）平衡液压缸密封环（G51—3）松动。

2）平衡液压缸上的放气孔螺孔松动。

【故障排除与检修】

1）侧刀架长期使用后，如有漏油现象，可拧紧 M8×16 螺钉，（见图 3-25），调整密封圈与活塞的配合，以达到既不漏油，刀架上、下手动又轻便为止。各螺钉的拧紧程度应均匀。

2）将放气螺钉拧紧。

4. 床身与工作台漏油

【故障原因分析】

1）床身与底座结合面的密封环槽太深而失去密封作用。

2）底座结合面中部加工用的工艺孔漏堵。

【故障排除与检修】

1）增加塑料垫使密封环凸出结合面，恢复床身与底座结合面间的密封性。

2）将底座卸下，测量孔径后，配上合适的堵，把工艺孔堵上。

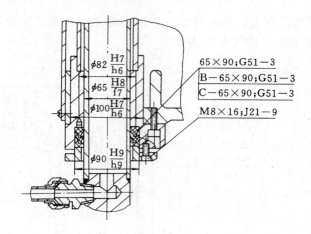

图 3-25　侧刀架液压平衡液压缸的调整

5. 工作台在高转速下工作时，润滑压力下降得较大

【故障原因分析】

1）床身油位较低，致使液压泵吸油量较少。

2）滤油器被杂物封闭堵塞，吸油不畅。

3）工作台导轨润滑油压太高，使工作台浮升量过大。

【故障排除与检修】

1）在工作台变速箱里加油，油位低于油标中位时应及时增加贮油量。

2）每月不少于两次清洗滤油器，吸油不畅时应随时检查清洗滤油器。

3）适当降低导轨润滑的油压，参见图 3-7 和图 3-8 中的压力表 4，显示的压力应调整在 2~2.5MPa，过高时应调整溢流阀 6。

四、电气系统故障分析与检修（10 例）

1. 工作台不能起动

【故障原因分析】

1）由于液压泵电动机未起动。

2）或是液压泵电动机不能起动，因为交流接触器 KM1 不吸合。

3）按压工作台起动按钮 SB4 后，电动机不转。

4）中间继电器 KA1、时间继电器 KT1 和交流接触器 KM2 吸合后，电动机仍不转动。

【故障排除与检修】

1）按压按钮 SB2，起动液压泵电动机的交流接触器 KM1 应该吸合其辅助触点，接通 20—21 控制回路（见图 3-10）。

2）首先检查 ~110V 控制电源是否正常，熔断器 FU4 是否熔断。再查液压泵热继电器 FR1 是否已经动作，查明过载动作的原因且排除之后再使 FR1 复位

（见图 3-9）。

3）检查中间继电器 KA1 和时间继电器 KT1 是否吸合，检查线路"21—23—24—25—29—26"是否接通，可用万用表或 220V 灯泡测各点电压（见图 3-10）。

4）若交流接触器 KM4 不吸合，检查"24—35—34—36"是否接通，测量各点的电压是否正常（见图 3-10）。

2. 工作台电动机不能由丫向△自动转换运行（星形联结向三角形联结转换）

【故障原因分析】

时间继电器 KT1 的调整不当。

【故障排除与检修】

调整时间继电器 KT1 的微调螺钉，使其在延时动作后，切断"24～35"通路，交流接触器 KM4 释放，接通"24—32"通路，KM3 吸合，使工作台电动机由丫起动到△运转（见图 3-10）。

3. 工作台没有点动

【故障原因分析】

1）按压点动按钮 SB1 时，交流接触器 KM2、KM4（见图 3-10，图 3-9）不吸合。

2）变速行程开关 SQ1 没有复位，中间继电器 KA2 仍吸合着（见图 3-10）。

【故障排除与检修】

1）停止按钮 SB1 没有复位，造成液压泵停止，21 线路无电，把卡住了的停止按钮 SB1 拔出即解决问题（见图 3-10）。

2）中间继电器 KA2 的动断触点 21—24 断，24 线路无电，转动变速手轮，使变速排挡啮合到位，行程开关 SQ1 复位，中间继电器 KA2 断电释放即可（见图 3-10）。

4. 工作台变速不正常

【故障原因分析】

1）旋动手动转阀至需要转数，按压变速按钮 SB6，时间继电器 KT5 不吸或没有自锁。

2）电磁阀 YV1 是否得电？或者是阀芯卡死。

3）行程开关 SQ1 没有接通。

4）中间继电器 KA2 吸，时间继电器 KT6、KT7 不能正常交替吸合。

5）时间继电器 KT6、KT7 能交替吸合，交流接触器 KM4、KM2 不能正常吸合。

【故障排除与检修】

1）检查线路"21—43—42—44"是否接通（见图 3-10）。

2）用万用表直流电压挡测量电磁阀 YV1 两端是否有 24V 电压；如有电但是阀芯不动，测量电磁阀线圈是否断线；用旋具推动阀芯，如发现过紧，应拆开阀体，调整阀芯，使其活动自如。

3）调整行程开关 SQ1 限位和排杆之间距离，使推杆伸出后能压通 SQ1 限位；检查 SQ1 的触点是否良好，受压时"21—47"是否接通，中间继电器 KA2 吸合，如 SQ1 损坏，应调换相同型号的限位开关。

4）线路"21—45"没有接通，检查中间继电器 KA2 触点和连接线路；调整时间继电器 KT6、KT7 的微调螺钉，使其能正常延时接通或断开。

5）检查"21—31—34"通路接线和触点是否有开路现象；查"21—27—28"通路接线和触点是否有开路现象，调整时间继电器 KT6、KT7 的微调螺钉，并检查相关连接线路，使交流接触器 KM4、KM2 能短暂吸合后释放，电动机寸动，实现变速动作（图 3-10）。

5. 工作台没有制动功能

【故障原因分析】

1）当按压按钮 SB1（总停）或 SB3（工作台停而液压泵不停）时，接通"13—37"KT2、KT3、KT4、KM4、KM5、KM20 应该吸合，如不吸合则工作台电动机没有直流能耗制动。

2）时间继电器 KT2 不吸合。

3）时间继电器 KT3 不吸合。

4）时间继电器 KT4 不吸合。

5）整流器 TC1 有故障（见图 3-9）。

【故障排除与检修】

1）测量时间继电器 KT2、KT3、KT4 线圈两端电压，调整微调螺钉，排除故障（见图 3-10）。

2）线路"13—34"不通，KM4 不吸，工作台电动机 M2 没有处在星接状态下能耗制动。

3）线路"68—41"不通，KM20 不吸，没有直流电源，即没有直流能耗制动。

4）线路"13—39"不通，KM20 不吸，没有直流电源；检查"13—39—40—68—41"通路接点及连接线，排除故障（见图 3-10）。

5）用万用表测量直流电源整流器 TC1 输入交流 380V，输出直流 24V 是否正常，检查整流器是否开路或短路，如损坏，更换相同型号的整流器。

6. 横梁没有上升动作

【故障原因分析】

1）按上升按钮 SB7 时，中间继电器 KA3 和交流接触器 KM6 不吸合，横梁不动（见图 3-10）。

2）中间继电器 KA3 吸合，而 YV2 电磁滑阀不吸合或卡死。

3）行程开关 SQ3 没有压通。

4）电磁滑阀 YV2 吸合，夹紧装置已放松，而交流接触器 KM6 不吸合，电动机不转。

5）电磁滑阀 YV2 吸合，交流接触器 KM6 吸合，而电动机 M3 仍不转。

6）电动机 M3 在运行时，过载熔丝多次熔断。

【故障排除与检修】

1）检查 "50—57" 号线中间继电器 KA1 常闭触点是否完好，接线是否松脱，要使中间继电器 KA3 和交流接触器 KM6 正常吸合（见图 3-10）。

2）测量电磁阀 YV2 线圈两端 "63，01" 之间有否直流 24V 电压，若没有电压，检查整流电源 TC2，测量整流管是否短路或开路，有损坏即予以调换；如果阀芯卡死，要拆出阀芯，去除毛刺或油垢，重新装配，使阀芯能滑动自如（见图 3-10）。

3）调整横梁夹紧装置顶杆和行程开关 SQ3 之间的距离，使横梁放松后能压通 SQ3 的触点，接通 "50—51" 通路（见图 3-10）。

4）上止点限位 SQ4 已断开，或没有复位接通 "52—54"；检查 "21—50—51—52—54—49—58" 通路是否有断路或松脱（见图 3-10）。

5）检查 FU8 熔断器是否熔断（见图 3-9）。如果因为润滑不良、机械有故障造成电动机堵转，则需检查和修理机械传动部件。

6）检查升降电动机 M3 的绕组绝缘状况，测三相电流值，正确判断熔丝熔断原因；液压锁紧装置有问题，就得检查液压油路及机械部件是否有故障。

7. 横梁没有下降动作

【故障原因分析】

下止点限位开关 SQ5 断开或没有复位。

【故障排除与检修】

检查 "51—53—55—56—60" 之间通路情况，排除故障点（见图 3-10）；由于 SQ2 压断、KA4 断电、触点 "55—56" 开断，横梁不允许下降，侧刀架不允许向上（见图 3-11），保证横梁与侧刀架间的连锁关系。

其余关于横梁下降的故障原因和横梁上升故障原因相同，只是电动机反转罢了，其排除与检修的方法也相同，故不一一列述。

8. 垂直刀架没有快速移动（见图 3-11）

【故障原因分析】

1）FU9 熔丝熔断。

2）KM8 及 KM12 或 KM13 没有吸合。

3）直流电磁离合器 YC2 和 YC3 没有吸合。

【故障排除与检修】

1）检查 FU9，更换相同规格熔丝（见图 3-11）。

2）检查 "21—70—71—72" 通路是否正常，是否有断线；检查十字开关

SA2 接触是否良好，是否有断线（见图 3-11）；检查 KA5 或 KA6 是否吸合（见图 3-12）。

3）检查直流 24V 电压是否正常，如无直流 24V 电压，则检查 TC2 整流器输入输出电压，FU1 是否熔断，整流管是否击穿或开路，修复或更换整流器（见图 3-9）。

9. 垂直刀架没有工作进给

【故障原因分析】

1）工作台处于停止状态。

2）主令开关 SA1 接触不良（图 3-11）。

3）热继电器 FR3 或 FR4 过载动作（见图 3-11）。

4）进给电磁离合器 YC1 不吸（见图 3-12）。

5）电磁离合器 YC1、YC2 或 YC3 吸合不正常，有火花（见图 3-12）。

6）离合器吸合正常，但进给不正常。

【故障排除与检修】

1）起动工作台正常运转。

2）检查 SA1 主令开关，用万用表测通断情况，保证接触良好。

3）测量进给电动机三相电流，查出过流原因。

4）查 "400—410" 号线是否接通（图 3-12）；YC1 电刷接触是否良好，如磨损太多，应更换新电刷；YC1 线圈匝间短路或开路，更换新的电磁离合器；电容器 C2 击穿或短路，更换相同规格的电容器。

5）如直流 24V 供电不正常，时断时续，检查各接点线路及电刷和焊点、滑环等情况，保证接触可靠。

6）摩擦片调整不当或磨损；重新调整或更换；传动系统故障，查机械部件。

10. 侧刀架快进与工进故障

侧刀架的快速移动和工作进给故障可参考上述垂直刀架条目，不重复罗列。

第三节　其他立式车床常见故障分析与检修（37 例）

1. C516A 立式车床主传动错变速或容易打坏齿轮

【故障原因分析】

1）电气变速开关接触不好。

2）电磁滑阀的电磁铁顶块螺钉松落。

3）滑阀动作阻滞不灵。

4）液压缸柱塞及拨叉拉杆装配不良（别劲）。

5）锁杆动作不灵。

6）三联齿轮换挡时错位。

以上为错变速的原因,而打齿的原因有三种情况:

1）错变速停机造成的打齿。

2）紧急停机造成的打齿。

3）起动时的打齿是因为连锁管太细或定位阀与锁杆无销钉连接。

【故障排除与检修】

1）修复或调换电气开关,使其接触良好。

2）检查修理电磁滑阀的电磁铁,配齐装好松掉的电磁铁顶块螺钉。

3）修复阀芯,使电磁滑阀响应灵敏。

4）重新调整液压缸柱塞与拨叉拉杆的装配位置,使其在受力时运动自如。

5）检查调整锁杆,使其动作灵便。

6）如果转速是从 4、5、16、20、63、80 转变为 6.3、8、25、31.5、100、125 时,或由后面的转速变回前一挡,特别是在高转速变换时,应先变为 10、12.5、40、50 等转速中的一种,然后再向要求的转速变换,这样不易错变速。

为了解决打齿问题,除了在操作中避免错变速,尽量避免使用紧急停机外还可以采取如下措施:

1）把连锁管加粗。

2）定位杆和锁杆加销钉连接。

3）加长工作台起动回路中时间继电器的延时时间,以 5~6s 为宜。

C5116A 是 C516A 的改进型,就不存在上述问题。

2. C512A 立式车床进给箱变速拉杆错位

【故障原因分析】

1）拉杆定位钢球没有被上盖压紧,定位失灵。

2）拉杆定位弹簧失效（弹力不够）。

【故障排除与检修】

1）压紧钢球,使拉杆定位准确。

2）更换弹簧,使拉杆定位有力。

3. 移动件(横梁、垂直刀架、侧刀架等)发生爬行现象

【故障原因分析】

1）相对移动件间的静摩擦因数和动摩擦因数相差较大。

2）传动环节中有松动或产生弹性变形。

3）导轨副研伤,间隙太小或太大。

【故障排除与检修】

1）加强润滑,选择适宜的润滑油。

2）防止传动件松动，正确装配调整好。

3）修刮导轨研伤处，有条件时，选择动、静摩擦因数相差较小的材料，镶于滑动导轨上，比如聚四氟乙烯（塑料王）、锌铝铜合金板与铸铁摩擦副。

4. 横梁升降时水平不稳定（倾斜度超差过大）

【故障原因分析】

1）横梁升降螺母和丝杠间隙过大。

2）床身侧导轨直线度超差、镶条接触不良。

【故障排除与检修】

1）将升降丝杠上的螺母适当锁紧，在移动横梁时，应反方向移动一段距离，以消除间隙。

2）检查侧导轨直线度是否超差、检查镶条接触是否良好，修刮并调整，使直线度、接触点和间隙都达到要求。

5. 工作台变速箱传动锥齿轮副研伤

【故障原因分析】

1）锥齿轮本身淬火不良，加工精度差。

2）锥齿轮副齿侧间隙过大。

3）锥齿轮副啮合不正确。

【故障排除与检修】

1）调换符合要求的锥齿轮副。

2）锥齿轮传动的正确啮合、控制一定的侧隙和接触点，都是依靠调整锥齿轮轴向位置来实现的。锥齿轮加工时以背锥作为工艺基准（见图 3-26a 中 D 处），因此装配时要求相啮合的锥齿轮副背锥齐平。这样调整，就再现了刀具精加工锥齿轮时的位置，啮合自然正确。

当然，对不同模数精度的齿轮都有一定的侧隙要求（表 3-2），可用铅丝卡入后测得。

表 3-2　齿侧的间隙　　　　　　　　　　　（单位：mm）

项　　目	类　　别				
	直齿锥齿轮		弧齿锥齿轮		
模　　数	3 ~ 5	6 ~ 10	3 ~ 5	6 ~ 10	> 10
允许间隙范围	0.20 ~ 0.40	0.30 ~ 0.60	0.25 ~ 0.40	0.35 ~ 0.65	0.50 ~ 0.70
间隙变化量	0.05 ~ 0.10	0.10 ~ 0.15	0.10 ~ 0.15	0.15 ~ 0.20	0.20 ~ 0.25

对精度要求较高的，在此基础上再进行侧隙与接触点的检验，进行适当的轴向调整，对不能以背锥定位的结构，则直接以侧隙和接触点作为调整的依据。

图 3-26 是 C512A、C516A 立式车床锥齿轮副的装配调整。

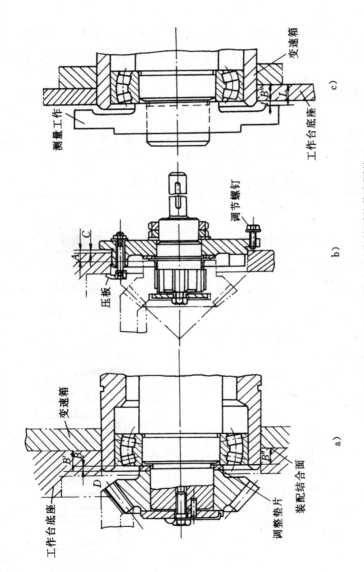

图 3-26 C512A、C516A 锥齿轮副的装配调整
a) 锥齿轮的调整 b) 锥齿轮调整工具 c) 测量轴承距离

　　装配时按图 3-26b 所示将变速箱上的锥齿轮装在工具上，两齿轮背锥齐平后啮合，调节螺钉与压板螺母，使锥齿轮连同工具一起作轴向移动，达到啮合要求后，测量尺寸 C。工具上的尺寸 A 是给定的，齿轮与调整垫片接触的端面到箱体结合面的尺寸 B'，可由下式求出

$$B' = A - C$$

　　实际位置并不一定这样，因此可按图 3-26c 所示方法测量另一结合面到轴承端的尺寸 B''。l 是工具给定的尺寸，L 是工具测量面到结合面的距离，则求得

$$B'' = L - l$$

　　这样，调整垫片的厚度应为

$$B = B' - B''$$

　　此外，由于加工方法的改变或其他原因，造成啮合不正确，可用涂色法观察啮合情况，可按表 3-3 和表 3-4 进行分析和调整。

表 3-3　直齿锥齿轮啮合痕迹说明

正　面	说　明	背　面
	正确位置的啮合接触痕迹	
	原因：两轮过分接近的啮合痕迹 解决方法：将主动轮少许离开从动轮	
	原因：两轮过分接近的啮合痕迹 解决方法：将主动轮少许离开从动轮	
	原因：两轴不相交 解决方法：找准两轴中心	
	原因：两轴不相交 解决方法：找准两轴中心	
	原因：两轴交角过大 解决方法：找正轴交角	
	原因：两轴交角过小 解决方法：找正轴交角	

注：以上说明的正、背面是指一个齿的两个啮合面。

表 3-4　弧齿锥齿轮啮合痕迹说明

凹　面	说　明	凸　面
	正确位置的啮合接触痕迹	
	原因：两轮过分远离的啮合痕迹 解决方法：将主动轮移近从动轮	
	原因：两轮过分远离的啮合痕迹 解决方法：将主动轮移近从动轮	
	原因：两轮过分接近的啮合痕迹 解决方法：将主动轮略微移开从动轮	
	原因：两轮过分接近的啮合痕迹 解决方法：将主动轮略微移开从动轮	
	原因：两轴不相交 解决方法：找准两轴中心	
	原因：两轴不相交 解决方法：找准两轴中心	
	原因：轴交角太大 解决方法：找正轴交角	
	原因：轴交角太大 解决方法：找正轴交角	

注：1. 检查齿轮啮合接触痕迹应将红铅粉涂在主动轮上。
　　2. 上述接触痕迹系指留在从动轮上的痕迹。

6. 齿轮噪声过大，丝杠、螺母有噪声

【故障原因分析】

1）齿形加工不正确，啮合不正确，齿侧间隙过大、过小（见表3-5）。

2）丝杠、螺母中心线不重合。

3）螺纹半角误差过大。

4）丝杠、螺母间隙过小。

【故障排除与检修】

1）锥齿轮副可按上述方法进行调整，着重检查传动光杠上的锥齿轮副。

2）正齿轮啮合不正确和齿侧间隙过大，也会产生噪声和撞击声，可按表3-5检查接触情况并进行调整或修复。工作台Ⅱ轴上和齿圈啮合的哪个齿轮影响较大，应重点检查调整哪个齿轮。

3）螺纹半角误差过大，可以修车丝杠，并配车螺母，使丝杠、螺母间隙达到要求。

4）横梁升降丝杠发出尖叫声，有时是由于润滑不良造成的。如果经过跑合一段时间后，仍有明显的尖叫声，就得检修螺母或重新进行调整。增加润滑性能的办法可以在升降丝杠上加注00号极压锂基润滑脂或者在润滑脂中添加万灵霸添加剂。

表3-5　正齿轮啮合痕迹说明

齿面接触痕迹	说　明
	啮合正确
	齿轮中心距过近
	齿轮中心距过远

7. C512立式车床工作台不能开机

【故障原因分析】

1）刹车离合器开机时没有脱开。

2）拉杆上连接销钉装配不牢靠，使拉杆松动，虽然开机手柄已到了起动位置，齿轮仍处于空挡位置。

【故障排除与检修】

1）重新调整摩擦离合器。离合器的调整主要是使其主、从动零件间间隙适宜，以便达到一定的摩擦力矩或电磁感应力矩。由于结构的不同，其调整方法也有所不同。现以图3-27结构为例，介绍其调整方法。

机床起动时，拨叉6沿拨叉轴5向左

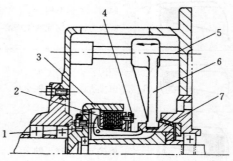

图3-27　摩擦离合器示意图

1—杠杆　2—摩擦片　3—离合器体　4—调整螺母　5—拨叉轴　6—拨叉　7—锥形离合器

移动，使杠杆 1 压紧摩擦片 2，锥形离合器 7 脱开。反之，则为刹车。调整时，应保证离合器体上 3 个杠杆的夹紧力一致，否则应修锉其端头并调整；然后试拨动拨叉，要达到既能使锥形离合器起刹车作用，又能使多片式摩擦离合器带动机床起动。如果摩擦片间间隙过大和过小，可将调整螺母 4 放松或旋紧，以便加大或减少其间隙。经调整后，拨叉向左移动，机床起动，锥形离合器脱开；拨叉向右移动，刹车，多片式离合器脱开，这样即为合格。

2）检查销钉是否脱落或松动，重新安装拉杆。

8. 工作台振摆过大

【故障原因分析】

1）主轴轴承径向间隙过大。

2）齿圈内孔中心线与主轴中心线不重合，在运转过程中，迫使 II 轴齿轮和齿圈啮合时紧时松，从而产生过大的周期性的工作台振摆。

【故障排除与检修】

1）重新调整主轴轴承径向间隙。

2）用塞尺试塞齿圈内孔和工作台结合面间隙，使四周间隙均匀，然后再紧固螺钉，装上销钉，在有些立式车床结构上，这个结合面并没有间隙，装配时应考虑按误差抵消的方向，减少两者间同心度的偏差。

9. 垂直刀架进刀量不稳定

【故障原因分析】

1）垂直刀架滑枕的镶条松动，螺母紧固不牢。

2）垂直刀架回转座和滑座紧固不牢。

【故障排除与检修】

1）用塞尺试塞各导轨面、结合面的间隙及接触情况，修刮调整好，螺母紧固牢靠。

2）检查回转座和滑座是否有松动现象，并紧固牢靠。

10. 在多工位加工中，五角刀台五孔中心线与工作台回转中心不重合

【故障原因分析】

1）五角刀台的回转心轴和锥孔接触不良。

2）五角刀台的定位销定位精度差。

【故障排除与检修】

1）卸下刀台，检修心轴和锥孔，使其接触面积达到 70%。

2）调整刀台的定位销。

我国 1966 年以前生产的立式车床，都是采用图 3-28 所示的结构，固定螺钉皆紧固在刀台上，在切削过程中，由于振动，使固定螺钉松动，可能产生破坏定位精度。

1966 年以后，改用图 3-29 的结构。它的调整步骤是：

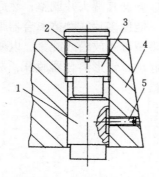

图 3-28　1966 年以前采用的
定位销结构示意图
1—定位销　2、3—固定螺钉
4—刀台　5—紧固螺钉

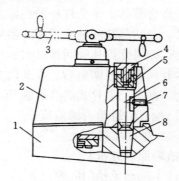

图 3-29　1966 年后曾采用过
的定位销结构示意图
1—滑枕　2—五角刀台　3—手柄
4、5—固定螺钉　6、8—定位销
7—紧固螺钉

1）研刮五角刀台 2 的锥孔面及滑枕 1 的端面。

2）在端面处通过缺口压上一片 0.03mm 厚的塞尺。

3）将刀台手柄 3 压靠，调整定位销 6 后面的固定螺钉 4 和 5，使定位销密贴。

4）抬起手柄 3，抽出塞尺，再压靠手柄，通过缺口，试塞塞尺，0.03mm 塞尺不能塞入即为调整合格。

5）拧紧紧固螺钉。

这种定位结构比 1966 年前的有改进，但仍有较大的弱点，主要是接触刚性差。以后又采用了定位板结构取代了它，那是带有牙齿圆形定位板，参见图 3-6 中的 2，分别固定于刀台和滑枕的端面上，就是 C5112A 所采用的定位结构，调整方法基本上与上述相同，达到锥孔与心轴接触良好，在刀台旋转到 5 个位置上，牙齿皆啮合良好，这样使刀台的接触刚度大为加强，在结构上保证了定位精度的稳定。

11. 侧刀架手轮缓量太大

【故障原因分析】

1）各传动环节的间隙过大。

2）各传动环节的刚性和装配质量对缓量也有一定的影响。

【故障排除与检修】

1）尤其要重视两个重要环节。其一是蜗杆副的啮合间隙一般为 0.6mm 左右，这时可以控制在 0.4 ~ 0.5mm 为好。为使蜗杆副在机床上正确运转，装配和修整时，必须再现工件在齿形精加工时，工件与刀具的相对位置，一般应满足下列要求：

① 蜗轮、蜗杆相对位置的稳定性。

② 蜗杆中心线对蜗轮平面的位置精度。

③ 中心距的精度。

相对位置的稳定性，是靠调整过程中各零件无轴向窜动来保证，而中心距精度一般都由机械加工来保证。蜗杆中心线对蜗轮中心平面的位置精度，是对调整工作的主要要求，通常是通过着色观察其接触痕迹来进行调装的。

接触痕迹的要求，见表3-6。

表3-6　接触痕迹的要求

传动等级	接触长度		传动等级	接触长度	
	占齿长（%）	占齿宽（%）		占齿长（%）	占齿宽（%）
6	75	60	8	50	60
7	65	60	9	35	50

达不到上表的要求时，应刮削蜗轮的齿形工作面。C512A 侧刀架中蜗杆副的调整，如图 3-30 所示。

各种试装都达到上述要求后，可先把蜗杆副上各件装在箱体上，在蜗轮6 的齿面上涂色后，转动蜗杆5 并左右移动蜗轮组件，达到接触要求后，用紧固螺钉1 将蜗轮固定在花键轴上，再钻铰销钉孔，装上锥销4。这时，使齿轮、定位套3 和8 等端面贴合，油孔对正油槽后，再钻、攻定位套3 和8 与箱体9 上的骑缝螺孔，拧入骑缝的紧固螺钉1 和7。

如能按上述要求的步骤进行，掌握蜗杆副的调整环节，调整就容易成功。

2）其二是齿轮齿条副，它是侧刀架手轮传动中的最后一个环节，其齿侧间隙一般为 0.3mm，这时控制在 0.15 ~ 0.20mm 为好。

12. 侧刀架垂直移动手轮拉力过大

【故障原因分析】

1）传动件装配中有别劲现象。

2）镶条调整过紧。

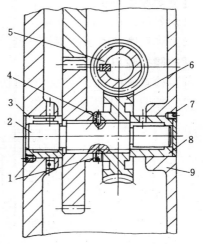

图 3-30　C512A 侧刀架蜗杆
副调整示意图
1、7—紧固螺钉　2—花键轴
3、8—定位套　4—锥销
5—蜗杆　6—蜗轮　9—箱体

3）压板调整过紧。

【故障排除与检修】

1）检查各件装配和修复质量，重新装配妥帖达到传动灵活。

2）稍微放松镶条，但是 0.04mm 塞尺不得插入。

3）注意压板的调整也要到位。

13. 变速箱中Ⅳ轴在使用过程中有断裂现象发生

【故障原因分析】

1）变速箱体与床身结合面对孔中心线的垂直度误差太大。

2）各孔中心线的平行度超差。

【故障排除与检修】

1）严格控制变速箱与床身结合面对孔中心线的垂直度，一般为 0.02mm，不得随意加垫。

2）检查孔中心线的平行度是否超差过大，如果超差过大，可采用镗孔镶套法找正平行度，套的固定可使用厌氧胶粘结。

14. C512 立式车床横梁无法升降

【故障原因分析】

1）丝杠、螺母研伤损坏。

2）弹性摩擦离合器调整不良。

【故障排除与检修】

1）检查丝杠、螺母是否有研伤失效，并修配或换新件。

2）按图 3-31 所示，拧动螺钉，仔细调整摩擦离合器。

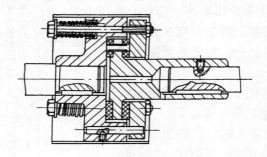

图 3-31　C512 立车传动横梁升降的弹性摩擦离合器的调整示意图

15. C512 立式车床在超负荷切削中，产生进给箱闷车、把轴扭弯现象

【故障原因分析】

1）保险离合器中保险销使用不当。

2）保险离合器调整不合适。

【故障排除与检修】

1）C512 立式车床保险离合器如图 3-32 所示。应按说明书所要求的材料和尺寸使用保险销，如果材质无法严格控制，可以通过改变销子沉割的直径进行试调，从小到大试验。要求在满负荷时销子不断；在满负荷的基础上增加 25% 即为超负荷，应立即破断，这样的保险销为合格，可用同样的材料和尺寸加工几件备用。

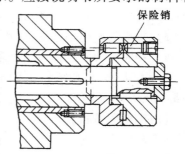

图 3-32　C512 立式车床保险
离合器的调整示图

2）装配时要保证使保险销的沉割位于两片离合器接触面处，如果沉割错位到非接触面处，则容易发生闷车。

16. C512 立车箱体中的轴套研伤

【故障原因分析】

1）轴套与轴之间的间隙过小。

2）轴套的圆度偏差过大。

【故障排除与检修】

1）虽然按图样配合公差加工轴套，但由于轴套壁比较薄，压入孔后，有缩小的趋势，一般都缩小 0.015～0.02mm。因此，在加工或修复轴套时，应适当加大孔的内径。

2）测量箱体孔和轴套的尺寸，按误差抵消的方向，将套压入孔中。

17. 刀架的切削或移动轨迹为曲线

【故障原因分析】

1）导轨的直线度超差。

2）镶条的弯度过大。

【故障排除与检修】

1）检查导轨的直线度并刮削修复至符合要求。

2）刮削修复镶条，使其在自然状态下的直线度在全长上不大于 0.05mm。

18. 刀架导轨研伤

【故障原因分析】

1）导轨质量欠佳。

2）刮研的质量不高。

3）切削力过大。

4）刀架滑枕在切削时伸出过长。

【故障排除与检修】

1）由于导轨材质不佳，可增加夹布胶木板、锌铝铜合金板以及四氟乙烯

（塑料王）板，以改变导轨摩擦副的摩擦因数。

2）研刮或用导轨磨，辅以电接触加热、自冷淬火处理导轨，是提高修复质量的好办法。

3）提高导轨研刮修复质量，适当改变切削用量可以降低切削力。

4）控制刀架滑枕伸出的长度，一般不得大于200mm。

19. C512立式车床的油泵开动后，工作台运转时，导轨间形成不了油膜，造成导轨研伤

【故障原因分析】

1）油路不畅通。

2）通往变速箱等处的润滑油的节流阀开得太大了。

3）导轨上油槽方向开反了。

【故障排除与检修】

1）检查油管是否有压扁和堵塞现象，设法疏通。

2）如果通往别的部分（导轨以外）的润滑油过多了（节流阀开得过大），那么通往导轨的润滑油就少了。正确调整节流阀，就能提高注入导轨的润滑油的压力与流量，如图3-33a所示。

3）用研刮方法重新开好油槽，注意工作台的旋转方向，所开的油槽要能形成楔形油腔，如图3-33b所示。

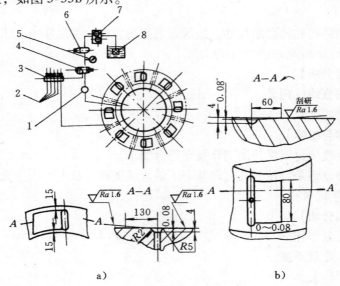

图3-33　C512立式车床润滑系统示意图

1—节流阀　2—润滑其他部位的支管　3—分油器　4—压力阀

5—压力表　6—片式滤油器　7—齿轮油泵　8—网式滤油器

20. 在重切削过程中，C512 立式车床工作台和床身结合面间有松动

【故障原因分析】

1）工作台和床身间的紧固螺钉松动。

2）床身下面垫铁垫得不实。

【故障排除与检修】

1）检查并用扳手接长杆拧紧工作台和床身间的紧固螺钉。

2）检查垫铁是否填牢，特别是工作台前面的几块垫铁应垫实。

21. C512 上、下进给箱的传动光杠，在工作中发热

【故障原因分析】

1）传动光杠的上、下不同心。

2）进给箱中有研伤现象。

【故障排除与检修】

1）重新安装传动光杠的支架，使上、中、下各点，对床身导轨的距离一致，一般不得大于 0.05~0.10mm（俗称号三点）。

2）检查进给箱中是否有研伤并仔细修复。

22. C512 快速行程箱中蜗杆副和丝杠、螺母副研损过重

【故障原因分析】

1）蜗杆副安装调整不良。

2）螺纹半角误差过大，丝杠、螺母间隙过小。

【故障排除与检修】

1）参见上述 11 项，开机初期（在磨合阶段）蜗轮研损重一些是正常的，但如果使用一段时期，仍研损过重，就应检查蜗杆副安装情况并予以调整。

2）修理车削丝杠可以解决螺纹半角误差过大的问题，再配车螺母，使丝杠、螺母间隙配合符合要求。

23. 立式车床切削时，振动严重

【故障原因分析】

1）相关结合面间松动。

2）相关零件有松动现象、没有锁紧。

3）刀架滑枕伸出过长、刀杆刚性不够。

【故障排除与检修】

1）用塞尺检查各结合面，调整到 0.04mm 塞尺不能塞入，移动时又不能太紧为宜。

2）消除各相关件的松动现象，注意切削时要锁紧，例如车平面时要锁紧滑枕。

3）控制刀架滑枕伸出长度不超过 200mm，选择刀杆时要有足够的刚性。

24. C512A 立式车床垂直刀架向上移动，没有到极限位置就开不动了

【故障原因分析】

C512A 立式车床垂直刀架向上未到极限位置时，垂锤与滑座提前相碰。

【故障排除与检修】

重新调整重锤，使其与滑座不到极限位置不相碰。

25. C512A 立式车床车削工件时发生掉刀现象

【故障原因分析】

1）镶条紧固不适当，有松动现象。

2）传动件装配质量不良，转动时有轻重、别劲现象。

【故障排除与检修】

1）调整镶条，使其紧固牢靠，间隙符合要求，对于磨损严重的滑动面，要刮削修复。

2）检查锥齿轮副，支架调装得是否合适，达到灵活，移动顺利，支承同心度良好。

26. 加工出工件圆度超差

【故障原因分析】

1）工作台振摆过大。

2）主轴轴承径向间隙过大。

3）C512 立式车床工作台齿圈内孔中心线与主轴中心线不重合，运转过程中，迫使 II 轴齿轮和齿圈啮合时紧时松，从而产生过大的周期性的工作台圆跳动。

【故障排除与检修】

1）在立柱导轨上吸一只指示表，以最低速或手动转动工作台，误差以一个位置的指示表读数最大差值计算，径向圆跳动为 0.03mm 是出厂标准，检查工作台圆跳动是否超差。

2）重新调整主轴轴承，严格控制轴承径向间隙；并吊起工作台观察导轨是否研伤。

3）用塞尺检查齿圈与工作台结合面对主轴的匀称性。修正时，用塞尺试塞齿圈内孔和工作台结合面间隙，使四周间隙均匀后，再紧固螺钉，装上销钉，有的立式车床结构上这个结合面并无间隙，也应按误差抵消的方向装配，以减少二者的同心度误差。

27. 加工出工件圆柱度超差

【故障原因分析】

1）横梁在不同位置时水平有变化。

2）垂直刀架滑枕或侧刀架上下移动对工作台的工作面的垂直度超差。

3）镶条松动，导轨密贴得不好。

【故障排除与检修】

1）每移动横梁，必须回程一段距离。

2）检查垂直刀架滑枕或侧刀架上下移动对工作台工作面的垂直度，C512 立式车床在全部行程上为 0.015mm。该项精度超差时，应重新调整工作台面对床身导轨的垂直度（左，右）并照顾其他有关精度。

3）调整镶条，使松紧适宜；用塞尺检查各导轨面密贴情况，若超差则修刮恢复达到标准。

28. 车削出工件表面粗糙度不符合要求

【故障原因分析】

1）车削时移动部件在移动中有振动。

2）切削用量选择不当，刀具刃磨角度不适当，刀具已经用钝了。

3）断续切削产生的振动。

4）外界振动的干扰。

【故障排除与检修】

1）检查各导轨密贴情况是否良好，各传动件是否有松动现象，并调整达标。

可在原机床结构的基础上，尽量提高工件—机床—刀具系统的刚度。

2）合理选择切削用量，避免在切削过程中产生切削瘤。及时刃磨刀具，选用合理的角度。

3）工艺上设法避免断续切削。

4）用于加工精密零件，应适当与外界环境隔离，如采用防振垫，短时间避开空压站的干扰等。

29. 车平面不凹心

【故障原因分析】

1）工作台运转精度不稳定。

2）垂直刀架和侧刀架滑枕移动对工作台工作面平行度超差。

【故障排除与检修】

1）检查导轨接触情况，研刮导轨提高精度。

2）检查垂直刀架和侧刀架滑枕移动对工作台工作面的平行度。垂直刀架水平移动对工作台面的平行度公差为 0.03mm，并且只许横梁中间向工作台偏。如果超差，应重调横梁上 55°镶条或重刮 55°导轨。侧刀架滑枕移动对工作台面的平行度公差也是 0.03mm，滑枕伸出时，只许向工作台面斜，该项精度超差，调刮侧刀架上 55°镶条。

30. C534J 立式车床工作导轨喷油

【故障原因分析】

1）工作台润滑油压力较高，吸油管采用螺纹接头过多，不易密封，工作时带进大量空气，形成工作台的六条开式油槽产生喷射现象。

2）工作台采用花筋，对喷出的油无法收集，直接散落到地面上。

【故障排除与检修】

1）将吸油管的螺纹接头改为焊接接头，避免空气被吸入，从而减小开式油槽的喷射现象，如图 3-34a 所示。

2）将工作台导轨内圈、开式油槽外面，用 0.75mm 厚的铁皮加高 50mm，使喷出的油受阻，不能向远处溅落，如图 3-34b 所示。

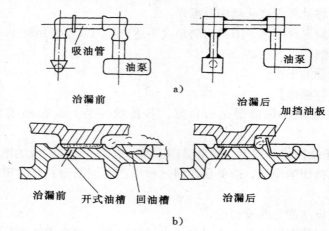

图 3-34　C534J 立式车床工作台导轨漏油治理
a）吸油管改为焊接式　b）加装挡油板

31. C516A 立式车床变速箱压盖漏油

【故障原因分析】

1）盖板紧固后变形。

2）螺钉布置距离过远。

3）接触表面不平。

4）槽内容易积油，如图 3-35a 所示。

【故障排除与检修】

1）盖板下面增加橡胶垫。

2）螺钉从 4 个增加到 8 个。

3）把接触表面铣平。

4）把槽的下部加工成斜坡，使油流入箱内，如图3-35b所示。

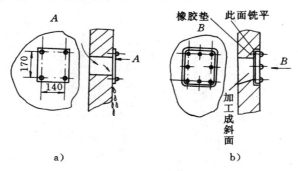

图 3-35　C516A 立式车床变速箱压盖漏油治理
a）治漏前　b）治漏后

32. C516A 立车变速箱轴端漏油

【故障原因分析】

1）因轴向力传递作用，使端盖受力，间隙增大。

2）端盖内腔易积油。

3）螺孔是通孔，如图3-36a所示。

【故障排除与检修】

1）把纸垫改为塑料垫。

2）螺钉上增加弹簧垫圈。

3）端盖内腔作成斜面。

4）螺孔改为不通孔，如图3-36b所示。

33. C516A 立式车床变速箱油缸漏油

【故障原因分析】

油缸与箱体配合间隙太松，结合面不严密。

【故障排除与检修】

在油缸上涂上环氧树脂粘结剂（禁止用清洗剂，如丙酮等彻底清洗）。

34. C516A 立式车床进给箱电动机安装处漏油

【故障原因分析】

1）凸缘太浅，容易存油。

2）端面不平，如图3-37a所示。

【故障排除与检修】

1）凸缘从 5mm 改为 7mm，并钻 ϕ6mm 斜回油孔。

2）涂上密封胶或装上纸垫，如图3-37b所示。

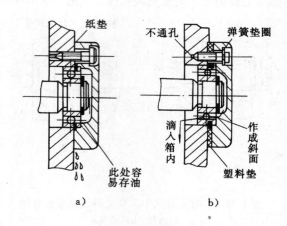

图 3-36　C516A 立式车床变速箱轴端漏油治理
a）治漏前　b）治漏后

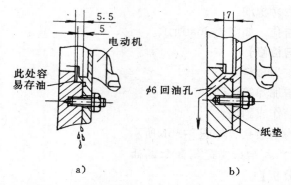

图 3-37　C516A 立式车床进给箱电动机安装处漏油治理
a）治漏前　b）治漏后

35. C516A 立式车床横梁升降减速箱漏油

【故障原因分析】

1）油位高于隔套，如图 3-38a 所示。

2）轴转动后，油沿隔套通过滚针漏到外面。

【故障排除与检修】

1）适当调整油位的高度，不高出隔套。

2）在隔套下端增加一个回转用的密封圈，如图 3-38b 所示。

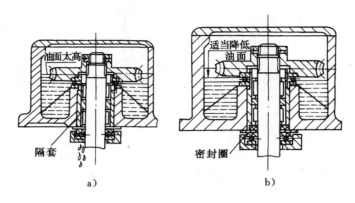

图3-38　C516A立式车床横梁升降减速箱治漏

a）治漏前　b）治漏后

36. C516A立式车床床身与工作台底座处漏油

【故障原因分析】

运转时，油液飞溅到油管外径上流出。

【故障排除与检修】

在油管下增加一个槽形挡板，固定在支架上。使飞溅到油管外径上的油掉到槽形挡板上后流到油盒里去，如图3-39所示。

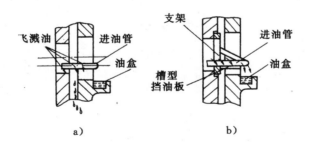

图3-39　C516A立式车床床身与工作台底座间漏油治理

a）治漏前　b）治漏示意图

37. C516A立式车床压力调节阀漏油

【故障原因分析】

因为经常调整压力，原来所用的牛皮垫密封性能减低直至丧失。

【故障排除与检修】

用软金属垫，如纯铜垫替代原来的垫圈，如图3-40所示。

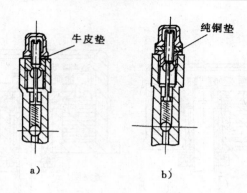

图 3-40　C516A 立式车床压力调节阀漏油
a）治漏前　b）治漏后

第四章　转塔车床的故障分析与检修

第一节　CB3463—1 型半自动转塔车床的结构

一、CB3463—1 型半自动转塔车床概述

图 4-1 是 CB3463—1 型半自动转塔车床外形图。该机床由床身 2、主轴箱 3、前刀架 4、后刀架 5、转塔刀架 6、液压装置 7 和电气设备 1 等部件组成。主轴箱正面装有操纵板，调整程序、预选转速和进给量所用的插销板和一切供调整、操纵用的旋钮和按钮都集中在操纵板上。

转塔刀架是机床三个液压驱动刀架中主要的工作刀架，主要的切削加工工作由它担任，前、后刀架为辅助刀架。每个刀架都具有若干种运动，这些运动组成它们各自的自动工作循环，这些运动包括工作进给、快速前进和快速退回。

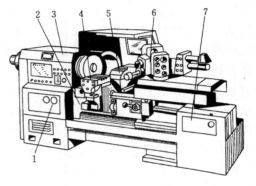

图 4-1　CB3463—1 型半自动转塔车床外形图
1—电气设备　2—床身　3—主轴箱　4—前刀架
5—后刀架　6—转塔刀架　7—液压装置

转塔刀架快速退回到起始位置后，转塔自动转位，使下一组刀具与主轴对准。各刀架还能根据加工程序协同动作，完成对整个工件的自动加工，直至工件加工完毕（一个工作循环结束），机床自动停机。

加工过程中，各工作部件都由电动机经机械传动系统或液压传动系统驱动，但是，各工作部件动作的顺序、运动的起始和结束时间、运动的速度、方向和行程长度则由自动控制系统控制。CB3463—1 型半自动转塔车床用插销板和行程开关作为发布指令的器官。指令由电路、油路和一些机构传递给那些被控制的工作部件，控制它们的动作顺序、运动的起始和结束时间、运动的速度、方向和行程长度，使机床自动完成规定内容的工作循环。通常把从发令器官到被控制的工作部件之间所有传递指令的油路、电路和机构，连同发布指令的器官统称为自动控制系统。

二、CB3463—1 型半自动转塔车床主要部件结构性能

1. 主轴箱

主轴箱由花键轴 I 和 II、主轴 III、四个液压摩擦片式离合器和传动齿轮等组

成。在花键轴Ⅰ和Ⅱ上都分别装有两个液压摩擦片式离合器，同一轴上的两只离合器由一个三位四通电磁阀控制脱开或结合。此外两轴间装有三对常啮合空套齿轮，实现四种传动比。轴Ⅱ和轴Ⅲ之间有一组双联滑移齿轮，因此双速电动机运动由卸荷 V 带轮 3（见书后插页图 4-2）经各传动齿轮而传至主轴Ⅲ，可获得 16 级不同转速，又因电动机和电磁阀可用电气控制，使主轴实现的 16 级转速中有 8 级为自动变速。

　　主轴前支承为 NN3026K/P5 双列圆柱滚子轴承，后支承由 51220/P5 推力球轴承和 7020/P5 角接触球轴承组成。

　　为使主轴在脱开离合器能立即停机，在液压系统中有一个二位四通阀（见图 4-8 中 10），当主轴停机时，阀 10 使轴Ⅱ上两只液压摩擦片离合器 M2 和 M4 同时接合，利用轴Ⅰ和Ⅱ间的啮合齿轮传动比差实现主轴制动。

　　轴Ⅰ上的两只液压摩擦片式离合器 M1 和 M3 用轴侧进油，为减少离合器的液压控制部分和转动件之间的摩擦，加装了滚针轴承和一对推力球轴承。而轴Ⅱ上离合器 M2 和 M4 采用轴端进油，这样尺寸小，便于安装，但要在结合件间用密封装置，如铜套 1 和 2（见图 4-2）。M1 的缸体 4 被固定，当液压缸中通入压力油时，液压缸内的环形活塞 5 推动压片 6 将摩擦片压紧，使离合器接合。由于压片 6 与轴一起转动，而活塞 5 不转动，所以，在它们之间装有推力球轴承。当液压缸与低压油路接通时，在弹簧 7 的弹力作用下，活塞 5 退回，于是离合器便脱开。

　　图 4-3 是车床主轴的转速图。

　　2. 转塔刀架

　　转塔刀架可沿着床身导轨纵向移动，它的功用是加工内孔、外圆和倒角。刀具安装在正六面体形状的转塔上（见图 4-1 机床外形图），每面可以装一组刀具，利用转塔转位，各组刀具轮流地参加切削，实现六工步的自动工作循环；也可以间隔地安装三组刀具，实现三工步的自动工作循环。转塔刀架的自动工作循环由快速前进、工作进给、

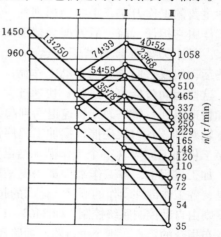

图 4-3　CB3463—1 型半自动转塔
车床主轴的转速图

快速退回和转塔转位等主要动作组成。此外，在转位之前，转塔自动松开；转位完毕，转塔自动夹紧。转塔刀架快速退回之前，为了避免切削刃划伤工件已加工表面，转塔还可自动微抬。

　　转塔刀架结构见书后插页图 4-4b，图中 12 是转塔，8 是心轴，心轴的上端

用螺母 7 及带花键孔的法兰 6 固定在转塔上，心轴的下端用花键和螺母固定了齿轮 24，在需要转位时，齿轮 24 把从转位油缸 18 中的活塞 19 传来的运动传给转塔，使转塔转位。转塔抬起套筒 5 的上端固定有螺母 10、垫圈 9 和 11，它的下端固定活塞 4，活塞 4 装在液压缸 2 中。当活塞 4 向上移动时，转塔松开，是通过套筒 5 上端孔内的推力轴承将转塔顶起，这时心轴 8 下端的齿轮 24 的端面与齿轮 22 的端面齿啮合，完成了转塔转位的准备工作；当活塞 4 向下移动时，转塔夹紧，是通过套筒 5 上端的螺母 10 把转塔压紧在滑鞍 25 上。拧动螺母 10 可以调整活塞行程大小，即改变转塔松开时的抬起量。3 是弹簧销，当活塞 4 上端的油压降为低压时，弹簧销 3 能把转塔顶起 0.3 ~ 0.8mm，因此，刀架退回时，已加工表面不会被刀具划伤（刀尖向下安装）。14 和 15 是齿牙定位机构的两块齿牙盘，这是一种结构简单而定位精度很高的定位装置。13 是用于粗定位的弹簧销。

　　SQ8 和 SQ9 是一对用于发令功用的行程开关，转塔 12 抬起时，SQ8 被压合，发布转位指令，指令经电路和油路的传递，使活塞 19 动作，转塔转位。转塔下落时，SQ9 被压合，发布转位活塞 19 退回指令。SQ5、SQ7 和 SQ4 都是发布指令的刚性单触点行程开关，SQ5 用于控制活塞 19 的行程长度（刚性限位），也发布转塔夹紧指令。SQ7 用于控制活塞 19 的回程位置，也发布转塔刀架快速前进的指令。这两个开关都由挡块 17 压合。挡块 17 有大小两种规格，采用大规格挡块时，活塞齿条 16 的行程短，转塔转位 60°；采用小规格挡块时，活塞齿条 16 的行程长，转塔转位 120°。SQ4 用作转塔刀架进给终点的刚性限位装置，也发布转塔刀架快速退回指令。挡块 1 和压块 26 都固定在轴 21 上，挡块 1 用于压合行程开关 SQ4，压块 26 用于压合液压行程阀 22C—63BH（见图 4-8 中 34），使转塔刀架移动速度由快变慢，即由快速前进变为工作进给。转塔上可以安装六组刀具，六组刀具的进给长度往往各不相同，因此，发布指令的挡块与压块也需要六组。转塔转位时，挡块与压块也应当变更，因此，轴 21 通过一系列齿轮与转塔相连，这样，随着刀具的转位，挡块与压块也相应地随着转位。轴 21 的右端还装有六个小挡块 20，它们是用于控制组合检测的开关，使转塔刀架在工作时不会发生加工程序与工作刀具不对位的现象。23 是移动刀架的液压缸，液压缸体固定在床身上，活塞杆固定在转塔刀架上。行程开关 SQ6（见图 4-10）在转塔刀架快速退回时被压合，发布转塔松开的指令。以上行程开关的位置如图 4-14 所示。

　　3. 前刀架

　　前刀架（见图 4-1 中 4）安装在床身前壁外侧，由两个活塞液压缸和两组滑板组成，可作纵向和横向进给。刀具安装在横滑板 8（见图 4-5）上，滑板运动位置用刚性挡块定位，以保证加工零件尺寸精度。

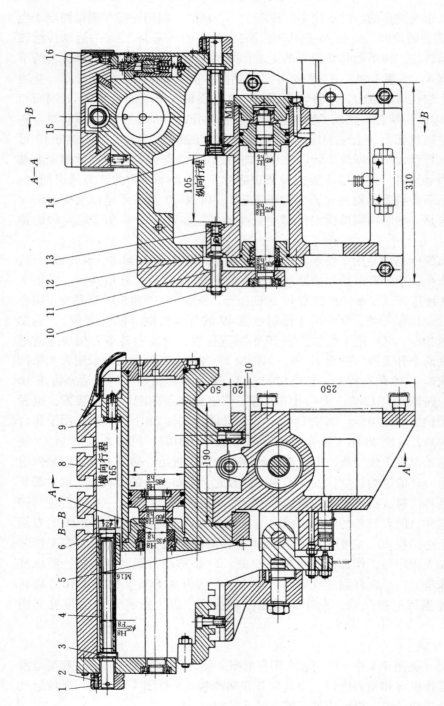

图 4-5　CB3463—1 型前刀架装配图

1—旋钮　2—紧定螺钉　3—螺杆　4—螺母套　5、12—挡块　6、14—活动挡块　7—活塞杆
8—横滑板　9、13—固定挡头　10—螺母　11—螺钉　15—纵滑板　16—压板

横向进给运动调整由旋钮 1 通过螺杆 3 和螺母套 4 调整活动挡块 6 与固定挡块 9 的距离来实现。横滑板 8 由横向进给液压缸驱动，先以 5～7m/min 速度快速趋近工件，当压块 16 压下行程阀时，转换为工作进给，直至活动挡铁 6 与固定挡块 9（为单触点电气开关）相碰，横滑板横向进给行程结束，运动停止，并发出退回信号，液压缸换向，活塞杆 7 带动横滑板 8 快速退回。紧定螺钉 2 可以锁紧螺杆 3，保证调整好的挡块距离不变。横滑板快进与工进行程的转换靠调整压块 16 的位置加以控制。

纵向进给运动调整方法与横向运动相同。纵滑板 15 由纵向液压缸驱动，快进至挡块 5 压行程阀后转为工进。当预先调整好的活动挡块 14 和固定挡块 13 相碰，纵滑板退回，保证了纵向进给尺寸。纵滑板退回原点位置由螺钉 11 和挡块 12 控制，用螺母 10 锁紧螺钉 11。

若只需要作横向进给时，将螺钉 11 靠住挡块 12，活动挡块 14 靠住固定挡块 13，纵向滑板被固定。

4. 后刀架

后刀架装配图如图 4-6 所示。其横向运动以 3.5～5m/min 速度快速趋近自动变换到工作进给，横向备有刻度尺开闭阀，纵向位置通过调整方头刻度环至适当的位置。

后刀架横向定程调整：

（1）快速趋近的调整　松开行程阀压块 5 两螺钉，移动压块 5 到刻度尺所取读数拧紧两螺钉。以 3.5～5m/min 速度将切削刀具移近工件，压块 5 压上行程阀后自动变换成工作进给。

（2）工作进给的调整　刀具切削至工件几何尺寸时，将开闭阀 6 堵死。旋转刻度环 10 使螺杆 11 推动顶套 12 向前移动堵 9，碰到单触点触头 8 发出退回电气信号，打开开闭阀 6，刀具快速退回。将顶丝 13 拧紧，这是精度定程调整。刀具磨损补偿，微调刻度环 10 即可。

后刀架纵向调整可将螺钉 2 松开，用扳手旋动刻度环 1 经螺杆 3 传递至套 4，使刀架沿床身平导轨左右移动。不让刀动作时可在刀具让出后，将调节螺钉 7 拧到顶住套 4 即可。刀具磨损纵向补偿，微调可拧动刻度环 1。

5. 液压卡盘

液压卡盘由 KS 型楔式三爪动力卡盘和松卡动力液压缸组成。液压卡盘结构见书后插页图 4-7，液压卡盘部分液压系统如图 4-8 所示。当二位四通电磁换向滑阀 7YV 为断电状态时，卡盘处于卡紧动作。即压力油由 20 号管输送到松卡动力液压缸的右腔推动活塞左移使拉杆后退经卡盘中楔形块的作用使卡爪卡紧。当 7YV 吸合时，则压力油经 21 号管输送到松卡动力液压缸的左腔推动活塞右移，使拉杆向前推动卡盘中楔形块使卡爪松开。根据切削零件的要求，卡盘的松卡力的大小可以调节 J—25B 来实现。

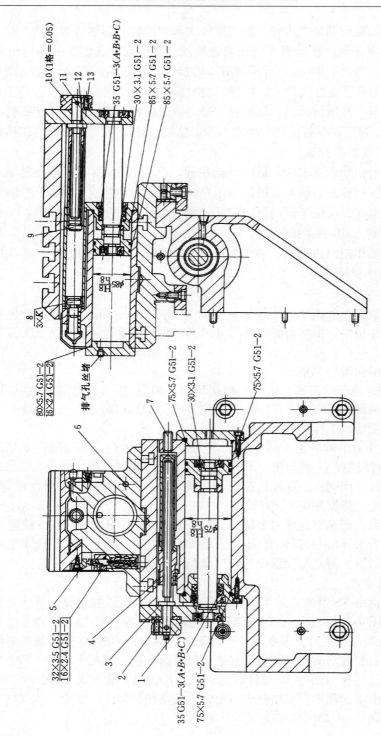

图 4-6　CB3463—1 型后刀架装配图

1、10—刻度环　2、7—螺钉　3、11—螺杆　4—套　5—压块　6—开闭阀　8—单触点触头　9—移动堵　12—顶套　13—顶丝

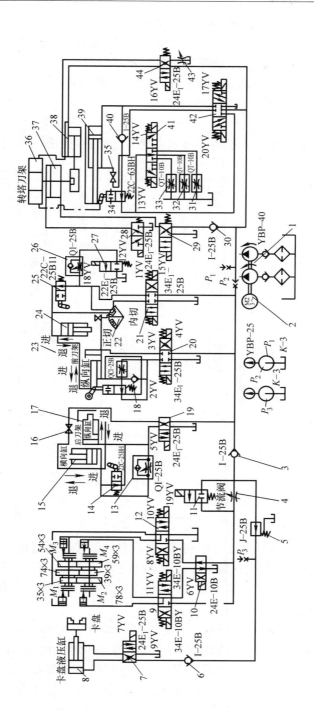

图 4－8　CB3463—1 型液压系统图

三、CB3463—1 型半自动转塔车床的液压系统

该机床的转塔刀架、前刀架和后刀架都采用液压驱动，同时转塔刀架的松夹、转位和微抬，主轴的变速及刹车，工件的夹紧也都是由液压控制的。

根据典型零件加工的要求，液压系统可以使刀架实现各种运动循环，现以转塔刀架为例说明运动循环。

1. 转塔刀架

它主要用于车削外圆、镗孔等。要求实现的运动循环如图 4-9a 所示。

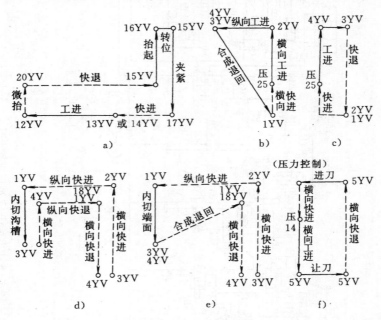

图 4-9　CB3463—1 型刀架运动循环图

a) 转塔刀架的运动循环　b)、c)、d)、e) 前刀架的运动循环

f) 后刀架的运动循环

（1）快速趋近　17YV 通电，滑阀 42 阀芯右位工作，此时由泵 1—阀 42—差动液压缸 39 右腔为进油路；而左腔回油经截止阀 35—阀 42—行程阀 34—单向阀 40—差动液压缸 39 右腔。截止阀 35 关闭时，可使转塔刀架停在任意位置，以便机床调整时进行观察和对刀。

（2）工作进给　快速行程结束，刀架下部挡铁压下阀 34，差动油路关闭，这时差动液压缸 39 左腔的回油经阀 35—阀 42—阀 41—调速阀 31 或 32、33—油箱。由插销板控制 14YV 或 13YV 断电或通电，这样转塔刀架在一次调整中得到 f_1、f_2 和 f_3 三种进给。31 和 33 为带温度补偿的调速阀，使工作进给获得小的稳定流量，适用于精加工时刀架所需较小进给量的均匀进给运动。

（3）微抬　当工作进给结束时，压触点开关使 12YV 通电，液压缸 37 上、下腔全部接油箱，此时转塔刀架 36 在弹簧销作用下微抬（见图 4-4 中 3），使刀具离开工件表面。

（4）快速退回　微抬后压触头开关使 20YV 通电，转塔刀架快速退回。此时通过液压泵 1—阀 42—阀 35 使差动液压缸 39 左腔进油；差动液压缸 39 右腔油经阀 42 向油箱回油。

（5）抬起　转塔刀架退回到终点（即原始位置），这时从液压泵 1—阀 30—阀 29—液压缸 37 下腔为进油路；液压缸 37 上腔油液—阀 28—阀 29 回油箱。

（6）转塔转位　转塔刀架抬起后压行程开关使 16YV 通电，此时进油路为液压泵 1—阀 44—液压缸 38 右腔，推动油塞齿条左移，经转塔刀架下部齿轮及离合器带动转塔刀架转位。液压缸 38 左腔油液—阀 44—节流阀 43 回油箱。

（7）转塔夹紧　转位后，活塞杆压行程开关 15YV 断电。这时压力油经液压泵 1—单向阀 30—阀 29—阀 28—液压缸 37 上腔而夹紧转塔；液压缸 37 下腔油经阀 29 回油箱。转塔刀架夹紧后，压行程开关 16YV 断电，压力油进入液压缸 38 的左腔，使活塞齿条复位（此时离合器已脱开）。至此一次循环结束。

2. 前刀架

前刀架有纵、横两个液压缸，除可横向切削端面和纵向切削外圆表面外，又可通过纵向和横向运动的配合切削沟槽表面。工件有内外表面之分，因此机床实现的工作循环也分为两种：一是切削外圆、端面和外圆沟槽，称为正切循环；二是切削内孔、内端面和内沟槽称为内切循环。该系统控制前刀架实现的主要运动循环有四种，如图 4-9b、c、d 和 e 所示。正切循环时应将转阀板至正切位置；内切循环时扳至内切位置，并全程压下行程阀 25，如图 4-9 所示。

3. 后刀架

后刀架也是由纵、横向两液压缸驱动的，主要用于切削端面和沟槽。横向切削时有纵向让刀和进刀运动，由纵向液压缸实现。横切削沟槽时，无纵向让刀和进刀运动，应固定纵向液压缸。后刀架实现的运动循环如图 4-9f 所示。

该机床的主轴变速和制动、工件的夹紧都由液压控制。主轴变速和制动用的摩擦片式离合器，靠单作用液压缸结合，由弹簧作用而分离。为了保证主轴变速和刹车过程的平稳性，在进油路中装有针状节流阀 4，控制进入单作用液压缸的流量大小，以使不工作的摩擦片式离合器迅速分离时，将要工作的摩擦片式离合器缓慢地结合（约用时 2～3s）。同时，利用缓慢结合过程中的摩擦片之间的打滑现象，吸收转动中的惯性能量，可防止冲击。另外，可用时间继电器控制二位二通电磁阀 11 在变速完成后接通，将针状节流阀 4 短路，保证充分供油，防止油泄漏过大而压力下降，使摩擦片式离合器工作可靠。

单向阀 3 防止刀架在快速运动时油路压力暂时下降，使液压摩擦片式离合器不能正常工作。

夹紧油路中设有减压阀5，可调节夹紧压力，以免夹紧力过大使工件变形。

四、CB3463—1型半自动转塔车床的电气系统

机床控制电路由主控电路和程序控制电路两部分电路组成。前者控制双速电动机的启动、停止、高速运转；后者根据预选的程序，控制机床自动地完成对零件的加工。这两部分电路表示在图4-10a、b、c、d、e、f中。电气元件清单见表4-1。这里仅就步进控制电路和转塔刀架控制电路的工作原理作一说明。

1. 主控制电路

按下起动按钮1SB1（图4-10f），接触器KM1吸合，它的常开触点（409—411）、（403—423）闭合，前者使电路自锁；后者为主电动机启动作准备。当接触器KM4吸合，主电动机以三角形接法低速运行，当接触器KM5和KM6吸合，主电动机以双星形接法高速运行。继电器K12的常开和常闭触点分别串接在高低速电路内，它的控制线圈却在变速控制电路内，因此，工作时主电动机的启动，实际上是主轴变速控制电路控制。2SB1是液压泵电动机启动按钮。

2. 程序控制电路

机床的各个刀架都具有若干种运动，这些运动组成它们各自的工作循环，各个工作循环又相互连接，完成机床对工件的全部加工工作。

机床用三个继电器电路（转塔刀架控制电路、前刀架控制电路和后刀架控制电路），分别控制三个刀架的运动程序，完成它们各自的工作循环，又用另一个继电器电路（步进电路），把这三个基本电路连接起来，组成整个的程序控制电路，使机床完成整个自动工作循环。

（1）程序的步进控制　此机床的工作过程，也就是控制各刀架工作的那些基本电路轮流接通的过程，步进电路的任务就是将控制电流按指定次序输进各基本电路，使各基本电路轮流工作，使机床自动完成对零件的全部加工。

步进电路中的关键元件是插销板，它由十八条相互垂直的导线组成，九条竖列导线，分别代表程序的次序，九条横行导线，分别控制程序的内容，行列之间在交汇处可用插销接通。由图4-10a可以看到，每条行导线的右端都串联有继电器线圈，它们分别控制各刀架进行工作，也就是说，如控制电流通过第一行导线时，前刀架动作，如控制电流进第二行导线时，后刀架动作，依次类推。所谓"步进"，也就是让控制电流在行导线间进行转移。但是，加工要求动作是复杂的，有时要求在行导线之间逐行转移，有时又要求跳跃式转移或正反转移。例如，机床可按前刀架—后刀架—转塔刀架的程序工作，也可以按转塔刀架—前刀架—后刀架的程序工作，也可以按其他程序工作。这台机床的控制电流先进入列导线，再进入行导线，由于各列导线能与任一行导线通过插销相交，因此，当控制电流由第一列导线进入后，可以流向任一行导线，也就是说，第一程序可以是

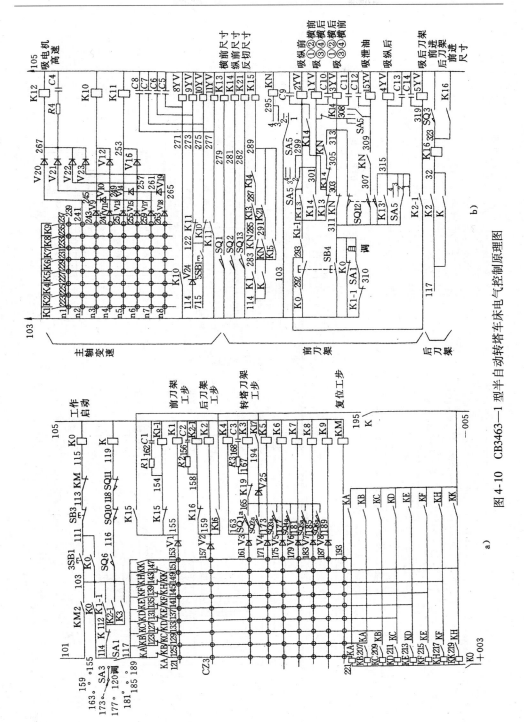

图 4-10　CB3463—1型半自动转塔车床电气控制原理图

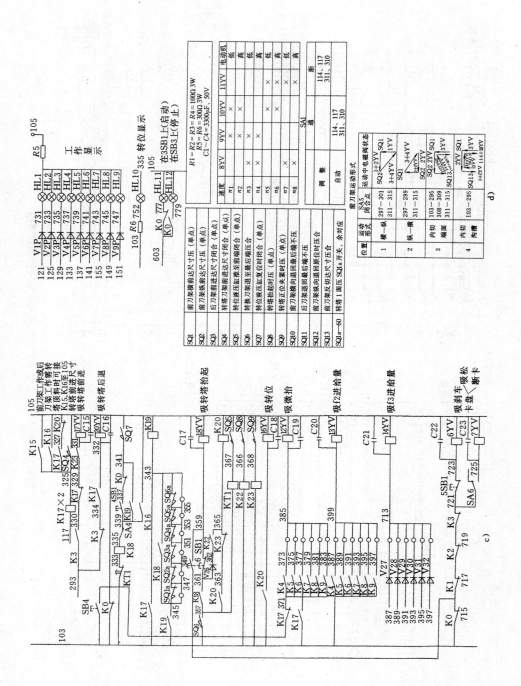

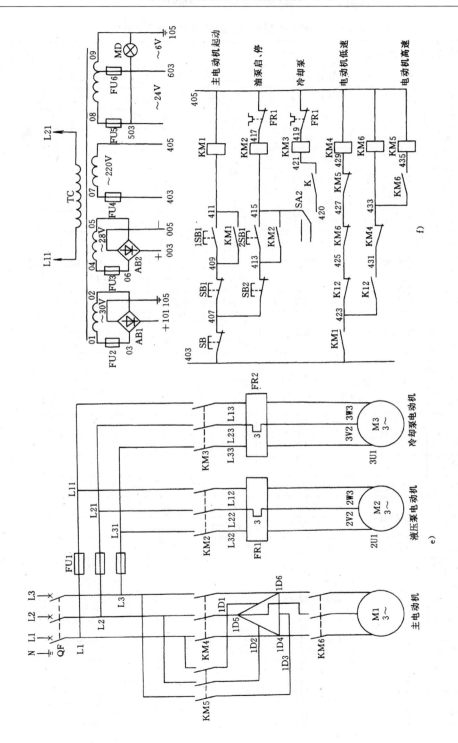

图 4-10　CB3463—1 型半自动转塔车床电气控制原理图（续）

表 4-1　　CB3463—1 型半自动转塔车床电气元件清单

原理图代号	元件名称	型　号	规　　格	备　注
M1	双速电动机	JDO2—52D2	三相 380V4/6 极 10/8kW，1450/960r/min	
M2	油泵电动机	Y100L2—4　B3	三相 380V，3kW，1500r/min	
M3	冷却电动机	JCB—22	三相 380V，125kW，2790r/min	
KM1，KM3	中间继电器	JZ7—44		
KM2	交流接触器	CJ0—10B	交流 220V	
KM4，KM5		CJ0—40B		
KM6		CJ0—20B		
KN	中间继电器	JJDZ3—33	直流 24V	
TC	控制变压器	BK—500	一次 380V 二次 220V，30V，28V，28V，24V，6V 容量 150，250，50，40，10（VA）	
QF	空气开关	DZ10—100/330	三极 100A，整定 30A	
FR1	热继电器	JR0—20/3	额定电流 10A，整定电流 7.07A	
FR2			额定电流 0.5A，整定电流 0.47A	
FU1	熔断器	RL1—15	熔芯 15A	
FU2			熔芯 6A	
FU3～6			熔芯 2A	
AB1	硅二极管	2CZ—13D	5A/400V	
AB2		2CZ—11D	1A/400V	
VnP	二极管	2CP—18		
KT1	时间继电器	JJSB—22	直流 24V 通电延时 1～10s	
R1～R4	被釉电阻	RXYC	100n/3W	
R5，R6		RXYC	300n/3W	
HLn	小型信号灯	XDX1	6.3V	
SA1，SA4，SA6	主令开关	LA18×22×2		
SA2		LA18×22×3		
SA3	波段开关	KCZ	8W1D	
SA5			4W4D	
SB	按钮	LA19—11J	红	
SB3		LA19—11D	红	
3SB1	按钮	LA19—11D	绿	

（续）

原理图代号	元件名称	型　号	规　格	备　注
SB4	按　钮	LA18—22	黄	
1SB1，2SB1，4SB1		LA19—11	绿	
5SB1，6SB1			黑	
SB1，SB2			红	
C1~C4	电解电容	CD—2	3300μF，50V	
SQ1a~6a	组合开关	JW2—11Z/3		
SQ6	行程开关	X2		
SQ10，SQ11	微动开关	JW2—11K	380V，3A	
SQ12	行程开关	LX12—2		
SQ13	微动开关	LX5—11H		
CZ3	插销座	CZX—2		
V24	硅二极管	2CZ12D	3A，400V	
V1~23，V26~32		2CZ11D	1A，400V	
C5~C23	电容器	CZJB	0.56μF，63V –	

任一刀架进行工作，当控制电流由第二列导线流入后，情况也如此，这样一来，控制电流可以在列导线间，从左到右，逐列逐列地作有规律的转移（步进），而各刀架的工作顺序都不受任何限制，因而扩大了程序预选的范围。从图4-10a中可以看到，插销板的上端有许多继电器触点，列导线上的触点是常闭的，而横导线上的触点是常开的，都是为了实现"步进"而设置的。当控制电流要从第一列导线转移到第二列导线时，只要让221与121之间的继电器KA吸合，KA的常开触点（117—123）闭合、常闭触点（117—121）断开，第一次步进完成。同理，当KB吸合时，第二次步进完成。为了保证步进动作确实是在各刀架工作完成，且互不冲突的条件下进行的，机床把接通步进继电器的开关装在各刀架的起始点位置（前刀架为SQ10、后刀架为SQ11、转塔刀架为SQ6），只有当刀架工作完毕，退回到起始点，行程开关闭合，发布指令后，步进动作才能发生。下面根据图4-10a中插销布置位置（图中黑色小圆代表孔中已插入插销），说明步进电路控制过程。

按下循环起动按钮3SB1（图4-10a），中间继电器K0吸合，它的常开触点（103—111）、（103—114）和（003—221）闭合。第一个触点闭合是为了当3SB1断开后，使继电器K0依旧吸合。第三个触点闭合是为步进作准备。由于第二个触点的闭合，控制电流经 101—KM2—103—K0—114—KA（常闭）—121—153—155—K1—105 流回电源，同时电流也经 155—K15—154—K1-1—105 流回电源，于是继电器 K1-1 和 K1 分别吸合。当 K1-1 的有关触点闭合时，前刀架启动，工作循环开始。K1 的有关触点闭合时，主轴变速。前刀架工作完毕退回起点后，常闭行程开关 SQ10 闭合（行程开关 SQ10 和 SQ11 结构相同，由前后刀架用压块控制，当刀架离开起点，压块压下开关，使电路断开，当刀架回到起点，压块不压合开关，开关自动闭合，发布步进指令，见图 4-10a），发布步进指令。由于 SQ10 的闭合，电路 103—SQ6—116—SQ10—118—SQ11—119—K—105 接通，使继电器 K 吸合，K 的常开触点（195—005）闭合。由于这个触点是在步进电路中，所以，步进电路 003—K0—221—KA—121—153—155—K15—195—K—005 也随着接通（常开触点 K15 由前刀架控制，每当前刀架由工作行程转向空行程时，触点 K15 闭合），位于这个回路中的继电器 KA 的触点（117—121）断开、（117—123）闭合，控制电流便从第一列导线向右转移到第二列导线，并经第二行导线流回电源，于是后刀架开始行动。由于后刀架离开了原位，常闭行程开关 SQ11 被压块压下（断开），继电器 J 断电，K 的触点（195—005）断开了步进电路；但是，电路 003—K0—221—KA（继电器）—KA（触点）—005 仍然导通，所以，继电器 KA 始终吸合。后刀架工作完毕退回原位时，后刀架上的压块放开了常闭行程开关 SQ11，继电器 K 第二次吸合，发布第二次步进指令，于是控制电流经第三列导线流回电源，使转塔刀架第一组刀具投入工作。以下依次类推。当转塔刀架的第六组刀具工作完毕退回原位时，压合行程开关 SQ6，实现最后一次步进。控制电流经第九列导线及第九行导线流回电源，使串联于第九行导线内的继电器 KM 吸合，KM 的常闭触点（113—115）断开，继电器 K0 因而断电释放，于是控制电流不再进入线路，在第六次转位完毕后，机床便自动停止。

（2）转塔刀架的控制　　下面根据图 4-10a 中的插销位置，结合图 4-9a，说明转塔刀架控制电路的工作原理。

当后刀架工作完毕退回起点时，常闭行程开关 SQ11 闭合，发布步进指令，第三行导线接通，继电器 K4 和 K3 吸合。K4 的触点控制主轴变速、转塔刀架进给量的改变和转塔微抬等。K3 的常开触点（293—330）闭合，常闭触点（293—334）断开，于是电路 103—K0—293—K3—330—K17—329—SQ9—331—17YV—105 接通（17YV 是控制转塔刀架快速移动的电磁阀），转塔刀架便向主轴快速前进。快进结束，刀架上的压块压合油路中的行程阀（即图 4-8 中的34）。刀架便作慢速工作进给。进给完毕，挡块（图 4-4 中的 17）压合单触点行程开关 SQ4，电路 101—KM2—103—K0—114—117—K17—325—SQ4—105 接通，继电器 K17 吸合，K17 的五对触点闭合，它们是：

1）K17（325—327）——用于接通 SQ4 并联的支路，这样，当 SQ4 因刀架退回挡铁离开而断开时，上述电路仍然接通，刀架将一直退回到起始位置。

2）K17（103—371）——使电磁阀 12YV 通电，微抬电磁阀动作（图 4-8 中的 28），发布微抬指令。

3）K17（165—195）——为下一次步进做好准备。

4）K17（334—332）——为刀架快退做好准备。

5）K17（103—343）——使继电器 K19 吸合。

由于 K19 的吸合，它的靠近第三行导线右端的常闭触点（165—167）断开，使继电器 K3 断电，K3 的常闭触点（293—334）闭合，这样，电路 103—K0—293—K3（常闭）—334—K17—332—20YV—105 接通，转塔刀架快速退回。同时，继电器 K19 的常开触点（339—341）还使继电器 K18 吸合。K18 的触点除用于自锁（339—105）以外，还为转塔抬起（松开）做好准备。这样，当退回到起始位置的转塔刀架压合行程开关 SQ6 后，电磁阀 18YV 所在电路 103—SQ6—357—K18（常开）—361—6SB1—359—18YV—105 接通（注意：SQ6 的常开触点还使步进继电器 K 又一次吸合，K 的触点使电路 003—K0—KC—KB—161—163—SQ1a—165—K17—195—K—005 接通，电路中的继电器 KC 的常闭触点断开，常开触点闭合，控制电流又一次转移，于是电路 101—KM2—103—K0—114—117—KA—123—KB—127—KC—131—KD—171—173—K5—105 接通，继电器 K5 吸合，由于检测开关常开触点 SQ2a 未闭合，继电器 K3 不能吸合。关于触点 SQ2a 可见下文。电磁阀 18YV 吸合，转塔抬起并使行程开关 SQ8 的常开触点（362—365）和 SQ9 的常闭触点（363—365）闭合，SQ9 的另一个常开触点（329—331）都断开了，前两个触点的闭合又导致继电器 K20 及电磁阀 13YV 的吸合，于是转位齿条在活塞（见图 4-4b 中的 19）的推动下使转塔转位。转位完毕，齿条压合单触点行程开关 SQ5（转塔正位后还压下了检测开关的常开触点 SQ2a，继电器 K3 吸合，位于 293 至 330 间的触点 K3 闭合，但是，位于 329 至 331 间的触点 SQ9 却断开了，转塔刀架快速前进不能开始），使延时继电器 KT1 吸合，经过几秒钟的延时，KT1 的触点（103—333）断开，继电器 K18 断电，K18 的触点（357—361）断开了电磁阀 18YV 所在电路，于是转塔下落夹紧。随着转塔的下落，行程开关 SQ8 的常开触点（362—365）和 SQ9 的常闭触点（363—365）都断开，SQ9 的常开触点（329—331）闭合。前两个触点的断开，使继电器 K20 断电，电磁阀 13YV 也随着断电，于是转位齿条退回，并压合行程开关 SQ7，为下一次转位作准备；最后一个触点的闭合，使电路 103—K0—293—K3—330—K17—329—K23—331—17YV—105 接通，转塔刀架第二次快速前进开始。

按下按钮 4SB1，转塔立即转位，是因为按下 4SB1，转位继电器 K18 吸合，立即出现前述的转位动作，转位结束，由于继电器 K3 没有吸合，刀架不会移动。如果手指不离开 4SB1，那么继电器 K18 将间歇地吸合，转位动作将一次接一次地连续发生。根据这个道理，需要把不用的刀具超越过去，只要让继电器 K18 所在的电路在转位次数未达到前，一直接通就行了。机床在加工时使这条电路接通不是用按钮 4SB1，而是通过继电器 K19 常开触点（339—341）的闭合；但是，K19 也是定期释放的，用什么方法才能使 K19 在此期间内一直吸合呢？从图 4-10c 中可以看到，103 到 343 间一共有四个并联支路，第三条中串联着组合检测开关的六个常闭触点（它的六个常开触点并联在六条行导线之间），当刀架的某一组刀具对准主轴时，它所对应的常闭触点就被刀架内轴（见图 4-4 中的 21）上的压块断开，第四条支路内可以插入越位插销。如果转塔第六刀具孔座不用，需要在第五次转位之后接着进行第六次转位，只需把插销插入与触点 SQ6a 相对的孔中。这样，在第五次转位完毕（转塔第六刀具孔座已对着主轴），齿条压合单触点行程开关 SQ5 后，继电器 K18 断电释放，位于 343 到 345 之间的触点也断开；但是，电路 103—K19—345—SQ1a—SQ2a—SQ3a—SQ4a—SQ5a—355—343—K19—105 仍然导通，继电器 K19 依然吸合，它的触点（339—341）也没有断开。因此，在转位齿条离开 SQ5 后，断电的继电器 K18 又吸合了，又在原地发生第六次转位。转位完毕，转塔的第一组刀具与主轴相对，触点 SQ1a 被断开（因无插销），继电器 K19 断电。组合检测开关的常开触点（SQ1a—SQ6a）与常闭触点正好相反，当转塔的某面对准主轴以后，与此面相对应的检测开关就应当闭合。由于压合检测开关的六个挡块在轴 21（见图 4-4）上的轴向位置是错开安装的，因此，在加工过程中如果发生错位现象（对正主轴的刀具与工步要求不符合），那么组合检测开关的常开触点仍然断开，继电器 K3 不能吸合，转塔刀架无法移动。

位于 103 和 332 之间的常闭触点 K0 保证了装卸期间转塔刀架总是位于远离主轴的地方。位于 337 和 341 之间的常闭触点 K0 使机床在工作期间，无法用人工手动转位。行程开关 SQ9 的常开触点 K23（329—331）保证了在转位未完成前，转塔刀架不能移动。继电器 K20 的触点（357—363），保证在转塔未夹紧前，转位齿条不会退回。如果没有它，继电器 K18 的触点（357—361）断开后，K20 就要释放，电磁阀 13YV 也要断电，齿条也要撤回，势必影响转位精度。有了它以后，齿条不是在继电器 K18 断电后退回，而是在转塔下落、夹紧后退回。

按下按钮 SB4，转塔刀架立即后退。按下按钮 6SB1，转塔立即抬起，松开按钮，转塔自动下落、夹紧。

第二节　CB3463—1 型半自动转塔车床 的故障征兆、分析与检修

本节从半自动转塔车床加工工件的质量，机械系统的结构性能，液压、润滑

系统，电气系统四个方面的故障征兆、分析与检修进行介绍。同时，简要介绍了应用 PLC 技术改造矩阵插销板式控制的效果。

一、加工工件质量不良反映的车床故障分析与检修（4 例）

1. 转塔刀架垂直装刀切削时，发现零件有外大内小的锥度

【故障原因分析】

这种情况是导轨在垂直方向凸起不够而造成的。

【故障排除与检修】

机床除了在安装时进行调水平，平时也应注意对机床水平的复核，其方法是把水平仪放在转塔刀架上，水平平行于机床导轨的方向，使转塔刀架在床身全长上移动，在两端和中间三点位置上，取得水平仪三点三个读数符合机床出厂合格证上规定的公差范围（此为导轨的直线性允许中凸）；而后将水平仪垂直于导轨方向（仍放在转塔刀架上）使转塔刀架在床身全长上移动三点，同样有三个读数符合合格证（此为导轨的扭曲即倾斜度）这时认为机床的水平度是符合要求的。在一般情况下就可以满足加工要求了，但由于转塔车床的刀具布置在 0°～±90°范围以内，如图 4-11 所示。因此，有时水平度虽然合格，但加工出的零件可能出现锥度，一般来说水平度合格的试车不一定合格，但试车合格的话水平度大致合格。

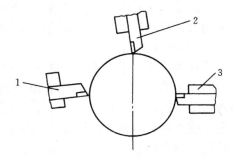

图 4-11 CB3463—1 型转塔车床
刀具布置情况
1—水平装刀 2—垂直装刀 3—前刀架装刀

本例情况是导轨在垂直方向凸起不够而造成的，调整方法如图 4-12 所示。

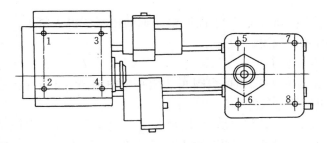

图 4-12 CB3463—1 型转塔车床垫铁位置平面布置图

将图 4-12 中 3、4、5 和 6 号垫铁适当垫起来，或将 1、2、7 和 8 号地脚螺钉上的螺母适当压紧点，使机床导轨中间凸起，再试车，直至合格为止。

如果零件出现内大、外小的锥度，调整的方法刚好与上述方法相反。

2. 转塔刀架水平装刀切削，零件有外大内小的锥度

【故障原因分析与检修】

这种情况是由于导轨扭曲而造成的，其扭曲方向如图 4-13 所示。

调整方法可按图 4-12 中所示，将 1、3、6 和 8 地脚螺钉的螺母适当压紧，或将 2、4、5 和 7 号垫铁适当垫起即可。

图 4-13　CB3463—1 型车床导轨扭曲示图

反之，如果零件出现外小内大的锥度则调整方法刚好与之相反。

3. 转塔卡紧不牢，其表现为加工精度不稳定，负载后有振动现象

【故障原因分析】

在液压系统正常的情况下，是因为锁片失灵造成的。如图 4-4b 所示，如果锁片上的定位销折断，使锁紧螺母 10 松脱过多，导致活塞 4 下移，使转塔刀台卡紧时碰到液压缸下法兰盖而造成卡不紧。

【故障排除与检修】

更换定位销，重新调整锁紧螺母 10，使刀台抬起量保持在 3.5～4mm 之间。

抬起量的大小是由锁紧螺母 10 来调节夹紧活塞 4 的位置来实现的，如果转塔抬起量大时，则需拧紧螺母 10，使活塞 4 上移。抬起量不够时，则将螺母 10 松退，使活塞 4 下移，测量方法是将指示表放在锁紧螺母 10 的上端面，操纵刀台抬起，测得抬起量为 3.5～4mm 即可。

4. 转塔刀架快进变工进时有冲刀现象

【故障原因分析】

1）冲刀现象实质是进给液压缸的液压系统爬行引起的，主要是由于压力油中有空气造成的。

2）滑鞍（图 4-4b 中 25）下面调整间隙的压板压得太紧了，与导轨的间隙太小了，甚至有咬毛现象。

【故障排除与检修】

1）进给液压缸的右端和行程阀底（图 4-8 中的 39、34）的上面有排气堵，拧松排气堵即可实施排气操作。

2）拆下压板，检查压板及导轨是否有咬毛的情况，如果有咬毛，要用磨石进行修光；调整压板与导轨之间的间隙，控制在 0.02～0.04mm 之间为好。

二、机械系统、结构性能故障分析与检修（7 例）

1. 听到主轴箱运转时有异常声音，变速转换不灵

【故障原因分析】

1）液压离合器转换不灵（见图 4-2）。

2）离合器液压缸卡死。

3）Ⅰ轴离合器上推力球轴承失效。

【故障排除与检修】

1）听到异常声音，发现液压离合器变速转换不灵，应立即停机检查，如果查出摩擦片有破碎，应更换新件。

2）用螺钉旋具拨动离合器是否轻便，如果有别劲，即卸下离合器液压缸，清洗活塞，修光缸壁的划痕。

3）查看Ⅰ轴离合器上推力球轴承是否破碎和锁紧螺母有无松脱，如果有这种情况，应更换轴承并调整好锁紧螺母。

2. 主轴变速箱在常态刹车后无变速

【故障原因分析】

1）刹车电磁阀6YV在常态情况下呈吸合（见图4-8），断电后，阀杆卡孔而影响变速。

2）主轴箱Ⅱ轴离合器工作时没有压合，如图4-2所示。

【故障排除与检修】

1）检查24E—10B（图4-8中10）的电磁阀6YV在常态时吸合，如果断电后，阀杆卡死而影响了变速，应拆卸清洗和检修24E—10B阀。

2）检查34E—10BY（图4-8中9）的电磁衔铁有无吸合，如有吸合动作，但无通油的工作状态，应查找阀杆是否有卡死现象，如果有，应拆卸清洗该阀。这类故障对于电磁衔铁是经常碰到的问题，在今后的维修实践中应多加注意。

3. 主轴变速不对，不符合预选的转速

【故障原因分析】

1）插销板信号与电磁滑阀线路不对号。

2）插销孔接点击穿。

【故障排除与检修】

1）检查插销板与电磁滑阀间的线路，若不对号就应修复。

2）检查插销孔接点是否短路，若短路则应调换插销孔接点。

4. 转塔抬不起来或抬起量减少

【故障原因分析】

1）锁紧螺母（见图4-4b中10）太紧了，使活塞4上升，减少了抬起量。

2）推力球轴承被压碎，转塔失去支承。

【故障排除与检修】

1）重新调整转塔的抬起量，如前所述。

2）必须更换轴承51106（见图4-4b），然后调整好位于法兰6上的三等分调整螺钉，使调整螺钉碰到推力球轴承即可，切勿把螺钉拧紧，如拧紧会使得转塔抬起时把推力球轴承压碎。

5. 只有一个工位产生转塔卡紧后不发信号，转塔不前进；或只有一个工位出现转塔转不到位或越位现象

【故障原因分析】

1）前者是因为一个工位的正位触头短，不能压上正位限位 SQ9。（见图 4-4b 中的 28、27、SQ9）

2）后者是因为转塔下面只有一个工位的触头的等分性不好，而造成转不到位或越位现象

【故障排除与检修】

1）可加垫弥补那一个正位触头短的问题，使它和其他正位触头一样长（图 4-4b 中 28）。

2）可用略加大触头直径等类似方法，有针对性地弥补一下该触头等分性不好的问题。

6. 主轴轴向窜动超差（公差为 0.015mm）

【故障原因分析】

1）装在主轴后轴径上的推力球轴承 51220/P5 和角接触球轴承 7020/P5 的轴向游隙超差。

2）推力球轴承 51220/P5 和角接触球轴承 7020/P5 的精度超差或损坏。

3）主轴后轴承端面法兰与箱体的连接有松动。

【故障排除与检修】

1）松开螺母 M100×2 上的紧定螺钉，拧紧螺母 M100×2，消除推力球轴承 51220/P5 和角接触球轴承 7020/P5 的轴向游隙，直到主轴轴向窜动达标为止，再拧紧 M100×2 上的紧定螺钉，如图 4-2 所示。

2）推力球轴承 51220 和角接触球轴承 7020 的精度应为/P5 级，长期使用超差或损坏后应调换新件。

3）主轴后轴承端面法兰与箱体的连接一般不会松动，如果经过装卸，一定要扳紧法兰与箱体的固定螺钉。

7. 主轴径向圆跳动超差（公差为 0.015mm）

【故障原因分析】

1）装在主轴前轴径上的双列圆柱滚子轴承 NN3026K/P5 的径向间隙超差。

2）双列圆柱滚子轴承的精度超差或损坏。

【故障排除与检修】

1）先松开螺母 M140×2，再松开螺母 M130×2 上的紧定螺钉，拧紧螺母 M130×2，消除双列圆柱滚子轴承 NN3026K/P5 的径向间隙，直到主轴径向圆跳动达标为止，再拧紧 M130×2 上的紧定螺钉和螺母 M140×2。如果仅调整主轴

前端轴承仍不能达标，可以考虑对主轴后端的角接触球轴承 7020/P5 的间隙也进行调整，以缩小主轴径向圆跳动的数值。

2）双列圆柱滚子轴承 NN3026K 的精度为/P5 级，如果长期使用精度超差或损坏后应调换新件。

三、液压、电气系统故障分析与检修（16 例）

1. 转塔刀架经常发生的故障及排除

转塔刀架运动程序比较复杂，控制系统开关较多，如有一个环节失调就影响机床的正常工作，首先应掌握好刀架电气动作与限位开关的逻辑关系，还应从机、电、液三方面综合考虑、分析问题，这对诊断和排除转塔刀架的故障很有帮助。

（1）转塔抬起后不转位，不卡紧，也不参加循环动作

【故障原因分析】

1）继电器 K20 没有吸合（图 4-10c）。

2）转塔抬起后压合 SQ8 限位信号没发出（见图 4-10c），转塔电磁阀 16YV（图 4-8 中 44）不能吸合。

【故障排除与检修】

1）检查、修复 K20，使它能吸合。

2）检查正位开关推杆（图 4-4 中 27）是否别劲，原来的调节位置是否有松动产生，造成不能压合 SQ8，修复或调节之，使其能压合上，并发出信号。

（2）转塔转位卡紧后不前进

【故障原因分析】

转塔卡紧后未压合 SQ9 限位，信号未发出，17YV 没有吸合，故转塔也不能前进，如图 4-4、图 4-8 和图 4-10c 所示。

【故障排除与检修】

调节压片（见图 4-4a 中 29）将 SQ9 压合，信号一经发出，17YV 吸合，转塔在转位卡紧后就能前进。

（3）转塔停在尾部原点不参加循环

【故障原因分析】

转塔工作的前工序，如前刀架、后刀架的退回原位后，限位 SQ10、SQ11 未发出跳步信号。

【故障排除与检修】

检查 SQ10、SQ11 是否被切屑卡死，通过清理，加以排除，直至恢复正常，如图 4-10a、图 4-14 所示。

（4）转塔刀架退回尾部原点压 SQ6 后，转塔连续转位，不跳位也不前进

【故障原因分析】

主要是由于转塔前进终点限位 SQ4 短路。

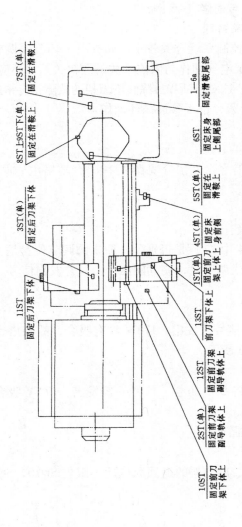

编号	功用说明	编号	功用说明
1ST	控制前刀架横向前进终点，发布纵向移动或合成退回信号	5ST	控制转塔刀架转位定程或齿条定程退回的信号
2ST	控制前刀架纵向终点，发布横向移动或合成退回信号	10ST	前刀架退回原位时不压合发布跳步信号
3ST	控制后刀架横向移动终点发布退回信号	11ST	后刀架退回原位时不压合发布跳步信号
4ST	控制转塔刀架纵向前进终点，发布退回信号	12ST	前刀架反切运动时，纵向退回原位压合发布横向后退信号
6ST	转塔刀架退至最后保持后压合，发布抬起信号跳步或减速度信号消除	13ST	前刀架做反切运动时，反切尺寸终点，发布退回信号
8ST	转塔刀台正位开关，抬起压合开关	1—6a	系组合开关控制转塔刀台工作面顺序检测装置
9ST	转塔刀台正位开关，夹紧压合，发布转塔刀架前进，齿条退回信号	7ST	转位液压缸恢复原位时压合

图 4-14　CB3463—1型塔车床限位开关功用说明及位置图

【故障排除与检修】

检查线路是否拆断，绝缘套是否损坏，是否有切屑搭接 SQ4 造成短路（见图 4-14），加以排除即可。

（5）转塔刀架快进不转换工进

【故障原因分析】

1）行程阀 22C—63BH（见图 4-8 中 34）漏油过大。

2）调速阀 Q—10B、QT—10B（见图 4-8 中 31、32、33）是否有切屑卡死、旋钮不灵活；或者是三位五通阀（见图 4-8 中 42）有漏油现象。

【故障排除与检修】

1）修复或更换 22C—63BH 阀。

2）清除掉切屑后，看调速阀是否灵活，不灵活则修复或换新件；对三位五通阀也实施治漏修复或换新件。

（6）转塔刀架在自动循环时和按 4SB1 都不转位（见图 4-10c，4SB1 为调整转塔转位按钮）

【故障原因分析】

1）K18 回路有脱线。

2）中间继电器 K18 未吸合。

【故障排除与检修】

1）查出 K18 回路脱线点，连接好。

2）有下列三种情况可以使 K18 不吸合，应予以一一排除之，如图 4-10c 所示。

① SA4 主令开关没有拨到转位位置上。

② 限位开关 SQ7 在转位液压缸恢复原位时没有被压合，如图 4-14 所示。

③ 时间继电器 KT1 的常闭触点 103、333 一直处于打开状态。说明 SQ5 短路，KT1 一直处于打开的状态。

（7）转塔刀架在自动循环时和按 4SB1 时，信号灯 HL10 亮而不转位

【故障原因分析】

1）行程开关 SQ6 未被压合。

2）抬起阀、转位阀（见图 4-8 中 29、44）无电。

【故障排除与检修】

1）检查转塔刀架退回尾部原点时是否压合行程开关 SQ6，未被压合则应调整到符合要求，如图 4-14 所示。

2）抬起阀、转位阀无电，要检修电路，如果有电了，说明机械（阀芯）卡住，予以修复或换新阀（见图 4-8 中 29、44）。

（8）转塔的转位液压缸在最后端时，时间继电器仍然吸合，转塔刀架不能

转位

【故障原因分析】

转位液压缸在最后端时 KT1 仍然吸合，说明限位 SQ5 短路，因此 K18 永远不能吸合。

【故障排除与检修】

清除 SQ5 上的故障。要是因为搭接造成了 SQ5 的短路，可以清理搭接（如切屑等），或调换新件。

2. 前刀架主要故障及排除

（1）机床在循环过程中，前刀架的正切或内切运动发现刀架滑板无横向工作进给

【故障原因分析】

1）调速阀 QI—25B 的旋钮失灵及阀体内单向阀有漏油现象（见图 4-8 中 26）。

2）回油阀（见图 4-8 中 27）上的 18YV 断电时，吸合 22E1—25B 阀杆发生卡死（常开），造成回油开放。

3）电气线路有错误使工进时 18YV 有电。

【故障排除与检修】

1）修复或调换 QI—25B 调速阀（见图 4-8 中 26）。

2）清洗阀杆和阀体，使其滑动自如。

3）查出 18YV 在工进时带电的电气线路错误并排除之。

（2）前刀架作内切运动，横移完了不做纵向移动，不进行循环

【故障原因分析】

电磁阀 3YV 断电后三位四通滑阀（见图 4-8 中 21）有漏油现象，使液压缸前腔充油而造成螺母套压不合 SQ1，发不出信号，如图 4-5 中 4 及图 4-14 所示。

【故障排除与检修】

检修清洗 3YV、1YV 的三位四通电磁滑阀（见图 4-8 中 21）的阀杆及阀体，使其滑动灵活不漏油。可以刷镀阀杆外圆后，根据阀孔研磨后的尺寸，配磨阀杆的外圆，也可以调换新阀。

（3）前刀架内切运动，纵向运动完成后，刀架停止不动，按压变位按钮，滑板也不复位

【故障原因分析】

此种情况是由于纵向移动距离太小，使 SQ12 处于压合状态，如图 4-10b、图 4-14 所示。

【故障排除与检修】

调整 SQ12 的位置，使其在滑板纵向移动后就能放开即可。

（4）按循环按钮或自动循环跳步到本工序，前刀架不动、不参加循环运动

【故障原因分析】

单接点限位开关 SQ1 短路，如图 4-10b 及图 4-14 所示。

【故障排除与检修】

检查 SQ1 是否短路，绝缘套是否损坏，若有切屑或有水（切削液）积留在 SQ1 撞铁上需清除，绝缘套损坏需更换。

3. 后刀架主要故障及排除

（1）后刀架让刀动作滞后于滑板横向移动

【故障原因分析】

1）刀架下体（滑板）与床身副导轨体合压板过紧（间隙过小），使让刀液压缸活塞与调节压板发生抗力而造成，如图 4-6 所示。

2）在液压系统中（见图 4-8），后刀架的横向液压缸与让刀液压缸（纵向液压缸）是联动的，但没有使用顺序阀。

【故障排除与检修】

1）把压板上压紧螺钉放松些即可，按规定，应把间隙控制在 0.02 ~ 0.04mm。

2）在液压系统中，必要时可加大 QI—25B 调速阀装置中的单向阀的弹簧（见图 4-8 中 13），使通过单向阀的阻力增大，让横向液压缸的动作滞后，以解决问题。

（2）后刀架横向移动快进不转换为工进或进给量调节不灵活

【故障原因分析】

1）行程阀压合后有漏油现象（见图 4-8 中 14）。

2）QI—25B 调速阀调速不灵活，其阀内的单向阀钢球与密封面不密合（见图 4-8 中 13）。

【故障排除与检修】

1）检修或调换 22C—25BH 行程阀，以解决漏油而产生的问题。

2）修复调速阀内的单向阀，可用敲击钢球法来重塑钢球与阀体的密合面。但要注意，只能用力敲一下，不能反复敲。为了保护钢球，要用铜棒接触钢球，不可用硬度高的器件敲击。

4. 自动循环中产生故障的排除

（1）自动循环中不步进

【故障原因分析】

1）步进回路直流电源无电。

2）各刀架未复位到原点。

3）某一刀架不步进。

【故障排除与检修】

1）检查步进回路直流电源是否供电（见图 4-10f，步进电源为 – 005，+003 直流 24V），如果无电即检修变压器及电桥中的二极管。

2）检查各刀架是否在最后端时，对于 SQ6、SQ10、SQ11 所在线路对应的 103—116、116—118、118—119 是否闭合（见图 4-10a）。

3）检查在哪一步不能步进，即修复之（见图 4-10）。

① 如果前刀架工作完成后不步进，检查 K15 的常开触点 155—195 是否闭合，K 的常开触点 195—005 是否闭合。

② 后刀架工作完成后不步进，检查 K16 的常开触点 159—195 是否闭合。

③ 转塔刀架工作完成后不步进，检查 K17 的常开触点 165—195 是否闭合，同时注意 K 应该是吸合的。

（2）在自动循环中丢失工序（即应当工作的刀架还没工作就开始下道工序了）

【故障原因分析】

1）丢失前刀架工序表明 SQ1、SQ2 短路（即接地）。

2）丢失后刀架工序表明 SQ3 短路。

3）丢失转塔工序（同时一直转位）表明 SQ4 短路。

4）SQ5 单接点开关未撞停不能转位。

5）SQ7 单接点开关转位液压缸复位时未压合。

6）SQ8、SQ9 开关未调整好。

7）开机时转换开关 SA2（冷却泵）、SA6（卡盘）、SA1（自动、调整）、SA3（选择各刀架）、SA5（前刀架运动变换）不到位。

8）机床工作过程中程控箱内控制元件状态有异常变动。

【故障排除与检修】

1）保养 SQ1、SQ2 单接触点撞停的清洁（不短路），否则前刀架会纵向和横向（横向和纵向）合成前进，或者会丢失前刀架工序。

2）保养 SQ3 单接点撞停的清洁（不短路），防止丢失后刀架工序。

3）保养 SQ4 单接点撞停的清洁（不短路），防止引起转塔不停地转位。

4）保养 SQ5 单接点撞停的清洁（不短路），否则不能转位。

5）保养 SQ7 单接点撞停的清洁，保证转位液压缸复位时压合。

6）SQ8、SQ9 出厂时已调好，拆装后需要重调，转塔完全抬起时要刚好压上 SQ8，此时每个触头要与杆有 0.5mm 的间隙（见图 4-4b 中 28、27），转塔落下夹紧时要压上 SQ9。

7）开机时要检查转换开关 SA2、SA6、SA1、SA3、SA5 的位置。

8）程控确定后，在机床工作过程中，严禁随意按动程控箱内各控制元件，以及防止外界强烈振动源对其产生影响。

四、矩阵插销板与接触器常见故障及采用可编程序控制器进行改进的简介

该机床原电气控制由二极管－矩阵电路和交流接触器、中间继电器顺序控制两大部分组成，该机床最为关键的地方是加工工艺的改变，即通过对工步、刀架、主轴速度、刀架进给量、刀架微抬量、刀架越位这些参数，在矩阵板上用二极管预选来实现。因此，加工工艺的改变，就需在矩阵板上用二极管重新预选，这样因二极管经常拔出插入，虽然较为方便，但其可靠性和稳定性大受影响，在实践中经常碰到插销接触不良造成断路或击穿造成短路的故障。而中间继电器常见的通电不吸合，断电不放开的现象也是该机床电气控制令维修人员很"头痛"的故障。由于输入条件不稳定，极易产生误动作，轻则报废工件，重则损坏机床，解决的办法是改造成为 PLC 控制，PLC 控制是可编程序控制器的英文简称。

采用可编程序控制器改造，假如运用和泉 FA—2A 型 PLC 所特有的高级运算指令来替换二极管－矩阵电路，彻底改变输入方式和信号处理方式。它采用按钮代替二极管作为输入元件，用类似于个人电脑的键盘输入方式，运用高级运算指令编制成的程序来处理输入信号，使操作者能根据加工工艺的要求，迅速方便地输入用户程序，这样从根本上消除了原电气控制上的缺陷。而且，运用 PLC 技术布线清晰，改变了过去因接线杂乱造成的查询故障难的局面。另外，它采用工业用可编程序控制器控制，运用 PLC 丰富的软件资源代替中间继电器和时间继电器作顺序控制，消除了原继电器控制引起的故障，逻辑控制更严密。并且，可编程序控制器的运用使得整个控制系统的外围硬件接线、输入回路和输出回路完全分开，公共点也是独立的，避免了不同电压等级的回路误接烧毁元器件。

上海柴油机股份有限公司已对两台 CB3463—1 型转塔车床（在大修时）实施 PLC 改造并获得了成功。选用的是和泉 FA—2A 型 PLC，由于运用高级运算指令处理输入信号，从而节省了 100 多点的输入点数，节省资金约 10000 元；其次，改造提高了机床的抗干扰性，大大减少了机床故障，提高了设备利用率，每年的维修费用节省了 1/2，同时停机维修时间变为原来的 2/3（原来每年维修时间为 150h，现在只需 100h）。同时，产品加工的质量也随着电气控制系统的稳定而大大提高了。因此对控制系统老化了的 CB3463—1 型机床进行 PLC 改造可以取得事半功倍的效果。

第三节　其他转塔车床常见故障分析与检修（9 例）

根据转塔（六角头）回转轴线方向的不同，可分为：立轴式和卧轴式两类。前面介绍的 B3463—1 型转塔车床是立轴式的，下面再介绍一些卧轴式的即回轮式转塔车床的故障分析与检修。

1. 圆柱工件加工后外径出现锥度（圆柱度超差）

【故障原因分析】

溜板移动对主轴回转中心线的平行度超差。

【故障排除与检修】

重新调整主轴箱主轴中心线的安装位置，使工件既保持正锥形状，又在公差的范围内。

2. 圆柱工件加工后外径发生椭圆及棱圆（圆度超差）

【故障原因分析】

如果支承主轴的是滑动轴承，例如 C325 回轮式转塔车床，则

1）主轴前轴承间隙过大。

2）主轴本身（与前轴承相配处）轴颈圆度超差。

3）主轴轴承的外径与主轴箱的锥孔配合不良。

【故障排除与检修】

1）调整主轴前轴承螺母，保持 0.02 ~ 0.03mm 的轴向间隙。

2）修磨主轴轴颈，重新修刮轴承至接触点在每 25mm × 25mm 内有 12 ~ 14 点，再深刮一些均匀的凹洼，以避免在高转速时，因润滑较差，而引起抱轴现象。

3）检查或更换新轴承。主轴箱内锥孔与前轴承的外锥体表面的接触点为在每 25mm × 25mm 内有 4 ~ 6 点，旧轴承修刮后，要保留一定的调节量，如不能保留一定的调节量，则必须换新件。

3. 精车后的工件端面中凸

【故障原因分析】

回轮刀盘轴的中心线与床身导轨平行度（侧素线）超差或方向相反。

【故障排除与检修】

修刮溜板导轨表面 1、2，使刀盘轴的中心线与溜板的移动方向的平行度（侧素线）在公差范围内，并向前偏，如图 4-15 所示。

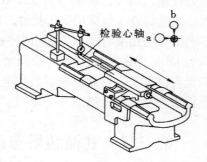

将溜板与床身导轨副贴合拖研，刮削表面 1、2 到要求，中部接触点颜色要求比两端浅一些。按图 4-15 和图 4-16 所示，移动溜板检查表面 1、2 对孔 A 的平行度。平面 1、2 对孔 A 的平行度要求，侧母线和上母线均为 0.01/100，侧母线只许向前偏，与导轨的接触点要求为每 25mm × 25mm 内有 12 ~ 14 点。

图 4-15　刀盘轴中心线与溜板移动方向平行度检验示意图

a—侧素线（水平）方向

b—上素线（垂直）方向

4. 重切削时主轴转速降低

【故障原因分析】

1）摩擦离合器过松。

2）V 带张紧力不足。

【故障排除与检修】

1）调节摩擦离合器的调整螺母。

2）调整 V 带的张紧力。

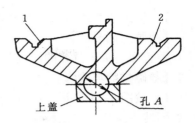

图 4-16　溜板刮削面 1、2 和检验孔 A 示意图

5. 停机后主轴有自转现象

【故障原因分析】

摩擦离合器过紧，停机后摩擦片未完全脱开。

【故障排除与检修】

旋松摩擦离合器的调整螺母，保证停机后摩擦片能完全脱开，但是也不可调整得太松。

6. 精车外径时，圆周表面上有混乱或有规律的波纹

【故障原因分析】

1）主轴前轴承的间隙太大。

2）主轴的轴向窜动过大。

3）刀盘轴和孔的配合过松。

4）溜板箱纵进给小齿轮与齿条啮合不正确，造成与齿条齿距相同的波纹。

5）溜板箱内传动齿轮（蜗轮）损坏或由于节径振摆而引起的啮合不正确。

6）溜板在纵向移动时受切削的影响造成波动。

7）因带轮、齿轮等高速旋转而引起机床振动。

【故障排除与检修】

1）调整主轴前轴承的螺母，（C325 型回轮式转塔车床）保持 0.02 ~ 0.03mm 的间隙。

2）调整主轴后部的圆锥滚子轴承，使轴向窜动量保持在 0.01mm 以内。

3）用刀盘轴与孔 A（图 4-16）涂色研点，刮削孔 A 达到接触点在每 25mm × 25mm 内有 14 ~ 16 点，配合间隙为 $\dfrac{\text{H7}}{\text{g6}}$。

4）调整小齿轮与齿条啮合的间隙及装配上所造成的不垂直现象。如果齿条磨损严重，需换新件。

5）矫正或更换新齿轮。

6）调整溜板两侧压板的间隙，修刮压板拖研，接触点达到在每 25mm × 25mm 内有 10 ~ 12 点，压板的间隙可用 0.04mm 塞尺检查，要求插入深度不大于 20mm。

7）找正高速旋转零件的静平衡，拧紧床身各部分的紧固件。

7. 车削工件外径时的尺寸不一致

【故障原因分析】

溜板回转头工具孔的定位精度不良。

【故障排除与检修】

1）按图 4-17 所示，用杠杆在半径 300mm 处，正向及反向施力 80 ~ 100N，检查回转头各孔的定位精度。

2）如果上述检查超差，应检查回转轴与其轴承的间隙，以及定位销与定位销座的间隙，并转动定位销座的 15°槽的方向，使它与定位销密合（见图 4-18），1、2 两表面间的夹角为 15°。

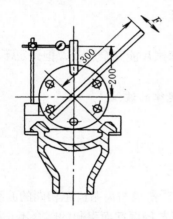

图 4-17　检查回转头各孔
的定位精度

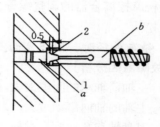

图 4-18　定位销与定位销座示意图
a—定位销座　b—定位销

8. 溜板自动进给时，进给手柄容易脱落

【故障原因分析】

进给用蜗杆摇架的控制板磨损过多。

【故障排除与检修】

补焊或修锐挂钩处的接合面。

9. 主轴有振动和抱轴现象产生

【故障原因分析】

1）主轴前轴承的配合精度不良，故在横进刀时容易发生振动（以 C325 型车为例）。

2）常因上述原因而收紧主轴轴承，由于主轴箱润滑条件较差，更易造成抱轴现象。

【故障排除与检修】

1）检查主轴箱内锥孔与前轴承的外锥体表面 1 的接触点是否达到在每

25mm×25mm 内有 4～6 点，检查方法如图 4-19 所示。所用心轴与前轴承孔接触处的直径应比相配主轴轴颈尺寸少 0.01～0.02mm，将心轴套入前轴承，并拧紧螺母，以前轴承与主轴内锥孔转研，若接触点达不到上述要求，就应刮削主轴箱内锥孔直至接触点符合要求。

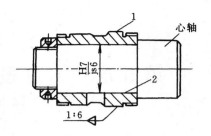

图 4-19　C325 型车床前轴承
外锥面的检修

　　检查主轴承内孔 2（图 4-19）与主轴的接触点是否达到每 25mm×25mm 内有 12～14 点，若达不到要求，可按图 4-20 所示，以后轴承孔中的铸铁套为引导，转动与推拉主轴，刮研前轴承内孔表面至要求。前轴承修刮后，应保留一定的调节量。

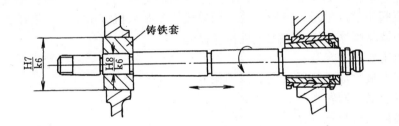

图 4-20　C325 型车床前轴承内孔的检修

　　2）主轴箱在检修并连续运转后要再进行调整主轴前轴承，保持其与主轴的间隙在 0.02～0.03mm。

第五章 卡盘多刀半自动车床的故障分析与检修

第一节 C7620 型卡盘多刀半自动车床的结构

一、C7620 型卡盘多刀半自动车床概述

C7620 型卡盘多刀半自动车床是用于加工盘套类零件的高效率车床。主传动采用双速电动机，结构简单。前、后刀架的纵向与横向进给均由液压驱动，并分别用节流阀调节进给量，液压系统采用集成块安装。机床由电气-液压控制，并用插孔板调整程序，实现加工过程自动循环。

机床主要技术参数：

刀架上最大加工直径（前、后刀架）	200mm
床身上最大回转直径	350mm
刀架最大行程长度：	
前刀架纵向	260mm
后刀架横向	100mm
刀架垂直于主轴中心线回转角度：	
前刀架	顺时针 35°；逆时针 60°
后刀架	顺时针 45°；逆时针 20°
刀架最小进给量	10mm/min
刀架快速行程速度（单个液压缸驱动）	45m/min
主轴转速范围（8 级）	90~1000r/min
主轴孔径	48mm
主轴前端锥孔	莫氏 6 号
主电动机参数：	
功率	7.5/10kW
转速	710/1440r/min
液压电机参数：	
功率	2.2kW
转速	940r/min
双联叶片泵参数（YB6/25）：	

额定流量	6L/min；25L/min
额定压力	6.3MPa
液压系统工作压力	
夹紧液压缸工作压力	
夹紧缸拉力（1MPa 时）	2000N
液压系统用油	L—AN32 号全损耗系统用油
油箱容积	153L

冷却泵参数：

功率	0.125kW
转速	2970r/min
流量	22L/min
机床外形尺寸（长×宽×高）	1880mm×1940mm×1500mm

二、C7620 型卡盘多刀半自动车床的主要部件结构

主轴箱中装有主轴Ⅲ和传动轴Ⅰ、Ⅱ。两个双联滑移齿轮可使主轴获得 4 级机械变速，如图 5-1、图 5-2 所示。轴Ⅱ右端的一个双联滑移齿轮由扇形齿轮 2 和齿条 1 操纵；轴Ⅰ上的一个双联滑移齿轮由扇形齿轮 3 和齿条 4 操纵，如图 5-3 所示。而操纵扇形齿轮 2 和 3 的手柄仅在调整机床转速时插上（图中未表示）。手柄 5 用于操纵主电动机。

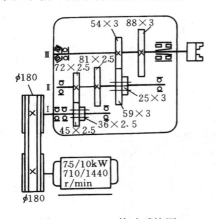

图 5-1　C7620 传动系统图

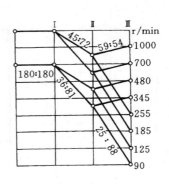

图 5-2　C7620 主运动转速图

前、后刀架的纵向和横向进给全部由液压驱动，它们的结构基本相同，如图 5-4 所示。

后刀架由上滑板 5、转台 10、下滑板 11 和进给液压缸等组成。在上滑板 5 上安装夹持刀具的刀排（图中未表示），可作横向进给，行程大小由进刀行程挡铁即螺杆 1 和退刀行程挡铁即螺纹套 6 调整。调整时，松开螺母 2，拧动带键旋

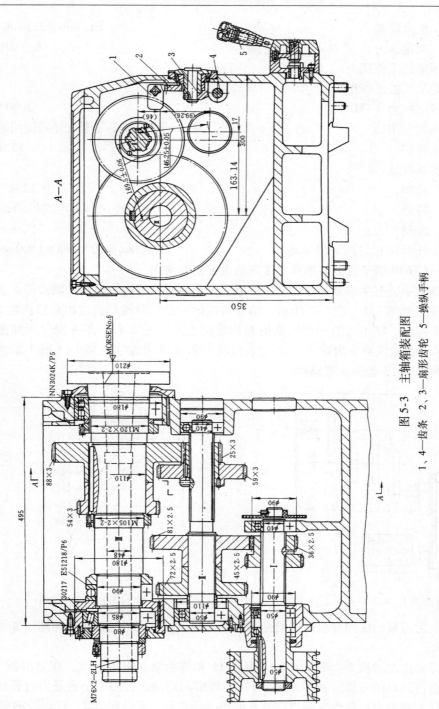

图 5-3　主轴箱装配图

1、4—齿条　2、3—伞形齿轮　5—操纵手柄

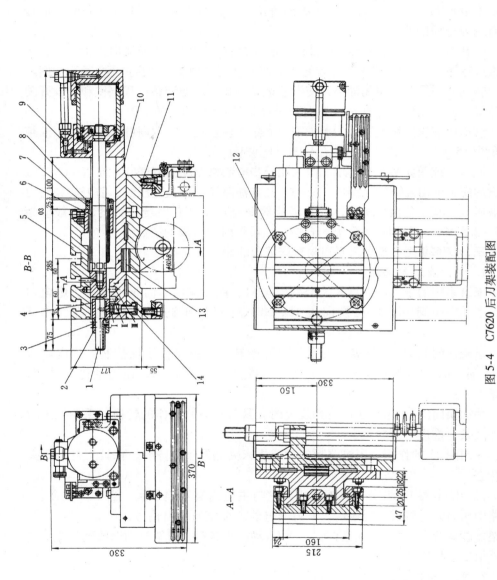

图 5-4　C7620 后刀架装配图

1—螺杆　2、8—螺母　3、7—带键旋钮　4—挡铁座　5—上滑板　6—螺纹套　9—开闭阀　10—转台　11—下滑板　12、14—螺钉　13—柱销

钮 3 可微调螺杆 1，而移动挡铁座 4 可带动螺杆 1 作较大距离的调节，有可供选择的Ⅰ、Ⅱ、Ⅲ孔三个位置。松开螺母 8，拧动带键旋钮 7 可微调螺纹套 6 的位置。下滑板 11 可在床身导轨上作纵向进给运动，行程调节和上滑板相同，但是没有退刀行程挡铁。

松开四个螺钉 12，转台 10 可绕柱销 13 扳转一角度，改变横向进给方向，车削锥形零件。螺钉 14 的作用是防止松开螺钉 12 时，由于刀架自重不平衡而倾倒。

转动开闭阀可以关闭油路，使滑板运动停止，以便调整行程挡铁和行程开关的位置。调整完毕后应打开阀 9，保证机床刀架能自动循环工作。

该机床液压系统装置采用单独油箱和集成块连接。用双联叶片泵供油，油箱容积为 153L，内装液压油或 L - AN32 号全损耗系统用油。

液压系统图如图 5-5 所示。由三相异步电动机驱动的双联叶片泵（YB6/25）排出的压力油由溢流阀 9 调压，分别沿几条油路流向卡盘液压缸、前刀架和后刀架液压缸，驱动各执行机构工作。溢流阀 9 是用来调整系统压力的，一般应为 1.5 ~ 2.5MPa，其数值为压力表开关在 p_3 位置时压力表的读数。

三、C7620 型卡盘多刀半自动车床液压油路

1. 卡盘液压缸油路

来自系统的压力油，首先流经减压阀 11，然后流经单向阀 25，压力继电器 13，手动换向阀 14，电磁换向阀 15，进入卡盘液压缸 16，实现夹紧、松开动作。

电磁换向阀 15 用来实现夹紧与松开的转换，由操纵手柄控制，当电磁阀 YV11 通电时，压力油进入后腔，松开工件，YV11 断电时，压力油进入前腔，夹紧工件。

手动换向阀 14 用来实现夹紧装置内夹紧与外夹紧动作的转换，手柄拉出时为外夹紧，推进时为内夹紧。

单向阀 25 的作用是当电源断电时或机床突然发生故障时，保证工件处于夹紧状态。

压力继电器 13 起安全保护作用，它与主电路有互锁关系。当工件被夹紧，管路中压力升高到某一定值后，压力继电器才被接通发出信号，机床才能启动，刀架才能运行，反之则不能启动，主轴自动停止转动，刀架自动退回到原位，这样就保证了机床的安全运行。

2. 前、后刀架油路

前、后刀架油路完全相同，均属进油节流调速系统。来自系统的压力油经单向阀 10，分几支油路流向前、后刀架纵、横向液压缸。单向阀 10 的作用是保证系统不供油时，后刀架不下滑。

刀架工作进给时，来自 YB6/25 中的 6L 液压泵的压力油（此时 25L 液压泵

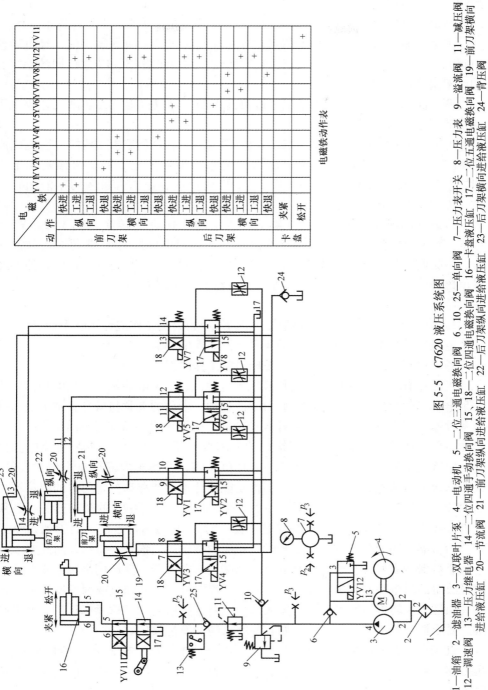

图 5-5　C7620 液压系统图

1—油箱　2—滤油器　3—双联叶片泵　4—电动机　5—二位三通电磁换向阀　6、10、25—单向阀　7—压力表开关　8—压力表　9—溢流阀　11—减压阀　12—调速阀　13—压力继电器　14—二位四通手动换向阀　15、18—二位四通电磁换向阀　16—卡盘液压缸　17—二位五通电磁换向阀　19—前刀架横向进给液压缸　20—节流阀　21—前刀架纵向进给液压缸　22—后刀架纵向进给液压缸　23—后刀架横向进给液压缸　24—背压阀

的油经电磁换向阀 5 卸荷），经调速阀 12，电磁换向阀 18，进入刀架液压缸，液压缸回油经电磁换向阀 18、17，背压阀 24 流回油箱，实现刀架工作进给动作。

刀架快速进给时，YB6/25 的双联叶片泵同时向刀架液压缸供油，经电磁换向阀 17、18 进入刀架液压缸，液压缸回油经电磁换向阀 18、17 直接回油箱，实现刀架快速进给动作。

调速阀 12 是用来调整刀架工作进给速度的，可以根据工件切削工艺要求手动调节工作进给速度。

电磁换向阀 18 用来实现刀架工进（快进）工退（快退）转换，当电磁阀 YV1、YV3、YV5、YV7 得电时，压力油进入刀架液压缸大腔，刀架实现工进（快进），当电磁阀 YV1、YV3、YV5、YV7 失电时，压力油进入刀架液压缸小腔，刀架实现工退（快退）。

电磁换向阀 17 用来实现刀架工作进给与快速进给转换。当 YV2、YV4、YV6、YV8 得电时，压力油经电磁换向阀 17，再经电磁换向阀 18 进入刀架液压缸，刀架实现快速运动。当电磁阀 YV2、YV4、YV6、YV8 失电时，压力油不经过电磁换向阀 17，而是经过调速阀 12，再经电磁换向阀 18 进入液压缸，实现工作进给。

背压阀 24 的作用是给回油造成一定的反压力，使工作进给运动平稳。

电磁铁动作组合方式可参阅液压系统图 5-5 的附表。

四、C7620 型卡盘多刀半自动车床电气工作原理

机床设有三台电动机，分别是液压泵电动机、主轴电动机、水泵电动机，液压泵电动机的主要功能是控制前后刀架的移动，卡盘的夹紧与松开；主轴电动机有两种速度，根据加工工艺要求可自动转换；水泵电动机在切削加工时冷却用。推动刀架工作的电磁阀、矩阵网络中的中间继电器等元件均由 24V 直流电源供给。矩阵板上的插头插座，用 CTX—2 耳机插塞，在插头内部焊有小型二极管，以单向接通直流电路，实现设定的动作功能。传递刀架移动位置信号的限位开关是 JW2—11Z/5 型组合行程开关，每个行程开关内有 5 对单独的微动开关，必须按设计要求接线和安装。设在左右矩阵板上的 14 只指示灯是前、后刀架每个工步的指示器，当刀架达到某个工步时，相应的指示灯应该点亮指示，因此要求每个指示灯保持完好。直流继电器的触点两端设有电容器，其作用是对直流电感元件吸放时的反电势起到吸收作用，可防止直流电磁阀的误动作或因剩磁而不能释放，保证工步转换迅速可靠。机床大部分电路连接线是用 ATZ 型 20 芯插头座连接，要求插接紧密，并锁住，否则容易因松动而发生故障。

机床只有在液压泵电动机启动后，才能启动主轴电动机，只有在卡盘夹紧，压力继电器动作之后，才能进行刀架动作。前、后刀架可以单独工作，也可以同时工作，也可以依次顺序动作，由 1KC 波段开关来实现。

前刀架工作电磁阀：YV1（见书后插页图 5-6）、YV2 控制纵向液压缸，YV3、YV4 控制横向液压缸。

后刀架工作电磁阀：YV5、YV6 控制纵向液压缸，YV7、YV8 控制横向液压缸。

前刀架行程开关：SQ7、SQ8、SQ9，控制刀架纵向行程，SQ15、SQ16、SQ17 控制刀架横向行程；后刀架行程开关：SQ11、SQ12、SQ13 控制刀架纵向行程，SQ19、SQ20、SQ21 控制刀架横向行程。

机床每次循环工作结束后，纵横刀架必须返回原位，并压下原位开关，才能进行第二次循环工作。SQ2 为前刀架纵向原位开关，SQ3 为前刀架横向原位开关，SQ4 为后刀架纵向原位开关，SQ5 为后刀架横向原位开关。

当将操纵面板上的"自动"、"手动"旋钮开关 SB7 转到手动位置时，主轴及刀架可单独调整，按动 3A 按钮，可实现主轴点动。

刀架的调整，刀架循环工作的每一步要实现什么动作，取决于插销板左面的 1~7 插销孔插入的插头位置来决定，每一步何时实现此种动作的指令是由插销板右面的 8~14 插销孔插入的插头，并配合相应的行程挡铁和行程开关来实现的。

根据图 5-7 所示实例，下面用前刀架循环图例来说明刀架工作过程。插销及行程挡铁的调整位置已于图 5-7 中示出，此种循环只需五步动作即可完成。图 5-6 中前刀架循环程序的第一步动作是刀架纵、横向快进，根据液压原理，需要在插销板第一步的 1、2、3 孔插入插头，这样当油泵起动，卡盘夹紧，SP 压力继电器动作接通 32—40 直流通路，1KC 选择在I位置，按 SB4 按钮，KA11 得电吸合并自锁，此时电路从 49—70—51，使 KA1、KA2、KA3、KA4 吸合，使电磁阀 YV1、YV2、YV3、YV4 得电，前刀架纵、横向同时快速前进，横向快进到终点停

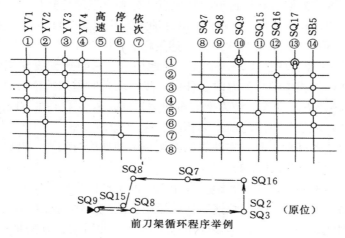

图 5-7　前刀架动作实例图

止，纵向快进到使挡铁 8 压下行程开关 SQ7 时。由于在插销板上第二步的 8 孔插入插头，使电路 70—SQ7—92—KA12 接通，KA12 吸合并自锁，断开 70—51，接通 70—73—52，点亮 HL2 指示灯，熄灭 HL1 指示灯，表示第一步动作结束，第二步动作开始。循环程序的第二步动作要求刀架横向继续停留在终点位置，所以要在插销板的第二步的 3 孔中插入插头。刀架纵向要实现工作进给，就要在插销板上第二步的 1 孔中插入插头。当刀架纵向工作进给到使挡铁 9 压下行程开关 SQ8 时，由于在插销板第三步的 9 孔中插入插头，使电路 70—SQ8—93—83—KA13 接通，KA13 吸合并自锁，断开 70—73，接通 70—74—53，HL3 点亮，HL2 熄灭，第二步动作停止，第三步动作开始。循环程序第三步动作要求刀架 1、4 孔插入插头，当刀架横向快退到最后端，使挡铁 11 压下行程开关 SQ15 时，由于在插销板上第四步的 11 处插有插头，使电路 70—SQ15—94—84—KA14 接通，KA14 吸合并自锁，断开 70—74，接通 70—75—54，HL4 点亮，HL3 熄灭，第三步动作停止，第四步动作开始。循环程序的第四步动作要求刀架横向停在最后端，而刀架纵向继续工作进给，因此在插销板上第四步的 1 孔中插入插头，当刀架纵向工作进给到终点顶住定位螺杆时，使挡铁 10 正好压下行程开关 SQ9，因钮子开关 SA21 预先扳向上方，所以当 SA21 被压下后，KT1 吸合，并延时一定时间，由于第五步的 10 孔有插头，使电路 70—SQ9—KT1—95—85—KA15 接通，KA15 吸合并自锁，断开 70—75，接通 70—76—55，点亮 HL5 熄灭 HL4，第四步动作停止，第五步动作开始。如果不需要延时，可将 SA21 扳向下方。循环程序第五步要求纵向刀架快退，在第五步的 6 孔插有插头，使电路 70—76—55—66—KA18 接通，KA18 吸合，使 KA11 失电，断开 49—70 通路，步进线路断电，主轴停止转动（18—26 断开），而 KA9 从 40—45—46 得电吸合，电磁阀 YV2、YV4 得电，刀架自动快速退回到原点，分别压下原位限位开关 SQ2，SQ3，KA9 失电，YV2、YV4 失电，YV12 得电，油泵卸荷，一个自动循环过程结束。

　　重新按压 SB4 按钮，可再次重复上述过程。

　　插销板第 14 竖行的插头是一个接一个地插入，一直插到设定工步的最后一步，如果在切削过程中遇到问题时，任何一步要求及时退刀的话，只要按压按钮 SB5，就可实现第五步动作，使刀架安全快速退回，避免了工件与机件的损坏。

　　后刀架的循环工作原理与前刀架相同，这里从略。

　　前、后刀架顺序动作时，先动作的刀架与单独动作时相同，后启动的刀架由先动作刀架的"依次"插头来启动。

　　在前、后刀架同时动作时，根据液压系统的工作原理，其中有一个刀架在工作进给时，另一刀架不允许作快速动作，否则会造成工作进给刀架工作的瞬间停滞或波动。因此，快速动作的刀架要服从工作进给的刀架，方法是：1）调整两刀架能同时工作进给，又同时完成工作进给；2）使其中工作进给时间较短的刀架提前进入工作进给状态，而又不切削工件；3）两刀架同时进行工作进给，先到终点的刀架不要马上实行快退动作，可实行工退（慢退），当另一刀架切削完毕时，再实行快退动作。

前、后刀架纵横向钮子开关 SA13～SA20 的作用是利用此开关进行终点对刀，或调整行程挡铁。

第二节　C7620 型卡盘多刀半自动车床的故障征兆、分析与检修

本节从卡盘多刀半自动车床机械系统、液压系统、电气系统三个方面的故障征兆、分析与检修进行介绍。

一、电气系统故障分析与检修（6 例）

1. 液压泵电动机不能启动

【故障原因分析】

1）FU1 熔断。

2）FR1、FR3 过载脱扣。

【故障排除与检修】

1）检查熔体熔断原因，更换熔体。

2）检查液压泵电动机或水泵电动机过载原因，绝缘是否良好，叶片泵是否堵塞。

2. 主轴电动机不转

【故障原因分析】

1）液压泵电动机未启动。电路中主轴电动机和液压泵电动机实行联锁保护，必须是液压泵电动机先启动，保证运动部件有良好润滑后，主轴电动机方能启动。

2）SB8 在停机位置。

3）KM2 通路有故障。

【故障排除与检修】

1）启动液压泵电动机。

2）SB8 扳向主轴运转位置。

3）检查电路 18—25—21—22—23—24 通路及 18—26—100—21—22—23 通路，排除所出现的故障。

3. 主轴电动机只有低速，没有高速

【故障原因分析】

1）高速插头座接触不良，KA20 没有动作。

2）接触器 KM3 或 KM4 不能吸合。

【故障排除与检修】

1）检查矩阵板高速插接座，排除不良接触处，检查 KA20 线圈接线是否良好，有无断开。

2）检查接触器线圈是否断线，检查 KM3、KM4 通电回路是否正常，排除出现的故障。

4. 按刀架启动按钮 SB4，刀架不动，主轴不转

【故障原因分析】

压力继电器 SP 没有动作，32—40 不通。

【故障排除与检修】

调整压力继电器工作压力，使压力继电器能可靠发出信号。

5. 刀架不按设定工步运动

【故障原因分析】

1）二极管插头接触不良。

2）二极管开路。

3）二极管焊反。

4）矩阵板连接线脱焊。

5）中间继电器触头接触不良。

6）电磁换向阀接线断开。

7）电磁换向阀卡死。

8）电磁换向阀中电磁铁线圈烧坏。

【故障排除与检修】

1）调整插头插座接触簧片，保证插头接触良好。

2）检查二极管质量，更换良好的二极管。

3）检查二极管焊接质量，正确焊接。

4）重新焊接矩阵板，保证焊接牢固可靠。

5）调整中间继电器，保证触头接触良好，无法调整时，应更换中间继电器。

6）检查电磁换向阀的接线，把断开处重新接好。

7）电磁换向阀卡死通常是由于阀芯与阀体间有杂质，可拆下电磁换向阀，仔细拆开清洗，如发现阀芯有拉毛等现象，应仔细修复。

8）电磁换向阀中电磁铁线圈烧坏，应更换新的线圈。

6. 刀架动作错乱，工步指示灯忽亮忽暗

【故障原因分析】

1）二极管或插座有击穿现象。

2）组合限位开关脱线或接线错误。

3）限位挡铁定位不准。

【故障排除与检修】

1）用万用表检查二极管及插座，发现击穿处予以修复或更换。

2）按图样正确接线。

3）仔细调整挡铁位置，保证挡铁正确到位。

二、液压系统故障分析与检修（9例）

1．工作台动作失灵，不能按要求进行动作，不进不退或进退无力

【故障原因分析】

1）电磁换向阀不通电，或阀内弹簧断裂，阀芯卡死等，使换向阀不能换向和复位。

2）液压系统压力太低，或无压力，这往往是由于液压油大量泄漏和液压泵处于卸荷状态引起的。

3）液压泵故障，电动机不转或传动键断裂，联轴器损坏。

【故障排除与检修】

1）电磁换向阀电气线路故障排除方法参考电气故障第5条6）、7）。

电磁换向阀弹簧断裂，应更换新的弹簧，电磁换向阀阀芯卡死，可清洗换向阀，修复卡死的阀芯。

2）调整溢流阀，使系统压力达到规定的数值（1.5～2.5MPa）。

找出泄漏处并予以排除。检查卸荷阀的通断情况，使其处于失电关闭状态。

3）液压泵故障，需修复液压泵。该机床使用YB—6/25双联叶片泵，可参照叶片泵修理办法进行修复，不能修复的应更换新液压泵。机械传动部分故障按正规方法修复即可。

2．刀架快速运动时，速度不快

【故障原因分析】

1）刀架快速运动时，主要由25L大液压泵供油，如YV12处于通电状态，则25L大液压泵处于卸荷状态，大流量液压油经电磁换向阀5（见图5-5）回油箱，系统仅有6L小液压泵供油，因流量不足，刀架无法快速运动。

2）大泵或小泵有一个已损坏，造成仅一个液压泵单独工作，或两泵容积效率均大为降低，造成系统供油流量不足。

【故障排除与检修】

1）检查YV12，看其是否处于通电状态，如通电，应在电气线路中予以纠正，保证刀架处于快进状态时，YV12应处于断电状态。如YV12处于断电状态，应检查电磁换向阀5有无故障，如有弹簧断裂，阀芯卡死等，可参照前述内容排除。

2）修复液压泵，或调换新液压泵。

3. 刀架工作进给时速度不稳定，产生爬行现象

【故障原因分析】

1）液压系统中进入空气，是液压缸运动产生爬行的主要原因。空气进入液压系统主要有两条途径，一是液压泵吸空而造成空气进入系统，二是液压缸两端封油圈太松，使空气直接进入液压缸。

2）油液清洁度差，或系统清洗不干净，操作中造成灰尘、棉丝、金属粉末、橡胶粒子等进入系统，堵塞节流元件中的通油小孔，造成节流元件时通时断，导致液压缸爬行。

3）液压元件故障，如调速阀最小流量不稳定，板式阀体、连接板内部窜腔，液压缸、活塞、活塞杆拉毛等。

4）安装液压缸时，其中心线与机床导轨不平行，活塞杆局部弯曲，密封太紧等。

5）新刮研的导轨表面粗糙度差，研点阻力大，导轨润滑不良，不能形成润滑油膜，导轨处于干摩擦和半干摩擦状态，增加了摩擦阻力，造成工作台爬行。

【故障排除与检修】

1）若液压缸中进入空气，可利用排气装置排气。无排气装置的，可在开机后，使液压缸快速全行程往复数次进行排气，有条件的可在系统最高处装置排气阀。在安装回油管时，一定要将其出口埋入液面以下，并远离液压泵吸油口，以免空气进入液压泵。

2）保持液压系统的清洁。油箱要加盖，但又要与大气接通，可用空气滤清器或迷宫式通气孔接通大气。

3）清洗调速阀中的节流阀、减压阀，清理节流孔、槽，修复磨损的阀芯，或调换同规格的调速阀。

4）仔细调整液压缸轴线与机床导轨的平行度，使其误差在0.1mm/1m之内。校直活塞杆，控制其直线度在0.02mm/1m以内。调整液压缸各处密封，使其松紧适度。

5）重新修刮导轨，达到规定的研点。并用磨石来回拖研，保证其表面粗糙度达到规定要求。配以有效的润滑，使导轨之间建立起良好的润滑油膜。

4. 刀架运行过程中产生停顿和突然前冲

【故障原因分析】

该车床所有刀架工作台共用一套液压系统，当所有刀架工作台一起动作时，由于刀架工作台的起始和结束不能做到全部同步，而且在实际加工过程中，是要求各刀架按需要先后动作。所以，当一部分工作台处于工作进给状态，而另一部分工作台处于快进或快退状态时，必然导致整个液压系统压力下降，而使处于工作进给的刀架工作停顿；当快进或快退工作台动作结束后，系统压力迅速升高。

这种压力波动，会干扰其他工作台的动作，使处于工进状态的工作台，有时有一个很明显的停顿后，会产生突然前冲现象。

【故障排除与检修】

合理调整各工作台动作程序，使各工作台同步进入工作进给和快速退回工步。或在较早结束工进的工作台，设立一个"工退"即慢速退回的工步，使它不能立即进入快退工步而影响其他工作台工作。有条件时可改进液压回路，在各工作台液压支路中加设单向阀和蓄能器，以保证在液压系统压力下降时，本支路由蓄能器维持压力正常，保持工作台正常工作而不受其他工作台动作变换的影响，改进后的液压回路如图 5-8 所示。

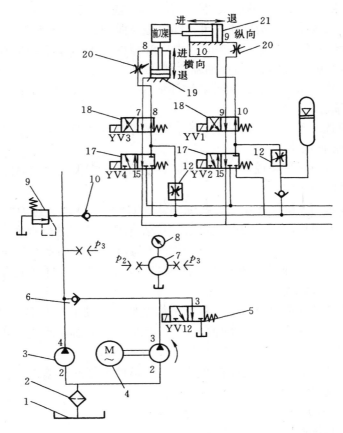

图 5-8　加蓄能器的刀架工作台液压原理图

5. 液压缸退到底有撞击声

【故障原因分析】

液压缸活塞在快速后退到终点时，由于惯性的作用，会以很高速度撞向液压缸端盖，产生撞击声，严重时甚至会造成液压缸连接件损坏。

【故障排除与检修】

当液压缸快退将近结束时，可以在插孔式程序中加上一个"工退"即慢退的缓冲程序，使活塞运动速度由快速变成慢速，缓慢地接近液压缸端盖，避免产生刚性冲击，也可以在液压缸的尾端改装一个活塞式缓冲机构，使活塞运动到终点时自行降低运动速度。

6. 油温升高很快

【故障原因分析】

1）液压系统压力调得过高，当系统处于工作进给状态时，大量高压油流经溢流阀回油箱，造成很大的能量损失，使油温迅速升高。

2）25L 大液压泵卸荷回路失灵，即电磁换向阀 5（见图 5-5）一直处于失电状态，使系统处于"工进"状态时，本应卸荷的大液压泵不能卸荷，大流量高压油需经溢流阀 9 回油箱，造成油温急剧升高。

3）油箱内油液太少，造成油液循环加快，未经散热冷却的液压油又进入系统工作，使油温升高。

4）油液选用不当，油的粘度太大，造成系统压力损失增大，压力损失最后转化为热量使油温升高。

5）油箱散热条件差或环境温度太高，使油液不能很好地散热冷却。

【故障排除与检修】

1）正确选用系统工作压力，仔细调整到 1.5 ~ 2.5MPa，压力不宜过高。

2）检查电磁换向阀 5 的电气线路，并结合刀架动作进行观察，当刀架全部处于"工进"状态时，电磁换向阀 5 应处于通电状态。如不在通电状态，应予以纠正。同时还应检查电磁换向阀 5 的阀芯有无卡死等，如有则应予以排除。

3）补充油液到规定位置。

4）按环境温度选用液压油，冬季用粘度低一点的油，如 L – AN5 号全损耗系统用油；夏季用粘度高一点的油，如 L – AN32 号全损耗系统用油，选用液压油应根据机床工作环境温度而定。

5）机床和液压油箱应安装在通风，散热条件较好的环境中，有条件的可改装油箱，在油箱内安装循环水冷却系统。

7. 液压系统压力突然升高，压力波动大

【故障原因分析】

1）溢流阀 9 阀芯卡死。溢流阀正常工作时，其主阀芯会随着系统压力的变化而灵活移动，在系统压力升高和降低时，自动开大或关小溢流阀开口，保证系统压力处于恒定值；当阀芯卡死时，溢流阀不能自动调整系统压力，可能会使压力升高。

2）液压系统中隐含泄漏点，且泄漏点处于时通时断的状态，泄漏量大时，系统压力降低，泄漏点堵塞时，系统压力又升高，造成系统压力波动。

3）卸荷系统工作不正常，电磁换向阀5处于时断时通状态，使系统压力波动较大。

【故障排除与检修】

1）仔细拆洗溢流阀9，修复拉毛的阀芯，检查阻尼小孔有无堵塞和脱落。如不能修复，可更换同规格的溢流阀。

2）找出系统中隐含的泄漏点，予以排除。

3）检查卸荷系统工作情况，参照前述内容分别排除电气系统故障和电磁换向阀故障。

8. 液压系统压力调不上去

【故障原因分析】

1）溢流阀损坏，如弹簧折断，阀芯卡死等，造成溢流阀进出油口接通，系统不能建立压力。

2）液压泵吸空，其原因可能是油箱液面太低，滤油器堵塞等，造成液压泵吸油量不足。

3）叶片泵部分叶片在转子槽内粘住，不能形成密封容积，液压泵供油量减少。

4）液压泵配油盘等严重磨损，轴向间隙过大，造成液压泵容积效率下降。

5）系统有严重漏油处未被发现。

【故障排除与检修】

1）检查溢流阀，排除故障或更换相同规格的溢流阀。

2）检查油箱储油量，将油液加至规定高度。清洗或更换滤油器，保证液压泵吸油畅通。

3）检修叶片泵，保证叶片在槽内能灵活运动（间隙在 0.015 ~ 0.02mm 内）。

4）检查液压泵转子与配油盘的轴向间隙，应在 0.015 ~ 0.02mm 范围内，如间隙过大，应仔细修配调整，或调换液压泵。

5）检查液压系统各部分，排除漏油故障。

9. 液压系统产生振动和噪声

【故障原因分析】

1）液压泵吸空。如进出油口管路漏气，吸油管道过长，管子通径太小，吸油管浸入液面太浅，液压泵吸油高度太高，滤油器通流面积太小或被堵塞，油箱不通空气等，造成液压泵吸空而产生噪声。

2）液压泵故障。如液压泵轴向、径向间隙过大，造成高压油向低压腔窜动；叶片泵三角卸荷槽堵塞或形状尺寸变化引起困油现象。

3）溢流阀动作失灵。如脏物杂质堵塞阻尼小孔，弹簧变形，阀芯卡死，阀座损坏，配合间隙不合适等。

4）机械振动引起的噪声。如液压泵与电动机的联轴器松动，联轴器损坏，液压泵轴线与电动机安装不同轴，电动机动平衡不良或轴承损坏等。

5）空气进入液压系统，在压力油作用下，不断压缩和膨胀，也会造成系统振动和噪声。

【故障排除与检修】

1）解决液压泵吸空现象，可检查油箱液面高度，吸油管、回油管埋入液面深度；对于滤油器通油能力，可检查其规格和堵塞情况，逐一排除出现的故障。

2）拆卸液压泵，检查各处配合间隙并修复到规定尺寸范围。特别在修磨端盖、配油盘以后，应注意卸荷槽尺寸的变化，尽量修正恢复到原设计尺寸。

3）拆卸溢流阀，清洗疏通阻尼孔，检查更换弹簧，修研阀芯，阀座，保证其配合精度。

4）检查联轴器，如有损坏则调换更新。调整液压泵与电动机主轴的同轴度，误差应小于0.1mm。检查电动机轴承，如有损坏则调换。将电动机主轴转子、风扇等旋转件一起进行动平衡，达到规定精度要求。

5）排除液压系统内的空气，可用排气装置排气，或开机快速空行程往返数次排气。

三、机械系统故障分析与检修（3例）

1. 主轴轴向窜动超差（允差为0.015mm）

【故障原因分析】

1）装在主轴后轴颈上的推力球轴承51218/P6和圆锥滚子轴承30217的轴向游隙超差。

2）推力球轴承51218/P6和圆锥滚子轴承30217的精度超差或损坏。

3）主轴后轴承座与主轴箱的连接有松动。

【故障排除与检修】

1）松开螺母M76×2LH上方的紧定螺钉，拧紧螺母M76×2LH，消除推力球轴承51218和圆锥滚子轴承30217的轴向游隙，直到主轴轴向窜动达标为止，再拧紧M76×2LH上方的紧定螺钉。

2）推力球轴承51218和圆锥滚子轴承30217的精度为/P6级，如果超差或损坏应予以调换。

3）主轴后轴承座与箱体连接的松动很少发生，如果上述两项正常，主轴轴向窜动仍超差（或者在大修后），应检查和扳紧后轴承座与机体的固定螺钉。

2. 主轴径向圆跳动超差（公差为 0.015mm）

【故障原因分析】

1）装在主轴前轴颈上的双列圆柱滚子轴承 NN3024K 的径向间隙超差。

2）双列圆柱滚子轴承的精度超差或损坏。

【故障排除与检修】

1）松开螺母 M120 ×2 上的紧定螺钉，拧紧螺母 M120 ×2，消除双列圆柱滚子轴承 NN3024K/P5 的径向间隙，直到主轴径向圆跳动达标为止，再拧紧 M120 ×2 上的紧定螺钉。如果仅调整主轴前端轴承仍不能达标，可以考虑对主轴后端的圆锥滚子轴承 30217 的间隙也进行调整，以缩小主轴径向跳动的数值。

2）双列圆柱滚子轴承 NN3024K 的精度应为/P5 级，如果超差或损坏应予以调换。

3. 主轴箱内产生异常噪声

【故障原因分析】

1）主轴箱内断油或润滑不良。

2）主轴箱内变速齿轮啮合不良。

3）主轴箱内滚动轴承失效。

【故障排除与检修】

1）检查主轴箱内润滑情况，加油到正常位置高度。

2）主轴箱内共有 4 对 8 只齿轮。如果排挡时没有使变速的齿轮在齿宽方向对齐，即错位过多，则容易引起噪声增大。应检修排挡定位装置，使啮合齿轮宽度对齐。

检查齿轮齿面上是否有轧伤的现象，有时在装卸齿轮时，猛烈敲击齿轮而引起齿廓发生肉眼不易觉察的变形，如果有上述情况存在，齿轮在啮合时将有较大的噪声出现。确诊故障原因后，可以调换整对齿轮，也可以修磨大齿轮，调换配对的一只小齿轮。

3）主轴箱内共有 8 只滚动轴承，如果其中有一只或几只滚动轴承失效，也将产生异常噪声。确定失效的轴承后，更换同类新轴承。

第三节　C7620—4 型卡盘多刀半自动车床液压、电气系统性能的改进

一、液压系统的改进

某厂选用 C7620—4 型卡盘多刀半自动车床加工油泵中的凸轮轴。工艺要求为：将凸轮轴的一端用卡盘夹紧，另一端用尾座顶尖顶住，前后横刀架各装 4 把 15mm 的成形车刀；在第一工序位置上，前后横刀架同时作切入进给，待横向进给结束后，就快退到原位，然后作纵向快移至第二工序位置，重复第一工序位置

作切入进给。动作过程如图 5-9 所示前
后刀架动作程序图。

实际工作中发现只要其中某一只横
刀架加工结束后，先作快退动作后，另
一只横刀架仍在作切入进给时，刀具会
突然将被加工的工件撞出顶尖孔，使工
件撞坏，严重时会将刀具及卡盘脚撞碎，
不但使工件报废，而且使设备受到损坏。

经分析原因，发现该自动车床的液

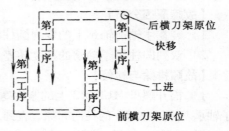

图 5-9　前后刀架动作程序图

压系统在回路结构上存在着失压缺陷。具体来讲，当前后横刀架同时作切入进
给，而其中某一只刀架先加工结束而作快退动作时，就会造成系统压力下降，卡
盘的夹紧力和尾座顶尖的压力都会骤然下降，直到快退的刀架退到底后，系统压
力才会恢复。为解决上述缺陷，可将原液压系统略加改装，即可保证液压系统在
任何工况下都能保持恒定压力。

C7620—4 型车床液压系统图如图 5-10 所示。由三相异步电动机驱动双联叶

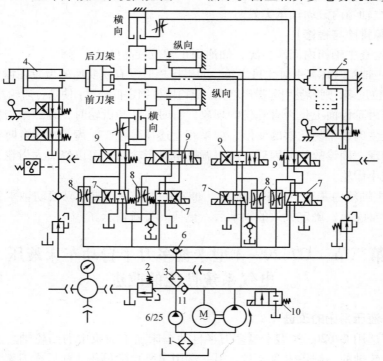

图 5-10　C7620—4 型车床液压系统图

1—粗滤油器　2—溢流阀　3—精滤油器　4—卡盘液压缸
5—尾座液压缸　6、11—单向阀　7、9、10—电磁换向阀　8—调速阀

片泵，油液经线隙式粗滤油器 1，经液压泵后通过线隙式精滤油器 3，然后分几支油路分别流向卡盘液压缸 4，尾座液压缸 5，同时又经单向阀 6 再分几支流向进给电磁阀 7，再流进液压缸，驱动各执行机构工作。当快进电磁换向阀 7 中任意一只通电时，系统中油液直接经换向阀 7 进入液压缸，使液压缸快速前进，此时系统压力下降到 0.5MPa 以下。卸荷电磁换向阀 10 失电，25L 大液压泵泵出的油打开单向阀 11，和小液压泵泵出的油汇合，一起向系统供油，但其压力也不超过 0.5MPa。如同时有处于工作进给状态的刀架，其工作压力显然也低于 0.5MPa，此状态即为失压。系统处于失压状态时，卡盘夹紧力、尾座顶尖的顶紧力都小于预定值，导致工件脱落等现象发生。

　　改进后的液压系统原理图如图 5-11 所示。其主要改进处是在大液压泵（25L）与卸荷电磁换向阀 10 的连接处再引出一支油路（图中以粗线表示）再分成 4 支通道，分别通向 4 个快速电磁阀 7，而原来经单向阀 6 后分别通向快速电磁阀 7 的油路则断开。这样，当快速电磁阀 7 中任何一个通电时，25L 大液压泵

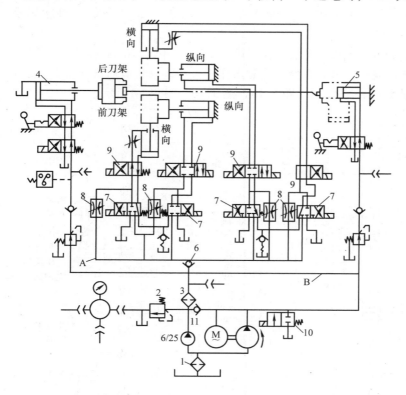

图 5-11　改进后的 C7620—4 型车床液压系统原理图

1—粗滤油器　2—溢流阀　3—精滤油器　4—卡盘液压缸　5—尾座液压缸　6、11—单向阀　7、9、10—电磁换向阀　8—调速阀

供应的油经油路 B 直接通过快速电磁阀 7 而进入刀架液压缸，使刀架快速动作。而其他未通电的快速电磁阀 7 中不通油，液压缸的油由小液压泵经油路 A 通过调速阀 8 再经电磁换向阀 9 进入液压缸，其压力为溢流阀 2 的调定压力（1.5 ~ 2.5MPa），保证系统不致失压。由于单向阀 11 的作用，A、B 油路不会互通，此时，各刀架工作液压缸有的快进，有的快退，有的工进，各自进行各自的动作。但系统始终不会产生失压现象，保证工件不会脱落，刀架不会产生停顿和冲击。

二、用可编程序控制器改进车床电气控制系统

C7620—4 型卡盘半自动车床采用常规电气控制，共有中间继电器 31 只，时间继电器 3 只。加工工艺采用 4 块 8×8 的二极管矩阵电路变换，因此电气线路复杂，故障率高，检修难度大，耗用的维修工时多，经常影响正常生产。

采用可编程序控制器（PLC）对该机床电气控制部分进行改造后，用 PLC 的内部继电器取代时间继电器，用波段开关取代二极管矩阵电路。对机床的前、后横刀架的手动调整采用二进制编码输入。这样，原来调整时需要占用的 12 个输入点，改进后仅用了 4 个输入点，节省了资金，也满足了机床调整的手段要求。

经过改造，该机床的生产率提高了 29% ~ 30%，故障率降低到原来的 5% 以下。且操作简单，维修方便，受到操作工人和维修人员的欢迎。电气改装图如图 5-12、图 5-13、图 5-14、图 5-15、图 5-16、图 5-17 所示。

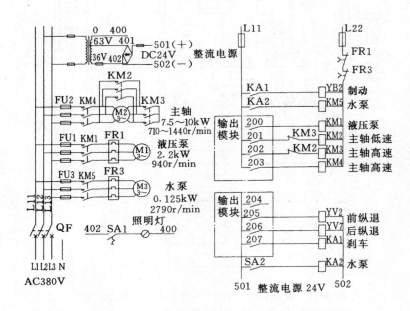

图 5-12　C7620—4 型多刀车电气改装原理图

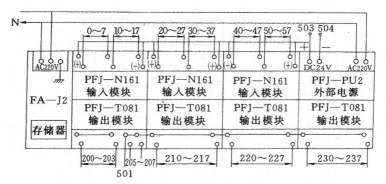

图 5-13　C7620—4 型改装 PLC 配置图

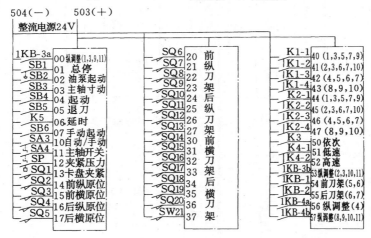

图 5-14　C7620—4 型改装输入接线图

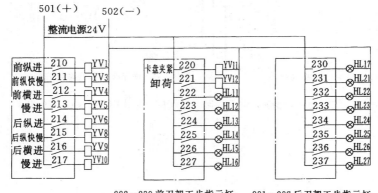

222～230 前刀架工步指示灯　　　231～237 后刀架工步指示灯

图 5-15　C7620—4 型改装输出接线图

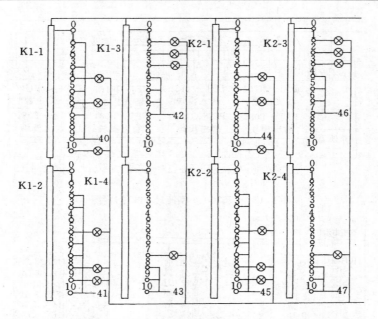

图 5-16　C7620—4 型前后刀架工艺接线图（使用 KCZ/4 × 11 波段开关）

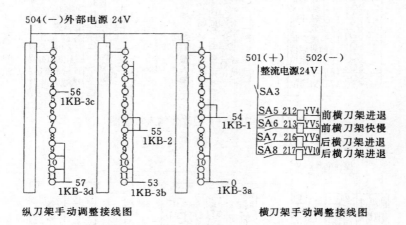

图 5-17　C7620—4 型横刀架手动调整接线图（使用 KCZ/3 × 11 波段开关）

第六章　自动车床的故障分析与检修

第一节　C2150×6 型六轴自动车床的结构

一、C2150×6 型六轴自动车床概述

C2150×6 型六轴自动车床是一种高效率的大型机床，结构较复杂。在使用过程中，会出现各种各样的问题，其中以调整、零部件磨损或损坏最为常见。此处仅就日常的故障及检修加以说明，属于小修或中修。对于已使用 5 年以上、且已不能正常工作的机床，则需要进行大修。

由于 C2132×6 型机床与 C2150×6 型机床结构基本相同，所以前者的故障分析和检修也可参照进行。

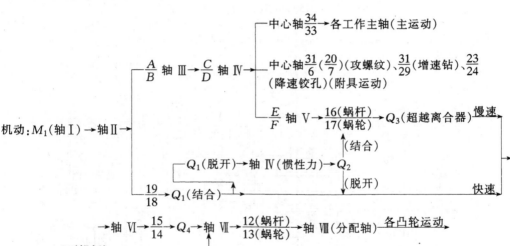

二、C2150×6 型六轴自动车床的主要组成部分

C2150×6 六轴自动车床主要由床身、变速箱、前箱、后箱、分配轴、主轴鼓、纵刀架、横刀架等组成，如图 6-1 所示。

三、C2150×6 型六轴自动车床的传动系统

图 6-2 是机床传动系统图。为了准确判断故障原因，熟悉机床传动路线是必要的。下面是机床传动路线，如图 6-3、图 6-4 所示。

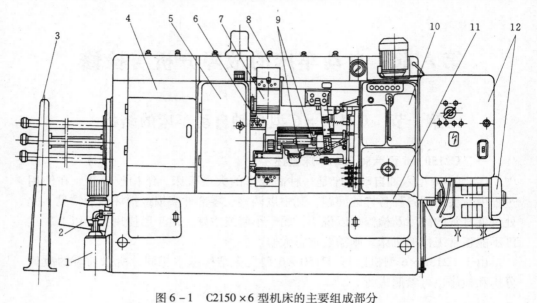

图 6-1　C2150×6 型机床的主要组成部分

1—冷却泵　2—运屑器　3—料架　4—后箱　5—前箱　6—主轴鼓　7—横刀架
8—分配轴　9—纵刀架及独立刀架　10—变速箱　11—床身　12—电器箱

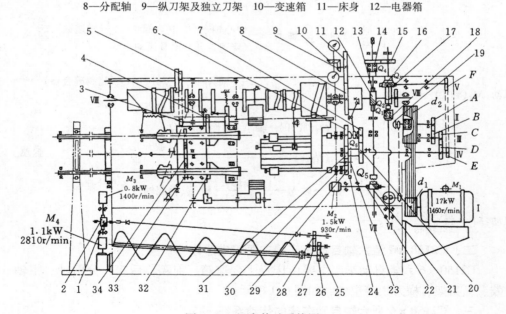

图 6-2　机床传动系统图

1、12、16、21—蜗杆　2、13、17、22—蜗轮　3、4、14、15、20、23～34—齿轮　5—十字轮槽及齿轮
6、7—攻螺纹变速齿轮　8、9、10、11—指示仪齿轮　18、19—弧齿锥齿轮

Q_1—快速行程摩擦离合器　Q_2—制动摩擦离合器　Q_3—超越离合器　Q_4—进给摩擦离合器
Q_5—点动离合器　Q_6—工具轴变速离合器　M_1—主电动机　M_2—点动电动机　M_3—运屑器电动机
M_4—冷却电动机　Ⅰ、Ⅱ、Ⅲ、Ⅳ、Ⅴ、Ⅵ、Ⅶ、Ⅷ—各运动轴

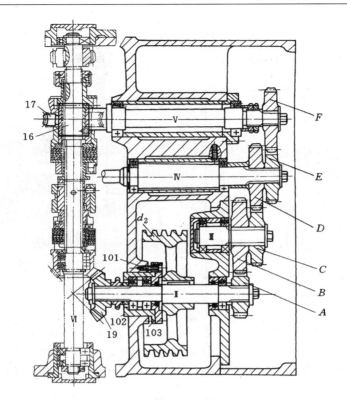

图 6-3　变速箱轴Ⅱ、Ⅲ、Ⅳ和Ⅴ结构

A、B、C、D、E、F—齿轮　16—蜗杆　17—蜗轮　19—弧齿锥齿轮
101—螺钉　102—套　103—紧定螺钉

分配轴的快慢速自动换接以及超越离合器的作用过程，在下述变速箱结构中加以叙述。

四、C2150×6 型六轴自动车床主要运动部件的结构

1. 变速箱

变速箱是机床的主要传动部件，它又是主轴鼓中心轴、分配轴和横梁等主要部件的支承件。在变速箱内装着轴Ⅱ、Ⅲ、Ⅳ、Ⅴ、Ⅵ和Ⅶ的部件，如图 6-3、图 6-4 所示。

（1）分配轴快、慢速自动换接控制机构　分配轴快、慢速自动换接控制在机床传动路线简图中已有初步表示，为了正确进行维修，此处再结合图 6-5 对自动换接控制再予以详细说明。

分配轴在每一转内自动获得快、慢两种转速，此两种转速的实现是由分配轴右端快、慢速控制凸轮 K、L 通过杠杆 M 拨动拨叉 T，使快速摩擦离合器 Q_1、制动摩擦离合器 Q_2 结合或脱开来实现的（Q_1 结合为快速，脱开为慢速）。为了使

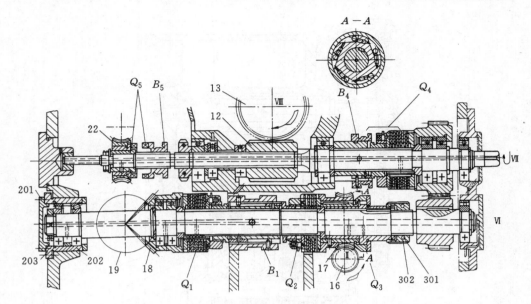

图 6-4　变速箱轴Ⅵ、Ⅶ结构图

Q_1—快速行程摩擦离合器　Q_2—制动摩擦离合器　Q_3—超越离合器　Q_4—进给摩

擦离合器　Q_5—爪形离合器　B_1、B_4、B_5—结合套　12、16（21）—蜗杆

13、17、22—蜗轮　18、19—弧齿锥齿轮　201、203、301—螺钉　202—套　302—开合螺母

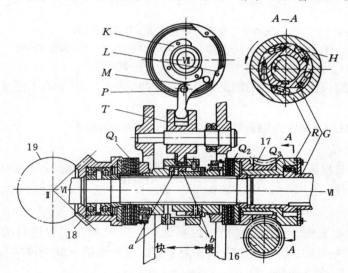

图 6-5　分配轴快、慢速自动换接控制机构

16—蜗杆　17—蜗轮　18、19—弧齿锥齿轮　Q_1—快速摩擦离合器

Q_2—制动摩擦离合器　Q_3—单向超越离合器　K、L—快、慢速控制凸轮

M—杠杆　P—偏心轴　T—拨叉　G—星形体　H—滚子　R—超越离合器转动环

分配轴准确地由快速变为慢速，在离合器 Q_1 的右边增加了制动摩擦离合器 Q_2，从而迅速地消除分配轴由快速变为慢速时的惯性影响。离合器 Q_1 和 Q_2 用同一拨叉 T 控制。当 Q_1 结合时，Q_2 脱开，此时轴Ⅵ迅速由慢速转动变为快速转动；当 Q_1 脱开时，Q_2 结合，此时轴Ⅵ快速转动的惯性能量通过 Q_2 传到蜗轮 17 及蜗杆 16 上，由于蜗杆副的自锁，能量就消耗在蜗杆 16 的支承上。轴Ⅵ由蜗杆 16、蜗轮 17、超越离合器 Q_3 带动，仍在原慢速传动路线作用下，继续慢速转动。

（2）超越离合器 Q_3 的结构和作用过程　从机床传动路线简图可看出，在分配轴快速行程时，蜗杆 16 及蜗轮 17 同时也将慢速运动通过一个超越离合器 Q_3 带动轴Ⅵ转动，当快速行程摩擦离合器 Q_1 接通时，轴Ⅵ的高速转动可以直接"超越" Q_3 而不受慢速传动的阻力影响。为什么超越离合器能保证在快、慢速传动同时进行的情况下而不损坏机件呢？这是因为轴Ⅵ的慢速转动是由蜗杆 16 带动蜗轮 17，蜗轮 17 又通过键带动超越离合器的转动环 R 作慢速转动（见图 6-5 中的 A—A 剖面图），当转动环在箭头方向转动时，转动环和滚子 H 之间便产生了摩擦力，在摩擦力作用下，滚子 H 被卡在转动环与星形体 G 之间的楔形角中，从而带动星形体使轴Ⅵ旋转。

当离合器 Q_1 结合时，轴Ⅵ被弧齿锥齿轮 19 和 18 直接带动作快速旋转，此时，轴Ⅵ及星形体 G 的转向与转动环 R 的转向相同，而转速要比转动环 R 高许多，于是单向超越离合器的滚子 H 在惯性作用下克服弹簧弹力就退到后边，与转动环 R 脱开。此时转动环虽然仍在作慢速转动，但其动力已不能传递给Ⅵ轴了，即Ⅵ轴的高速转动直接"超越"了转动环 R 的慢速转动。当离合器 Q_1 脱开时，螺旋锥齿轮即空转，轴Ⅵ重新由转动环 R 带动，自动变为慢速转动。

（3）轴Ⅶ的结构和作用　轴Ⅶ上装有齿轮、进给摩擦离合器 Q_4、爪形离合器 Q_5 以及蜗杆 12 和蜗轮 22 等（见图 6-4）。离合器 Q_4 和 Q_5 具有联锁性。操作手柄拉杆，离合器有三个位置：Q_4 结合（机动），Q_5 结合（点动），空挡（两者都不结合）。Q_4 和 Q_5 离合器应是一个结合，另一个必须脱开。

Q_4 进给摩擦离合器的结合可以使轴Ⅵ上的快、慢速运动再通过蜗杆副传到分配轴上。而当调整时，使 Q_5 离合器结合，点动电动机 M_2 可以直接使运动通过二对蜗杆副传到分配轴上。

2. 前箱

前箱是机床的关键部件之一。主轴鼓、主轴鼓的转位及定位机构，Ⅰ、Ⅱ、Ⅲ、Ⅵ工位横刀架进刀机构的驱动杠杆及拉杆系统都装在前箱里（见图 6-6）。其右端面上方还装着横梁，横梁上装着Ⅳ、Ⅴ工位横刀架。前箱顶部装着分配轴部分，分配轴在前箱这一段上装着三个凸轮盘，盘上紧固着驱动–控制凸轮。主轴鼓抬起机构和挡料机构的驱动杠杆和拉杆系统位于前箱左面。

（1）前箱鼓孔　前箱鼓孔采用了带偏心圆弧的结构（见图 6-7）。就是在圆形鼓孔的下弧面上镗出一偏心圆弧 A，通过主轴鼓体和前箱鼓孔的刮研，在偏心圆弧的两侧 B、C 弧面上形成 80 ~ 100mm 的接触弧面，前后共四段。这样，鼓孔就相当于一个 V 形槽，使主轴鼓的定位精度和稳定性都提高了。

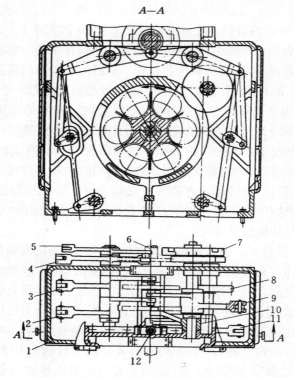

注：A—A 部视图中略去的主轴鼓定位机构如图 6-9 所示。

图 6-6　前箱结构图

1—前箱体　2—Ⅵ工位横刀架进刀杠杆　3—Ⅰ工位横刀架进刀杠杆　4—主轴鼓抬起杠杆
5—挡料杠杆　6—分配轴　7—十字槽轮　8—主轴鼓转位齿轮　9—Ⅱ工位横刀架进刀杠杆
10—主轴鼓定位杠杆　11—Ⅲ工位横刀架进刀杠杆　12—定位销部件

考虑到机床工作时，运动零件会发热，夏天气温高，箱体也会发热，为了避免鼓体受膨胀与鼓孔间隙变小而发生"咬死"现象，设计时要求鼓体与鼓孔的间隙 $c = 0.20 ~ 0.24$mm。间隙过小会增加调整主轴鼓抬起机构的困难，也会增加装入主轴鼓时的困难。

（2）主轴鼓抬起机构　为了减少主轴鼓转位时鼓体与鼓孔的摩擦，机床设有主轴鼓抬起机构（见图 6-8）。当主轴鼓转位时，由分配轴上的抬起凸轮驱动抬起杠杆 1 和拉杆 3，在弹簧 6 的作用下，使杠杆 9、8 和轴承 7 将主轴鼓抬起 0.03mm，这样可以提高鼓体与鼓孔的使用寿命。

（3）主轴鼓定位机构　机床定位形式采用了结构简单可靠的单插销定位机构（见图6-9）。定位销 4 靠定位弹簧 1 压入定位块 5 的定位腔内，定位销退出定位块的定位腔是由固定在分配轴Ⅷ上的凸轮驱动定位杠杆 2 实现的。定位销的定位压紧力来自定位弹簧的预压力。定位销位于主轴鼓的正上方，与鼓孔的四段支承弧和前箱后端面上的挡板构成稳定的六点定位。但是，由于主轴鼓的定位和压紧都是靠定位

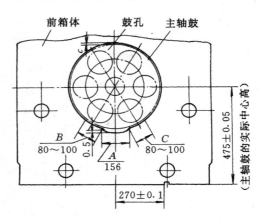

图6-7　前箱鼓孔

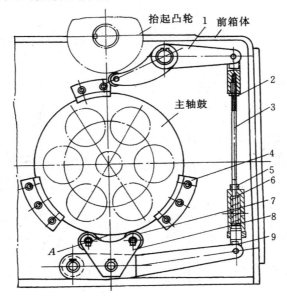

图6-8　主轴鼓抬起机构

1、8、9—杠杆　2、5—螺母　3—拉杆　4—挡板　6—弹簧　7—轴承

销来实现的，所以定位销和鼓体上的定位块磨损较严重，使定位精度降低。

（4）主轴鼓转位机构　主轴鼓转位是用十字槽轮间歇运动机构（即马氏机构）来实现的。因为这种机构在每一间歇运动时，其运动速度都是从零平稳地上升到最大值，再平稳地减小到零，很适合主轴鼓转位时的速度要求。图6-10为机床主轴鼓转位机构结构图。分配轴每转一周，其上的转位杠杆 a 用滚子 b 拨

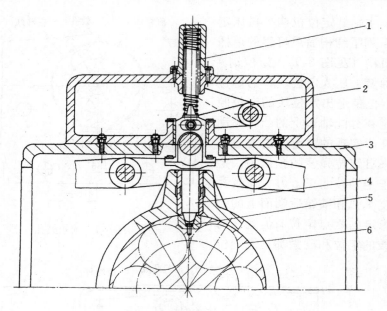

图 6-9　主轴鼓定位机构

1—定位弹簧　2—定位杠杆　3—前箱体　4—定位销　5—定位块　6—主轴鼓

动十字槽轮 c，使其转过 $\frac{1}{4}$ 周，并通过齿轮
4、3、1 及装在主轴鼓体 e 上的转位齿轮 2 使
主轴鼓转过 $\frac{1}{6}$ 圆周（即一个工位），其传动
链计算公式为

$$1 \times \frac{1}{4} \times \frac{z_4}{z_3} \times \frac{z_1}{z_2} = 1 \times \frac{1}{4} \times \frac{56}{42} \times \frac{64}{128} = \frac{1}{6}$$

即分配轴转一转时，主轴鼓转过 $\frac{1}{6}$ 转。

3. 横刀架

机床有六个横刀架，其中第 I、II、III
和 VI 工位横刀架固定在前箱体 4 的右端面上，
第 IV 和 V 工位横刀架则固定在横梁 1 的两侧
面上，如图 6-11 所示。

六个横刀架中第 I、II、IV、V 工位刀
架采用矩形导轨，第 III、VI 工位刀架采用燕
尾形导轨，其余结构形式和驱动原理大体相同。这里仅对第 II 工位横刀架的结构
加以简单说明。

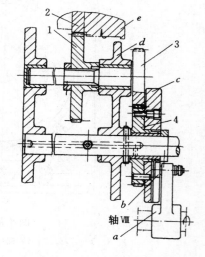

图 6-10　主轴鼓转位机构

a—转位杠杆　b—滚子　c—十字槽轮
d—前箱体　e—主轴鼓　1、2、3、4—齿轮

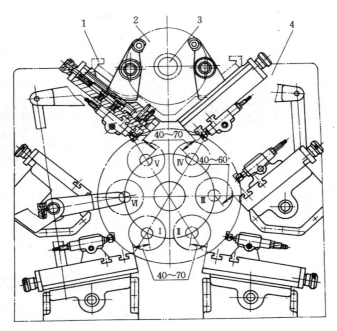

图 6-11　横刀架配置图

1—横梁　2—凸轮盘　3—分配轴　4—前箱体

　　第Ⅱ工位横刀架的结构如图 6-12 所示。其运动由固定在分配轴上的进给凸轮通过杠杆－拉杆系统拉动进给杠杆 14→花键轴 8→扇形齿轮 10→齿条 4 作前后运动，从而实现滑板 5 的快速引进、工作进给、快速退回这一整个工作循环（分配轴转一周）。显然，滑板 5 运动的起止时间、运动速度以及行程长度等运动参数均由凸轮的工作曲线所决定。通常，为保证进刀量的均匀，横刀架凸轮工作曲线都采用阿基米德螺旋线。

　　滑板 5 行程的起始位置是可调整的，调整量为 30mm。调整时，先松开螺钉 3，拧动刻度手把 7，通过调节螺钉 6 使滑板 5 调到所需位置。调好之后，须拧紧螺钉 3。

　　每个横刀架都装有两根压缩弹簧 11，弹簧力量应能将滑板退回，以消除扇形齿轮 10 和齿条 4 之间的间隙，保证刀具运动平稳。

　　Ⅰ至Ⅴ工位刀架上的定程装置是用来消除刀架进给误差的，使用调整时要注意顶紧程度。

　　4. 主轴鼓

　　主轴鼓是保证机床工作精度的关键部件。其结构见图 6-13。在主轴鼓鼓体 4 上安装有六根工作主轴，依靠鼓体的间歇性转位，使每根工作主轴依次通过六个工位，夹持在主轴内的棒料逐次被加工，最后在第Ⅵ工位切下工件，再将棒料送

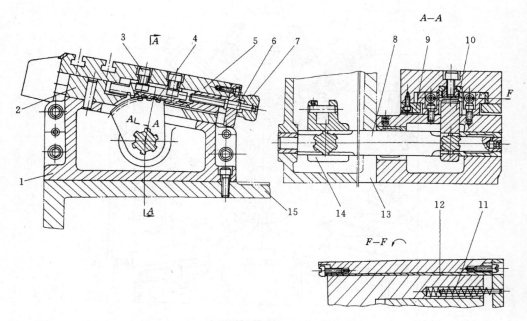

图6-12　第Ⅱ工位横刀架结构图

1—刀架座　2—导轨体　3—螺钉　4—齿条　5—滑板　6—调节螺钉　7—刻度手把　8—花键轴
9—压板　10—扇形齿轮压缩　11—弹簧　12—镶条　13—前箱体　14—进给杠杆　15—床身

进并夹紧，进入下一循环。鼓体支承在前箱体13的鼓孔上，后端凸缘被三块挡板14的 b 面和前箱体上的表面 c 夹着。机床工作时，鼓体要承受全部切削力。转位时鼓体外圆及凸缘会与鼓孔及 b、c 两表面发生摩擦。而摩擦会增大鼓体与挡板间的间隙，使鼓体发生轴向窜动。修刮挡板的 a、b 两表面可以使凸缘与 b、c 两表面的间隙达到要求。

鼓体的中心牢固地装着中心轴11，中心轴的另一端支承在变速箱体6的托盘7上。中心轴上装有纵刀架，纵刀架工作时沿中心轴作往复滑动。

中心轴孔内装着传动轴8，它的一端用对合花键套9与变速箱内轴Ⅳ10相连接，另一端装着鼓体的中心齿轮16。中心齿轮则同时与六根工作主轴后端的六个斜齿轮15啮合，这样通过传动轴把Ⅳ的运动传到工作主轴，使六根工作主轴获得相同转向和转速的主回转运动。

鼓体上装有转位齿轮3，它由前箱中的转位机构带动回转（见图6-10），使鼓体在每一工步之后依次转过60°。

鼓体外圆上还装有六个定位块5，定位块的两定位侧面是具有8°斜角的斜面，六定位块的同名定位侧面精确地按六等分研出。当前箱上定位销插入时

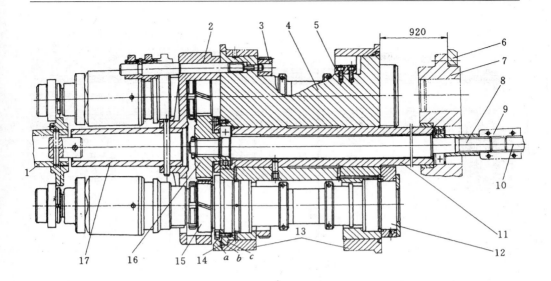

图 6-13　主轴鼓结构图

1—棒料盘　2—圆盘　3—转位齿轮　4—鼓体　5—定位块　6—变速箱体　7—托盘　8—传动轴
9—对合花键套　10—轴Ⅳ　11—中心轴　12—工作主轴　13—前箱体　14—挡板　15—斜齿轮
16—中心齿轮　17—空心轴　a—挡板与箱体接触面　b—挡板耐磨面　c—鼓体凸缘与箱体的接触面

（见图 6-9），定位块与定位销紧密吻合，消除掉由转位机构传动系统所造成的转位误差，保证鼓体每次转位都精确地为圆周的 1/6。

鼓体的后端面上装有圆盘 2，圆盘中心装有空心轴 17，它的左端与棒料架上的棒料盘 1 连接，鼓体转位时，由它带动棒料转盘一起转位。

5. 工作主轴

工作主轴共有六根，它们精确地按圆周六等分平行地装在鼓体主轴孔内，其结构如图 6-14 所示。

工作主轴的前轴承 16 采用双列向心短圆柱滚子轴承，精度为/P5 级，型号是 NN3020K/P5。轴承外环用盖盘 18 压紧固定，轴承内环孔为 1:12 的锥孔，通过螺母 26、顶套 25 和螺钉 21、柱销 22、环 24 可以调节轴承游隙，从而保证工作主轴具有较高的回转精度（锥孔 E 的径向圆跳动量在 0.015mm 以内）。

工作主轴的后轴承 10 是成对安装的角接触球轴承，精度也为/P5 级，型号是 7020/P5，采用背对背的装配形式，增加径向和轴向刚性。两轴承的外环用法兰盘 30、外隔圈 28 压紧固定，轴承的内环则用螺母 31、斜齿轮 9、内隔圈 29 和螺母 12、顶套 11 压紧固定。通过选配内外隔圈的厚度对轴承施加预负荷，借此保证工作主轴的轴向窜动在 0.015mm 之内。通过调节螺母 31 和 12，移动工作主轴的轴向位置，可以保证六根工作主轴的前端面 F 在同一平面内。

为了防止切屑及切削液进入前轴承及前箱鼓孔内，工作主轴的端盖 19 及盖

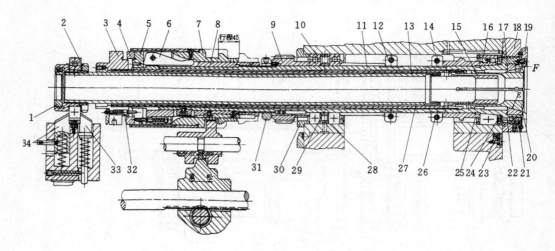

图 6-14　工作主轴结构图

1—棒料导环　2—轴承　3—调节螺母　4—波形弹簧　5—挡圈　6—夹紧杠杆　7—夹料滑套
8—夹料导套　9—斜齿轮　10—后轴承　11—顶套　12、26、31—螺母　13—送料管
14—鼓体　15—送料夹头　16—前轴承　17—工作主轴　18—盖盘　19—端盖
20—夹料卡头　21—螺钉　22—柱销　23—密封皮圈　24—环　25—顶套
27—夹料管　28—外隔圈　29—内隔圈　30—法兰盘　32—止动销
33—返回拨叉　34—送进拨叉

盘 18 之间采用迷宫式密封结构，鼓体与前箱之间则用密封皮圈 23 进行密封。

各工作主轴都有一套送料和夹料装置。它们和工作主轴一道转位。在第Ⅵ工位上工件被切下之后，由后箱中的送料滑块和夹料滑块带动把棒料送进并夹紧。

工作主轴内装有送夹料导管。夹料导管右端弹簧夹头的夹紧和松开是利用夹料滑套 7、夹紧杠杆 6 等的运动进行的。

6. 纵刀架

纵刀架用于机床的纵向切削，其结构如图 6-15 所示。机床工作时，安装在分配轴鼓轮 7 上的纵进凸轮 9 片随分配轴的旋转推动滚子 13 前进，滚子轴 8 是装在滑块 4 上的。于是滑块发生进给，并通过其下部的凸块推动固结在一起的支架 17 及纵刀架体 2 一道进给。进给完毕，返回凸轮片 6 推动滑块返回，此时，滑块 4 上的螺钉 3 顶着纵刀架体返回。分配轴每转一转，纵刀架完成快速接近—工作进给—快速返回这样一个工作循环。其总行程为 160mm。更换凸轮片可以改变其行程起始点及行程长度。变换分配轴转速则可改变纵刀架的进给速度。由于滚子 13 与凸轮片 9 及 6 之间有 2mm 的设计间隙，所以在变速箱体上装了螺杆 23，并通过调节螺母 24 控制纵刀架的最后止点，不致因凸轮与滚子间的间隙而产生纵切长度不一的现象。

滑块 4 及紧固在其上的压板 5 是沿着固定在横梁 14 上的导轨 19 运动的，它

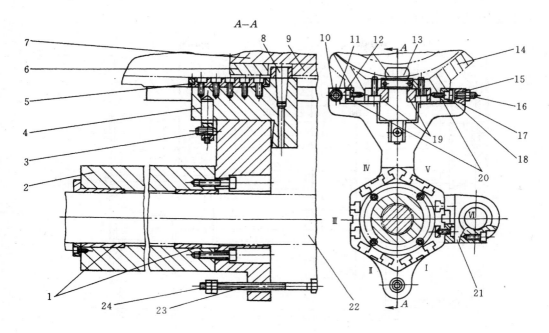

图 6-15　纵刀架结构图

1—导向套　2—纵刀架体　3、11、16—螺钉　4—滑块　5—压板　6、9—凸轮片　7—鼓轮
8—滚子轴　10、15—螺母　12、18—镶条　13—滚子　14—横梁　17—支架　19—导轨
20—辅助导轨　21—固定支架　22—中心轴　23—螺杆　24—调节螺母

们之间的间隙由装配时配磨保证，在使用中不可调整。

　　纵刀架体 2 具有六边形的横截面，每边形成一个导向平面并与主轴鼓上的六个工位相对应。各导向平面可安装固定刀夹或活动工具轴，对工件进行各种加工。所以，各导向平面对各工作主轴轴线的平行度，各固定座架孔的轴线对相应工作主轴轴线的同轴度是很关键的，在修理中务必加以重视。

　　纵刀架体 2 是依靠镶在其上的导向套 1 沿着机床中心轴 22 运动的。为了避免它摆动，支架 17 的上部通过镶条 18 及镶条 12 沿着辅助导轨 20 运动。拧动螺钉 11 使镶条 12 退出或进入，即可调整间隙。螺母 10 用于锁紧防松。由于机床使用中导轨磨损，引起固定（或活动）支架孔对工作主轴轴线不同轴时，可以拧动螺钉 16，通过顶紧或放松镶条 18，使纵刀架体绕中心轴 22 微量转动，从而恢复固定支架孔对工作主轴的同轴性，螺母 15 用于螺钉 16 的锁紧。

　　7. 后箱

　　机床的后箱位于前箱的后部，其结构如图 6-16 所示。后箱不是一个独立的箱体，而是由后箱体 1 及前箱体 12 组成的一个框架。后箱内的主要机构是用于完成送料和夹料的送料滑块和夹料滑块。其结构较简单，维修也方便。所以此处仅给出结构图图 6-17 和图 6-18 供参考。

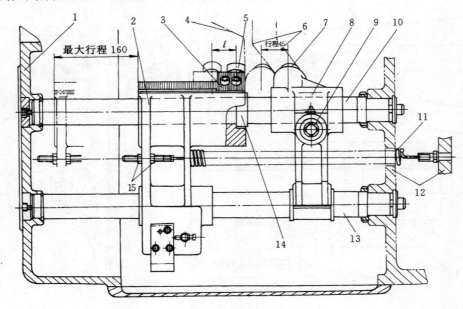

图 6-16　后箱结构图

1—后箱体　2—送料滑块　3—鼠牙块　4、6—凸轮片　5、7—滚子　8—夹料滑块
9—齿轮轴　10、13—导向轴　11—送料弹簧　12—前箱体　14—挡块　15—螺母

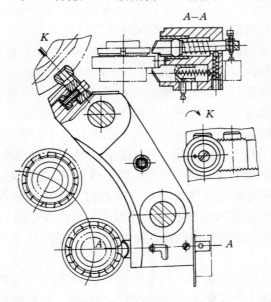

图 6-17　送料滑块结构图

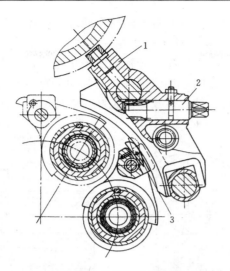

图 6-18　夹料滑块结构图

1—夹料滑块　2—轴齿轮　3—止动片

8. 分配轴

　　分配轴纵跨三箱位于机床的上部，其上装着控制机床部件运动的鼓轮和凸轮，它们的配置情况如图 6-19 所示。

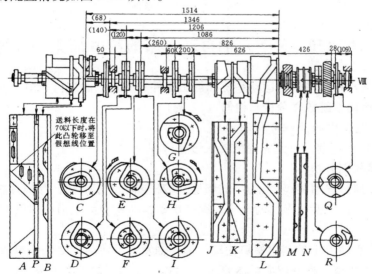

图 6-19　分配轴凸轮配置图

A—送料凸轮　　B—夹料凸轮　　C—主轴鼓抬起及挡料凸轮　　D—第Ⅰ位置横刀架凸轮

E—第Ⅵ位置横刀架及定位销抬起凸轮　　F—第Ⅱ位置横刀架凸轮　　G—第Ⅳ位置横刀架凸轮

H—第Ⅴ位置横刀架凸轮　　I—第Ⅲ位置横刀架凸轮　　J—独立刀架凸轮(长周期)

K—独立刀架凸轮(短周期)　　L—纵刀架凸轮　　M、N—螺纹附具变速控制凸轮　　P—周期停机讯号凸轮

Q—快慢速换接凸轮　　R—周期停机凸轮

分配轴的转动是由位于其右端的蜗轮 4 通过保险键 6 和套筒 3 驱动的（见图 6-20）。由图可看出，它们又构成一个蜗轮传动保险装置。当机床超负荷时，保险键 6 被分配轴上的镶块 1 剪断，分配轴便停止转动，使机件免受破坏。发生此种情况时，必须先查明原因，加以消除，再换上新的保险键。保险键用 15 钢制成，不能用高强度钢材代替。盖板 2 要装好，以免保险键落掉。

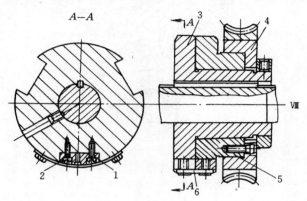

图 6-20　蜗轮传动保险装置
1—镶块　2—盖板　3—套筒　4—蜗轮
5—法兰盘　6—保险键

第二节　C2150×6 型六轴自动车床的故障征兆、分析与检修

本节从六轴自动车床运动系统和加工工件的质量方面进行介绍。

一、运动系统故障分析与检修（12 例）

1. 变速箱中的故障分析与检修（见图 6-5）

（1）快速行程没有走完提前转入慢速行程

【故障原因分析】

1）快速行程摩擦离合器 Q_1 的摩擦片较松或发生了磨损，摩擦片打滑。

2）控制拨叉换接慢速的凸轮 L 螺钉松动，凸轮在盘上沿顺时针方向产生了移动。

3）偏心轴 P 上的紧定螺钉松动，偏心轴发生了转动，使杠杆 M 控制的拨叉提前松开了快速行程摩擦离合器 Q_1，同时提前压紧了制动摩擦离合器 Q_2。

4）压紧系统内的销子、压紧杠杆或孔受力变形或磨损。

【故障排除与检修】

1）重新调整快速行程摩擦离合器 Q_1，使其摩擦片的压紧力再稍增大一些。

2）看一下凸轮 L 是否松动，如松动，重新调整到正确位置，然后把螺钉紧固好。

3）当上述检修无效时，可再调整杠杆支承偏心轴 P。旋转偏心轴可以改变拨叉 T 在两端的极限位置，使两个离合器均能正确结合。当偏心轴重新调整后，应满足下述要求，才能认为调整正确，即：杠杆 M 被凸轮推动，拨动拨叉先后将 Q_1 和 Q_2 结合上时，都能保证离合器套还有 1mm 继续向前的推进量。调好后须先用手摇动分配轴转动试验，避免调得不好损坏杠杆。然后应用钻头在偏心轴上锪窝用紧定螺钉顶牢定位。如不锪窝定位，以后可能又会发生转动。

4）当确认压紧系统内的销子、压紧杠杆等变形或磨损，已不能使用时，就必须更换。此时需拆下轴Ⅵ。通常情况下，连同轴Ⅵ上的所有零部件都逐一检查修理。

当重新安装轴Ⅵ时，应对弧齿锥齿轮 18 和 19 的齿侧间隙进行仔细调整（见图 6-3 和图 6-4）。这对锥齿轮副的正确啮合及齿侧间隙是靠移动两齿轮的轴向位置获得的。调整方法如下：先看锥齿轮副大端啮合得是否平齐，因为锥齿轮的大端面是工艺基准，不保证大端平齐，啮合就不能正确，齿侧间隙也调不好。调整时先松开螺钉 101 和 201，调节紧定螺钉 103 和 203，使套 102 和 202 作轴向移动，使锥齿轮副大端平齐，齿侧间隙为 0.25 ~ 0.35mm，调好后将螺钉 101 和 201 拧紧。然后，脱开离合器用涂色法检查啮合精度，要求在齿长方向啮合接触率达 60%，沿齿高方向达 40%，接触区应在轮齿工作面的中部。如果接触状况不符合要求，则应重新调节或找正锥齿轮轴的中心及交角。

在调好锥齿轮的基础上，再调整蜗杆副 16 和 17。以蜗杆为基准，松开螺钉 301，调节开合螺母 302，使蜗轮 17 作轴向移动，蜗轮中心平面与蜗杆轴线重合，用涂色法检查合格后固定。

（2）快速行程走过了头推迟转入慢速行程

【故障原因分析】

1）快速行程摩擦离合器 Q_1 的摩擦片调整得较紧，不容易脱开。

2）制动摩擦离合器 Q_2 摩擦片调整得较松，快速惯性不能及时制动。

3）冷却油浇不到快速行程摩擦离合器 Q_1 上，摩擦片发热后膨胀不容易松开。

4）偏心轴 P 发生转动，同上述（1）中的 3）相似，只是偏心轴 P 的转动方向相反，使杠杆 M 控制的拨叉推迟松开快速行程摩擦离合器 Q_1，同时也推迟了 Q_2 的压紧。

【故障排除与检修】

1）减小快速行程摩擦离合器 Q_1 的压紧力。

2）增大制动摩擦离合器 Q_2 的压紧力。

上述（1）（2）两种故障的检修都需要正确调整摩擦离合器的松紧。调整时，先拉动搬轴并压缩弹簧，使定位销轴从控制盘中退出；然后转动螺母来调节摩擦片之间的间隙或松紧程度；调好后再将销轴插入控制盘的相应孔中定位。此时用手柄来试验其松紧程度，避免由于过紧使摩擦片在空运转时摩擦发热或过松使摩擦片压不紧而不能传递转矩。

3）疏通冷却油管或者添加冷却油，务必使冷却油始终能浇到离合器上。

4）偏心轴 P 的调整同（1）中的 1），不再赘述。

（3）只有慢速行程没有快速行程

【故障原因分析】

1）快速行程摩擦离合器 Q_1 烧坏。

2）杠杆 M 断掉，拨叉 T 不能压向 Q_1。

【故障排除与检修】

1）调换快速行程摩擦离合器 Q_1 的摩擦片，新摩擦片的平面度应为 0.10mm，太平不易脱开。

2）调换新的杠杆 M，并重新调整偏心轴的正确位置。方法见前面有关内容。

（4）只有快速行程没有慢速行程

【故障原因分析】

超越离合器 Q_3 内的滚子和星体严重磨损，转动环 R 卡不住滚子。

超越离合器在 C2150×6 六轴自动车床里是一个重要部件（在 CM1113 纵切自动机床和其他机床里也有此运动部件），它的作用是使机床的快慢速运动互不影响，这在前面"机床的传动系统"中已有叙述。

当机床长期工作之后，出现没有慢速行程，又对其他机构检查未发现问题时，则可能是超越离合器 Q_3 的滚子不能被卡在楔角内，即滚子打滑，从而使慢速运动不能传递过去。而打滑的原因则是滚子或星体长期受力磨损、变小或变形所致，此时应对其修复。

【故障排除与检修】

下面针对如何检修超越离合器进行分析并导出修复的计算公式。

图 6-21 为超越离合器工作时的受力分析图。当外套接合体 R 转动时（机床上超越离合器的外套 R 通过键与蜗轮连在一起），滚子在摩擦力作用下被卡在外套接合体 R 与星体 G 形成的楔形角内。此时，外套给滚子在法向上施加了一个正压力 N，在切向上施加了一个摩擦力 F，它们的合力 R' 通过滚子的两个受力点 B、C。由于超越离合器在工作过程中，对滚子的要求是既能在摩擦力作用下迅速被卡住，又能在惯性的作用下迅速脱开。所以根据摩擦角理论，作用力 R' 与正压力 N 之间的夹角 ρ 应该介于自锁与非自锁的临界状态。当钢－钢光滑体接触时，其摩擦因数约为 0.05 ~ 0.06，即 $\mu = 0.05 ~ 0.06$，也即 $\tan\rho = 0.05 ~$

0.06，此时 $\rho = 2°51' \sim 3°26'$，一般取中间值 $\rho \approx 3°$。

这样，无论对于设计人员或维修人员来讲，应使自己设计的或修理的有关尺寸使摩擦角 ρ 基本等于 3°。

根据图 6-21 的几何关系式，有 $\alpha = 2\rho$ 关系，当 ρ 取 3°时，$\alpha = 6°$。α 称为卡住角或楔角。

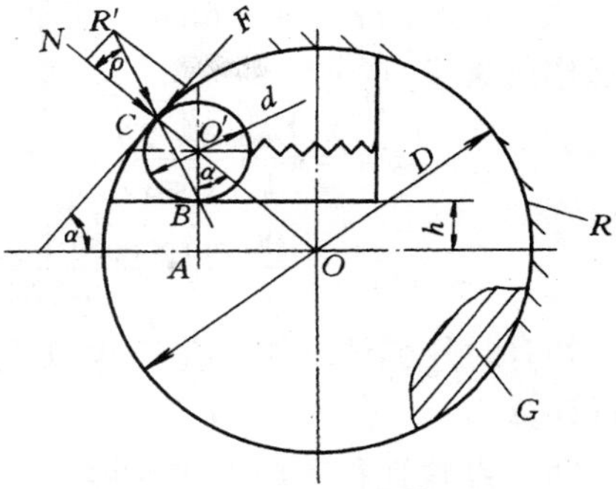

在 $\triangle OAO'$ 中，有下列关系式

图 6-21　超越离合器受力分析图
G—星体　R—外套接合体　D—外套
接合体内孔尺寸　d—滚子直径
h—星体槽底平面到轴心线的距离

$$\cos\alpha = \frac{O'A}{O'O} = \frac{h + \dfrac{d}{2}}{\dfrac{D}{2} - \dfrac{d}{2}} = \frac{2h + d}{D - d}$$

$$(6 - 1)$$

式中　h——星体槽底平面到轴线的距离（机床中星体的 $h = 36.76 {}_{-0.06}^{0}\text{mm}$）；

　　　d——滚子直径（机床中的滚子直径 $d = \phi 13 {}_{-0.018}^{0}\text{mm}$）；

　　　D——外套接合体内孔直径（机床中的内孔直径 $D = \phi 100 {}_{0}^{+0.035}\text{mm}$）。

根据式（6 - 1）和机床中的各有关尺寸，验算原设计的楔角

$$\cos\alpha = \frac{2h + d}{D - d} = \frac{2 \times 36.73\text{mm} + 13\text{mm}}{100\text{mm} - 13\text{mm}} = 0.9937931$$

$$\alpha = 6°23'（计算中 h 尺寸公差大，取中间值，取基本尺寸时，$$
$$\alpha 正好等于 6°）。$$

当离合器在工作较长时间后，由于受力磨损，星体与滚子的接触处会凹下，滚子也会变小。此时摩擦角变大，滚子不能被自锁，也即打滑，不能再传递转矩。假如星体的槽底因受力磨损使 h 变为 36.65mm，滚子也磨损到 12.96mm，那么其楔角为

$$\cos\alpha = \frac{2 \times 36.65\text{mm} + 12.96\text{mm}}{100\text{mm} - 12.96\text{mm}} = 0.9910386$$

$$\alpha = 7°40'$$

这说明星体和滚子即使磨损很少，也可能引起滚子打滑。

为了恢复离合器的功能，如果按照机床说明书上给出的星体和滚子图样重新制造，显然比较麻烦。此时，先修平星体的槽底，测量出修理后的 h 尺寸，为了保证楔角达到 6°，只需重新配作一个滚子即可。那么，滚子直径的大小可由式（6 - 1）导出

$$d = \frac{D\cos\alpha - 2h}{1 + \cos\alpha}$$

$$(6 - 2)$$

当修理后的 $h = 36.65\text{mm}$，再把 $D = 100\text{mm}$，$\alpha = 6°$ 代入式（6－2），可得到新配作的滚子直径为

$$d = \frac{D\cos\alpha - 2h}{1 + \cos\alpha}$$

$$= \frac{100\text{mm} \times \cos6° - 2 \times 36.65\text{mm}}{1 + \cos6°} = 13.11\text{mm}$$

如有时外套结合体内孔尺寸 D 也磨损变大，则应把变大的 D 值也代入式子进行计算。

（5）在慢速行程时时走时停

【故障原因分析】

1）蜗轮 17 或 13 严重磨损（见图 6-4）。当蜗杆每转一个齿时，由于磨损，蜗轮就少转一个角度。但在每一个循环中，蜗轮又必须转过 360°，因此在切削阻力的不均衡作用下，当蜗杆连续转动时，蜗轮不能连续转动，造成分配轴时走时停。

2）超越离合器 Q_3 内的滚子开始打滑，时而被卡在楔角内，时而又打滑，使分配轴时走时停。

【故障排除与检修】

1）检查蜗轮 17 和 13，如果严重磨损，应予以更换。安装调整以蜗杆为基准，用涂色法检查接触情况，要求啮合接触率达 60%，接触区应在蜗轮齿面中部。

2）当发现超越离合器开始打滑时，就应该予以检修，不要等到上述（4）的情况发生，即完全打滑再检修。其检修方法按照上述（4）中的方法。

2. 前箱中的故障分析与检修

（1）主轴鼓不能顺利转位

【故障原因分析】

1）分配轴上蜗轮传动保险装置上的保险键（见图 6-20）被剪断。

2）快速行程摩擦离合器 Q_1 或进给摩擦离合器 Q_4 打滑或调整不当（见图6-4）。

3）主轴鼓没有抬起来或抬起过高，使鼓体被前箱鼓孔和三块挡板卡住（见图 6-8）。

4）工作主轴连续工作运转使主轴鼓体发热胀大，被鼓孔卡死（见图 6-7）。

5）主轴鼓定位杠杆 2 上的滚子轴、转轴折断或脱出，使主轴鼓定位销拔不出来（见图 6-9）。

6）主轴鼓转位机构中的滚子轴断裂或脱出（见图 6-10）。

7）棒料鼓和主轴鼓体不同心，被棒料鼓卡住。

【故障排除与检修】

1）查清保险键被剪断的原因，并进行排除，然后换上新的保险键。如果原因未能马上寻找出来，那么，换上新保险键后，用手缓慢摇动分配轴，当摇不动

时再仔细寻找，千万不要不加分析就换上新保险键。

2）对摩擦离合器的调整在前面"变速箱中的故障分析与检修"已经介绍，不再多述。

3）重新检查和调整主轴鼓抬起机构。按照图6-8所示，调整前使主轴鼓和抬起凸轮都处于非抬起位置，此时杠杆1的滚轮和凸轮面应接触。否则，应先松开螺母2、5旋动拉杆3，增加弹簧6的预压力。当弹簧预压力太小时，主轴鼓则不能抬起；若预压力太大，则增大主轴鼓的抬起量，使主轴鼓不能顺利转位或损坏拉杆。抬起量的调整，实际上就是弹簧6预压力的正确调整。

调整时先将指示表触头压在主轴鼓体圆周面的正下方 A 处，指示表的读数调整到0。此时转动分配轴使抬起凸轮转至抬起位置，经过杠杆 – 拉杆系统作用，压缩弹簧6，主轴鼓被抬起，表的读数最好为0.03mm，然后主轴鼓在轴承7上进行转位。用手转动主轴鼓，应显著省力，即算调整合适。

如抬起量超过0.04mm，主轴鼓的倾斜加大，后凸缘将顶紧挡板4，使主轴鼓转位困难，挡板磨损加快。因为主轴鼓长450mm，直径555mm，当主轴鼓抬起0.04mm时，直径方向将倾斜（555mm × 0.04mm）÷450mm = 0.05mm，此数值正好是主轴鼓轴向间隙的最大值。

4）应对主轴鼓和前箱鼓孔的配合间隙（包括端面间隙）进行检查，如间隙小，应进行修刮，使配合间隙保证在0.20 ~ 0.24mm之内。

通常情况下，箱体鼓孔的前面两段定位弧面容易磨损拉毛，后面两段定位弧面磨损拉毛较少。这是因为鼓体抬起时仅把后面鼓体抬起来了，前面鼓体仍未全部抬起，转位时鼓体与鼓孔形成滑动摩擦。所以修理鼓孔时务必使拉毛部分修刮（研）光滑。鼓孔修好后，主要技术要求是：

① 鼓孔圆柱度为0.03mm。

② 鼓孔轴线对箱体基准底平面的平行度为100:0.01。

③ 鼓孔轴线对箱体前端平面的垂直度为 $R300:0.05$。

5）修理或更新损坏的滚子轴或转轴等，但务必要弄清损坏的原因。

6）同样需更新损坏的滚子轴并弄清损坏的原因。

（2）主轴鼓定位不好（包括有时超程和滞后）

【故障原因分析】

1）定位销对主轴鼓的压力不够（这种情况一般反映在工件外径有振纹和椭圆等方面）（见图6-9）。

2）转位机构的过桥齿轮和十字槽轮松动或调整不好以及十字槽、滚子等磨损（见图6-10）。

【故障排除与检修】

1）检查定位弹簧、定位杠杆等，更换不合格零件。在一般情况下，定位弹簧是比较容易断的。

2）先对转位机构的所有零部件进行检查修理，然后再对转位机构进行调整。

为了保证主轴鼓的定位精度和定位销顺利地定位，主轴鼓转位机构的调整，需考虑到转动惯性的影响。应保证机床点动时，转位超越量（即鼓外圆转过量）为 1~2mm，机床工作时，转位超越量为 2~4mm。

调节主轴鼓的转位量时，是依靠调节十字槽轮 6 和齿轮 3 的相对位置来达到的（见图6-22）。调节时先松开四个内六角螺钉 4，把螺钉 8 和 9 取出，调节螺钉 7 和 10，一个松退，一个顶进。圆柱销 5 是固定在齿轮 3 上的。齿轮 3 不能转动，十字槽轮 6 则被顶转动，从而改变了啮合齿与十字槽轮槽的相对位置，达到正确转位量。即当主轴鼓超程量过大时，应将螺钉 7 顶进，将螺钉 10 松退，使十字槽轮作逆时针转动，反之则将螺钉 10 顶进，螺钉 7 松退，使十字槽轮作顺时针转动。

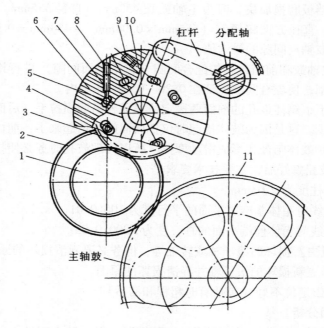

图 6-22　主轴鼓转位机构的调整

1、2、3、11—齿轮　4、7、8、9、10—螺钉　5—圆柱销　6—十字槽轮

调整后，应使螺钉 7 和 10 都处于紧顶着圆柱销 5 的状态，并用螺钉 8 和 9 将它们锁紧。最后，将四个内六角螺钉 4 重新紧固。

（3）工作主轴不转动

【故障原因分析】

1）工作主轴轴承调整得过紧，连续工作后发热卡死（见图 6-14）。

2）传动轴上的对合花键套 9 脱落（见图 6-13）。

3）主电动机 D_1 和轴Ⅱ上的 V 带松动，带不动传动系统（见图 6-2）。

【故障排除与检修】

1）按"工作主轴的结构"中所述调整方法重新调整轴承间隙，并在调整好后重新测量主轴的轴向窜动和径向圆跳动，如果超过 0.015mm，应继续仔细调整，直至符合要求。

2）重新安装并紧固对合花键套。

3）张紧或更换 V 带、应尽量使它们等长且松紧程度适宜。

3. 刀架产生的故障分析与检修

（1）各刀架进给速度不均匀

【故障原因分析】

1）轴Ⅷ（分配轴）上的蜗轮磨损严重或者与蜗杆相对位置不正确。

2）轴Ⅶ上的进给摩擦离合器打滑。

3）轴Ⅵ上的超越离合器打滑。

【故障排除与检修】

1）对确已严重磨损的蜗轮予以更换或重新调整蜗轮相对蜗杆的位置。

2）检查进给摩擦离合器结合情况和控制离合器的操作系统，调整和更换已损零件。

3）检查超越离合器,对磨损的零件进行修复或更换，星形体的滚子滑动平面应无低凹或压痕（具体检修方法见本节有关内容）。装配时不能用黄油，否则将影响滚子运动的灵活。

（2）有的刀架进给滞重，不平稳

【故障原因分析】

1）滑板和导轨滑动面被严重拉毛。

2）滑板和导轨体滑动面的间隙没调整好或镶条调整不好。

3）滑板的压缩弹簧弹力不够，断裂或弯曲，不能消除啮合间隙。

【故障排除与检修】

1）对导轨体滑动面和滑板进行修刮和修复。图 6-23 是Ⅱ工位横刀架导轨体。通常表面 4 容易拉毛，修刮、拖研表面 4 及表面 2、3 后，以表面 1（与刀架座的固定结合面，不会磨损）和表面 5（与镶条的结合面，很少磨损）为基准，测量其他各面。要求表面 4 对表面 1 的平行度为 0.03mm，表面 3 对表面 5 的平行度为 0.01mm，表面 2 对表面 4 的平行度为 0.01mm，表面 3、5 对表面 4 垂直度 0.01mm，各表面平面度 0.01mm。

　　修好导轨体后，把它装上刀架座，并使表面3对表面6（与前箱体的固定结合面）的平行度达100∶0.01。在此基础上，把滑板和导轨体配研，如图6-24所示。在滑板前后互研时，滑板内槽左侧面要与导轨体左侧面贴紧。配研修刮后，表面接触点每25mm×25mm平面上达10~12点，接触率达60%以上。然后再配磨两块压板和镶条，最后装配后，应使各滑动面之间的间隙保证在0.015~0.03mm。用手试推时，滑板运动应灵活，无滞重或卡死现象；手松开后，滑板能轻松地被弹簧弹回。

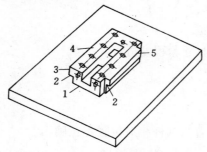

图6-23　Ⅱ工位横刀架导轨体

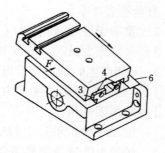

图6-24　表面3、4与滑板配研

　　2）见上述刀架装配后要求。

　　3）更换压缩弹簧。

　　4. 后箱中产生的故障分析与检修

送不出棒料或送不足棒料

【故障原因分析】

　　1）夹料卡头内切屑太多，卡头被挤死。

　　2）夹料卡头无弹性，弹不开。

　　3）夹料卡头调整得太紧，卡头张不开。

　　4）送料卡头弹性小，对棒料的夹紧力小，带不动棒料。

　　5）棒料粗细不均或弯曲，送不出或通不过卡头。

　　6）送料弹簧拉力不够。

【故障排除与检修】

　　1）用扳手摇动夹料滑块的轴齿轮四方头（见图6-18），使卡头松开，检查主轴30°锥孔内是否有切屑，如有，应予以清除（应把整个管子拉出清洗，因有时卡头导向部分也堵塞许多细切屑。一般情况，3个月应清洗一次）。清洗后再装上卡头试验是否能弹开和约3mm移动量。

　　2）如卡头在松夹过程中弹不开，则说明无弹性，应予以更换。

　　3）在不存在上述问题的情况下，夹头松开后弹不开，通常是夹紧力过大。当用手摇动夹料滑块的轴齿轮方头，使滑块向左移动时，一般用约200N的力能顺利夹紧则表明基本正常。用很小的力或用很大的力才能夹紧都不正常。

夹料卡头夹紧力的调整，是通过调节螺母 3（左螺纹）（见图 6-14）进行的。调整时，先将正动销 32 拔出，转动调节螺母 3 到适当位置，然后试验松紧。合适后，把小销再插入挡圈内。

4）夹紧棒料后，再退回送进拨叉 34，用手拉动送料管，如果能拉动，说明送料夹头夹紧力小，应调换新的合格夹头。

5）棒料粗细不均或弯曲，一般用眼睛即可看出，不要使用弯曲棒料。C2150×6 以及 C2132×6 六轴自动车通常使用冷拉棒料，其直径公差要求为 h11 级，直线度要求为 1000：2。

6）调整送料弹簧的拉力。

5. 分配轴的故障分析与检修

分配轴转不动或时走时停。

【故障原因分析】

1）分配轴蜗轮传动保险装置的保险键被剪断（见图 6-20）。

2）轴Ⅶ上的进给摩擦离合器 Q_4 打滑。

3）夹紧力过大，使夹料滑块和拨叉行程走不到 45mm 时料已夹紧，而分配轴继续转动导致阻力太大（见图 6-14）。

【故障排除与检修】

1）检查原因，排除故障，更换保险键。

2）重新调整 Q_4 离合器的松紧程度。

3）调整夹料卡头的夹紧力，使夹料滑块和拨叉走完全行程 45mm，棒料正好夹紧。

6. 其他方面的故障分析与检修

在上面所谈机床的故障征兆之外，还有挡料机构、棒料架等方面，都可能出现故障，影响机床正常运转。但这些故障都比较容易检修，不再一一说明。

二、加工工件质量不良反映的故障分析与检修（5 例）

1. 工件长度不稳定的故障分析与检修

【故障原因分析】

1）主轴鼓轴向三块定位挡板被磨损，轴向间隙大。

2）主轴后轴承轴向间隙大。

3）工件未被夹紧。

4）纵向切削刀具太钝或损坏，阻力大顶不进去。

5）料未送足。

【故障排除与检修】

1）拆下三块挡板 14（见图 6-13），修磨 a、b 两表面，使挡板与鼓体后端面间隙在 0.05mm 之内。

　　2）调整机床主轴后轴承，使主轴轴向窜动在 0.015mm 之内。

　　3）调整夹料卡头的夹紧力到合适程度。

　　4）调换或重磨刀具。

　　5）检查料未送足的原因并予以排除，见"后箱中产生的故障分析与检修"说明。

　　2. 工件两个以上圆柱面同轴度误差的故障分析与检修

　　【故障原因分析】

　　1）夹料卡头与主轴配合的 30°锥面内有切屑，使所夹工件与主轴的同轴度误差过大。

　　2）夹料卡头的 30°锥面与卡头内孔的同轴度误差过大。

　　3）钻套或刀具柄伸出固定座架孔太长，使刀具与主轴同轴度误差过大。

　　4）固定座架孔与主轴的同轴度误差过大。

　　5）主轴前轴承的径向间隙过大。

　　【故障排除与检修】

　　1）清洗夹料卡头，保持卡头定位精确。

　　2）更换不合格的夹料卡头。

　　3）缩短钻套或刀具柄的伸出长度，使之定位正确，保持刀具与主轴的同轴度。

　　4）找正固定座架孔与主轴的同轴度，使之达到要求。如无法找正，须进行自镗孔修正（通常是镶套后再自镗），使二者同轴度在 $\phi 0.02$mm 之内。

　　5）调整轴承间隙，使径向圆跳动小于 0.015mm。

　　3. 工件圆柱度误差的故障分析与检修

　　【故障原因分析】

　　1）纵刀架导轨间隙大，使纵刀架移动对工作主轴轴线的平行度超差。

　　2）主轴轴承间隙大。

　　3）主轴鼓定位不好。

　　【故障排除与检修】

　　1）拧动螺钉 11 和 16（见图 6-15），调节镶条 12 和 18，使纵刀架移动对工作主轴轴线的平行度达 100:0.015。

　　2）调整主轴轴承间隙或更换新轴承。

　　3）检查定位弹簧是否断裂，送料夹头夹紧力是否太大，这些都可能使定位销的 8°定位斜面发生倾斜，使主轴鼓定位不好。

　　4. 工件端面不平的故障分析与检修

　　【故障原因分析】

　　1）横刀架的移动与主轴轴线不垂直。

2）刀具已磨损。

【故障排除与检修】

1）调整或修刮横刀架，使滑板在移动时达到 25:0.012 要求。

2）重磨或调换新刀具。

5. 工件外圆上有波纹的故障分析与检修

【故障原因分析】

1）机床发生振动。

2）刀架导轨间隙调整不当，有爬行现象。

3）分配轴上的蜗杆副磨损严重。

4）主轴轴承间隙大。

【故障排除与检修】

1）检查机床齿轮、带盘等部件是否有异常，消除振动原因。

2）调整刀架导轨间隙，使运动平稳。

3）更换新的蜗轮并调整到正确位置。

4）调整主轴轴承间隙。

三、C2150×6 型六轴自动车床的正确使用

机床在使用过程中，各相对运动件之间发生的磨损是不可避免的。但实践证明，只要正确使用，就可大大地减少零件的磨损以及故障的发生，使机床的寿命延长，利用率提高，所以必须十分重视机床的正确使用。下面对机床的正确使用作一说明：

1）操作者必须大致熟习机床的结构和性能，应对机床说明书或有关资料进行认真学习、或者经过技术培训，然后才可操作机床。

2）开机前，应先检查一下机床是否有异样，比如手柄是否放在"空挡"上，刀架是否正常，刀具是否损坏等。

3）起动电动机后，检查润滑油和切削液是否供应充足（手工加油润滑点也应加油润滑），然后进行几分钟空运转，再开始工作。

4）机床开动后，应经常查看加工状况并清除切屑，如发现问题，应立即停机检查处理。离开机床时，应予以停机，决不应认为机床是"自动"的而长时间离开。实践证明，无人看管机床会导致严重故障。比如因切屑阻挡，切削液浇不到，钻头或刀具烧坏，后面刀具就会突然受阻折断并产生剧烈摩擦，甚至会引起失火；又如因切屑阻塞，切断的零件未落入筐中，而被挤压在纵刀架与主轴鼓之间，有时在保险销不能被剪断时，不仅会使纵刀架和鼓体严重损坏，还会使杠杆断裂，从而使机床的精度也受到严重影响；如此等等不一一列举。所以操作者决不能长时间离开运行中的机床。

5）在加棒料时，不允许长期使用自动夹紧。一般在两个星期左右应用手动

夹紧一次，以确定各夹头的夹紧力是否合适，并在不合适时找出原因并予以消除。

6）机床在快速行程过程中，如脱开机动离合器，则不能立即接上点动离合器，以防止由于惯性损坏点动蜗轮。

7）机床在快速行程过程中停机，再次起动时，应先用点动离合器，使其越过快速行程周期，然后再接合机动离合器，以防止由于惯性损坏进给摩擦离合器。

8）停机时，应先脱开进给摩擦离合器，不要先按停机电钮后脱开离合器。

9）要定期检查机床的主要运动部件，如蜗轮是否磨损严重，啮合是否正确，螺钉是否脱落等，以预防为主，防止大的故障产生。

第三节　CM1113 型纵切自动车床的结构

一、CM1113 型纵切自动车床概述

CM1113 纵切自动车床是一种精密、高效率的单轴自动车床，它的特点是可加工高精度的细长零件，在钟表、仪表、电信等行业都有广泛使用。在我国，纵切自动车床基本由四川宁江机床厂生产，主要型号有 CM1107、CM1113、CM1116 等。这里以 CM1113 为例介绍它的结构、常见故障与检修。

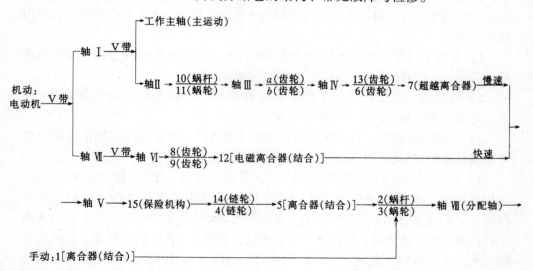

二、CM1113 型纵切自动车床的主要组成部分

如图 6-25 所示，CM1113 纵切自动车床主要由床身、变速箱、主轴箱、中心支架、分配轴和料架所组成。

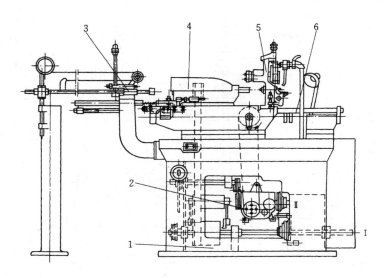

图 6-25　机床的主要组成部分

1—床身　2—变速箱　3—料架　4—主轴箱　5—中心支架　6—分配轴

三、CM1113 型纵切自动车床的传动系统

图 6-26 是 CM1113 机床的传动系统图。与 C2150×6 六轴自动车床一样，传动路线除了主运动外，分配轴运动也有快、慢速两种传动路线。但二者也有区别，那就是 C2150×6 机床在每一个加工循环过程中，必有一次快速行程，以完成送夹料和转位等辅助动作。而 CM1113 机床在每一个加工循环过程中，可以使用快速传动，也可以不使用快速传动，而且根据空运行（刀具不切削）和退回的棒料长度，可以一次使用快速传动，也可以二次使用快速传动。但要注意，分配轴的快速转动是 6r/min 的定值，当生产率高于 6r/min 时，快速机构无效。下面是机床传动路线（具体结构可再参考图 6-27 及图 6-29）：

四、CM1113 型纵切自动车床主要运动部件的结构

1. 变速箱的结构

变速箱是机床的主要运动部件，它是独立箱体位于机床的下部。在变速箱内装有轴Ⅱ、Ⅲ、Ⅳ、Ⅴ和Ⅵ的分部件（见图 6-27）。

由图可知，动力从传动轴Ⅰ（参见图 6-26）经 V 带轮传动轴Ⅱ的带轮，轴Ⅱ上的双头蜗杆 10 再传给轴Ⅲ的蜗轮，经轴Ⅲ及轴Ⅳ上的交换齿轮 a、b 又带动齿轮 13 及轴Ⅴ上的齿轮 6，齿轮 6 与超越离合器 7 的外套连在一起，通过滚子和星体的作用，使轴Ⅴ转动。在轴Ⅴ的输出端装有保险机构 15，通过保险机构的钢球将动力传给链轮 14 及操纵轴上的链轮 4，最后传给分配轴。

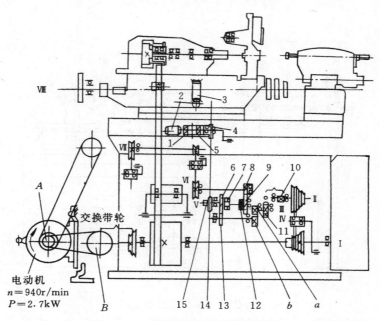

图 6-26　CM1113 机床的传动系统图

1—手动离合器　2、10—蜗杆　3、11—蜗轮　4、14—链轮　5—机动离合器　6、8、9、13—齿轮
7—超越离合器　12—电磁离合器　15—保险机构　a、b—交换齿轮

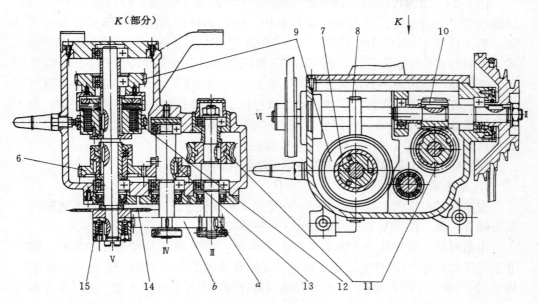

图 6-27　变速箱结构图

6、8、9、13、a、b—齿轮　7—超越离合器　10—双头蜗杆　11—蜗轮　12—电磁离合器
14—链轮　15—保险机构（此图与图 6-26 统一编号）

　　在轴Ⅴ上空套着斜齿轮9，它的一端与电磁离合器12相连。机床在正常工作时，电动机带动轴Ⅶ上的带轮，再将动力传给轴Ⅵ上的带轮，轴Ⅵ上装有斜齿轮8，它又带动空套着的斜齿轮9。当机床需要快速转动时，分配轴上的凸轮就接通电磁离合器电源，使电磁离合器与斜齿轮9结合，从而带动轴Ⅴ快速转动，超越离合器内的滚子不再起作用。轴Ⅴ的快速转动直接通过保险机构传到链轮14及4上，此时分配轴可得到6r/min的定值快速转动。

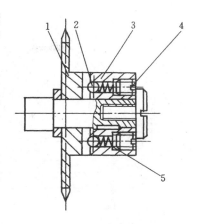

图6-28　保险机构
1—链轮　2—钢球　3—套
4—螺钉　5—弹簧

　　变速箱中的保险机构如图6-28所示。套3内有四个钢球2，弹簧把钢球压紧在链轮的Ｖ形槽内。当分配轴过载时，Ｖ形槽的斜面推动钢球2并压缩弹簧，使钢球滑出90°Ｖ形槽至平面上，轴Ⅴ的扭矩不能传递，分配轴即停止转动，避免机构损坏。

　　调整四个弹簧5的压力，在机床出厂时调整至链轮1能承受10N·m的扭矩。如使用中发现扭矩不够，可适当调整螺钉4，加大弹簧5的压力，使传动扭矩增大。但千万不能将弹簧5压死，使钢球2滑不出90°槽而不起保险作用。

　　对超越离合器的具体结构和作用参见C2150×6六轴自动车床的有关内容。

2. 操纵轴的结构

　　分配轴的操纵轴位于机床中部，贯穿机床前后，又称横轴（见图6-29）。它的一端是操纵手柄，另一端是一个双节距蜗杆（又称变齿厚蜗杆），与分配轴上的蜗轮相啮合。当手柄向外拉时，机动离合器5结合，链轮4上的动力便通过机动离合器5传给蜗杆副及分配轴，此为正常机动工作位置。当手柄向里推时，手动离合器1结合，同时机动离合器5脱开，此为手动调整机床位置，即在调试安装凸轮、刀具及主轴箱运动是否正确时使用。

　　当蜗杆副磨损使间隙过大时，可把端盖 H 上的螺钉取下，然后逆时针方向旋转端盖 H，使蜗杆2向右移动，使蜗杆副达到合适的间隙。旋转端盖时，每旋转一个螺孔距离（即1/4圆周），蜗杆在轴向即移动0.375mm的距离，可消除蜗杆对蜗轮的间隙约0.015mm。调好后再拧紧端盖。

3. 分配轴的结构

　　分配轴上装有控制机床运动及刀具切削运动的多种凸轮，是机床的程序命令机构。它的运动是由操纵轴和分配轴上的一对蜗杆副传动的。由于分配轴凸轮直接控制杠杆传动和刀具切削加工，所以分配轴的加工精度及装配精度要求较高。图6-30a是分配轴示意图，图6-30b是分配轴结构图。

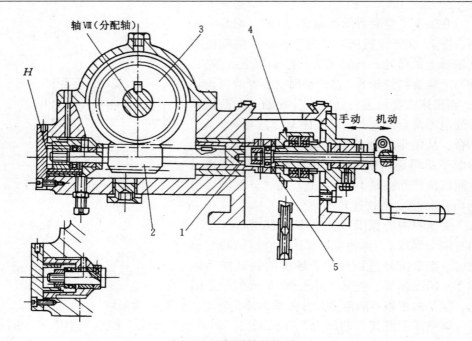

图 6-29　操纵轴结构图

1—手动离合器　2—蜗杆　3—蜗轮　4—链轮　5—机动离合器　H—端盖

从结构图上可知，分配轴是由两个滚针轴承及两个铜轴承作支承，而两个滚针轴承为主要支承，磨损后只要更换两个滚针轴承即可。滚针轴承的型号规格是 NA6906/P6（$30 \times 47 \times 30$）。

分配轴在两端滚针轴承的支承旁边，用于安装凸轮，所以其径向圆跳动要求在 0.007mm 之内。分配轴的轴向间隙控制在 0.01mm 之内。调整时先拧紧左端螺母 1，松开支紧螺钉 3，旋动球面垫圈 2，使轴向间隙达到 0.01mm 后，再拧紧螺钉 3。

4. 主轴箱的结构及进给机构

主轴箱位于机床上方，是纵切自动车床的重要组成部分，是实现主传动和决定加工精度的关键部件。为了提高机床精度，减少加工中产生的误差，其结构有以下两个特点，如图 6-31 所示。

1）主传动采用平带传动，具有传动平稳且振动小的特点。

2）主轴上的平带轮采用了卸荷结构，使主轴不承受传动带的拉紧力，保证了主轴的工作精度。

从图中可知，平带轮 2 通过轴承装在支架 3 上，支架 3 又拧紧在主轴箱体上。带轮通过转动盘 1 和键将转矩传给主轴。带的拉力由支架 3 和箱体承担。

主轴箱前轴承为有保持架的滚针轴承，精度型号和规格为 RK354017/P4

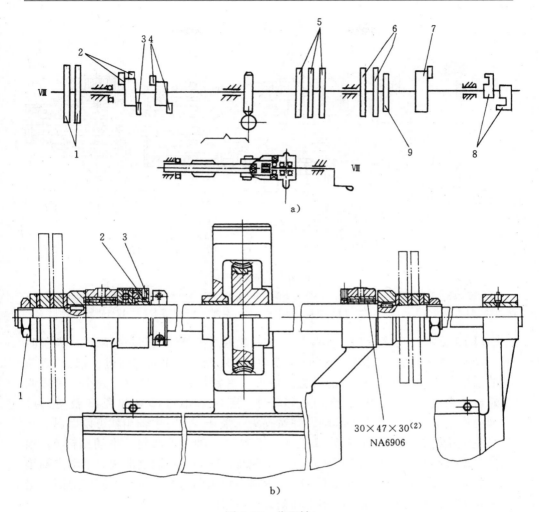

图 6-30　分配轴

a）分配轴示意图　1—主轴箱凸轮　2—加速器凸轮　3—停机凸轮　4—夹紧凸轮　5—立刀架凸轮

6—天平刀架凸轮　7—附件装置凸轮　8—附件变速凸轮　9—接料器凸轮

b）分配轴结构图　1—螺母　2—球面垫圈　3—螺钉

（35×40×17）。后轴承为一对精密的角接触球轴承，精度型号和规格为 7305/P4（25×62×17）。

调整前轴承的间隙时，松开螺母 9，再拧紧螺母 8，即可消除间隙，调整量约为 0.03mm。调整后轴承间隙时，先松开支紧螺钉 5，再转动刻度盘 6，使球面垫圈 4 压向后轴承的外圈，就可消除间隙。

主轴箱的内部是主轴棒料夹紧机构。夹紧棒料的弹簧夹头 11 装在主轴前端，

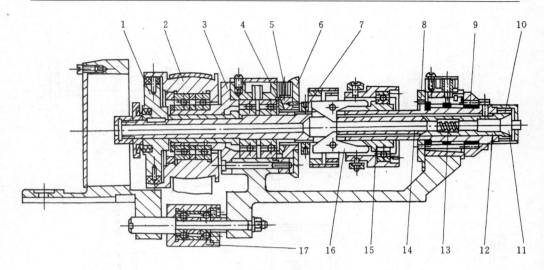

图 6-31　主轴箱结构

1—转动盘　2—平带轮　3—支架　4—球面垫圈　5—支紧螺钉　6—刻度盘　7、8、9、10—螺母
11—弹簧夹头　12—锥套　13—弹簧　14—套　15—滑套　16—夹紧杠杆　17—张紧带轮

用螺母 10 压紧，当滑套 15 在分配轴上的凸轮通过杠杆使其向左移动时（调整时用手动），夹紧杠杆 16 就转动张开，推动套 14，锥套 12 向右前进，锥套 12 前端的锥面就压迫弹簧夹头 11 的锥面，使夹头夹紧棒料。夹紧力的大小，是靠调整螺母 7 来达到的。当滑套 15 向右移动时，套 14 和锥套 12 在弹簧 13 及夹头 11 的弹力作用下，使二者向左移动，弹簧夹头就张开。此时主轴箱就可以后退。

　　主轴箱的进给机构如图 6-32 所示。装在分配轴上的凸轮，推动顶杆 6，顶杆 6 又通过滑块推动刻度杠杆 4 产生一个顺时针转动，再通过滑块 3 推动主轴箱尾架 5 向前移动。当凸轮曲线下降时，依靠主轴箱后边的弹簧拉力使之退回。定位杆 8 和定位螺钉 9 是用来限制主轴箱最后位置的。

　　5. 刀架的结构

　　机床共有五个刀架，如图 6-33 所示。其中 No1 和 No2 刀架固定在一个刚体的两端，受同一个凸轮控制。工作时围绕中心轴作上下回转摆动，一个上升，一个退回，像天平一样，所以叫天平刀架。No3、No4 和 No5 刀架称为立刀架。五个刀架皆由分配轴上的凸轮控制前进和后退。各刀架都由精密螺杆进行径向、轴向及角度调整。

　　注意 No1 刀架不宜作径向切削加工。因为当凸轮曲线下降时，No1 刀架的前进是靠弹簧 4 的拉力实现的。而当 No1 刀架位于最前位置时，在弹簧 4 作用下，刚性挡块 2 与调节螺钉 1 接触，此时顶销 3 应与凸轮稍有间隙（一般 0.5mm），使 No1 刀架在这个位置不受凸轮的制造和安装误差影响，从而可获得较高的外圆加工精度。

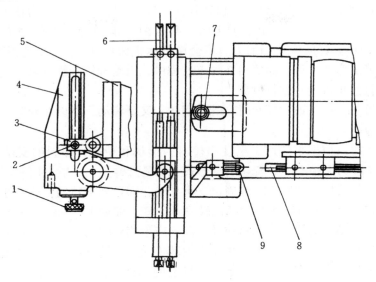

图 6-32　主轴箱进给机构

1—螺杆　2、7—螺钉　3—滑块　4—刻度杠杆　5—主轴箱尾架
6—顶杆　8—定位杆　9—定位螺钉

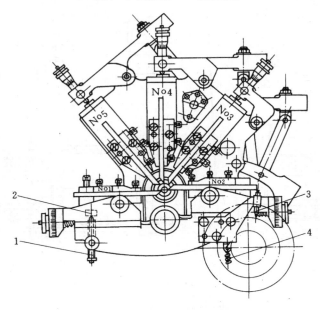

图 6-33　刀架结构图

1—螺钉　2—挡块　3—顶销　4—弹簧

6. 中心架支承导套

纵切自动车床之所以能加工出高精度的细长零件，主要是因为在中心支架内装有支承导套。各刀具在切削加工时，都是距支承导套很近的地方，最近在1mm之内，导套直接承受切削力。不会像其他机床那样，工件以悬臂形式承受切削力，造成弯曲变形。而棒料在加工过程中，由主轴箱不断进给。当零件尺寸达到后，就停止进给并进行切断。

由此可知，棒料通过导套时，既要回转，又要移动，所以对导套的结构和调整就有相应的要求。

在加工时，根据零件加工精度和棒料的形状和精度，棒料的支承有四种形式。图6-34a为无中心架导套切削，形式上仍是悬臂梁，一般仅用来切断棒料或加工精度低的零件。图6-34b为固定支承导套，即导套不转动，棒料在导套内进行回转和移动。图6-34c为被动式回转支承导套，即加工四角或六角形棒料时由棒料的转动带动导套回转，棒料与导套间不产生相对转动，只产生移动。此种结构对圆棒料基本不起作用。图6-34d为主动式同步回转支承导套，即支承导套通过连接杆由主轴直接带动回转，棒料与导套间同样不产生相对转动，只有移动。

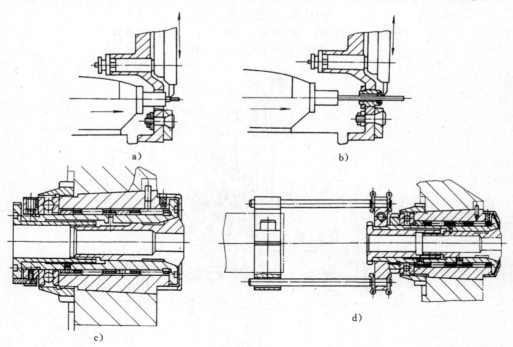

图6-34　棒料的支承形式

a) 无中心架导套　b) 固定支承导套　c) 被动式回转支承导套　d) 主动式回转支承导套

但对大量加工的圆形棒料很适用，可以大大减少棒料与导套间的摩擦，加工出高精度的零件。后三种导套都有调节螺母，用来调节导套与棒料间的间隙，一般在 0.01mm 左右。间隙大，棒料受力产生振纹；间隙小，棒料易被咬死。特别是使用固定支承导套以及棒料尺寸精度不高时更要注意调整间隙。

第四节　CM1113 型纵切自动车床的故障征兆、分析与检修

本节从纵切自动车床运动系统和加工工件的质量方面进行介绍。

一、运动系统故障分析与检修（7 例）

1. 主轴不转

【故障原因分析】

1）胶带松，有负荷时主轴停转。

2）前、后轴承间隙小，高速运转时发热咬死。

3）棒料被支承导套咬死。

4）胶带断裂。

【故障排除与检修】

1）调整电动机位置，张紧传动带或调整主轴，压紧带轮（见图 6-31）。

2）重新调整主轴轴承间隙，或更换轴承，再检查润滑是否正常，轴向窜动小于或等于 0.005mm。

3）更换损坏的支承导套，调换合格的棒料，并重新仔细调整导套与棒料之间的间隙，尽量不要使用固定式支承导套而应使用同步回转支承导套，减少咬死的可能（见图 6-34）。

4）调换新胶带。

2. 分配轴不转

【故障原因分析】

1）变速箱内保险机构扭矩调整得偏小。

2）凸轮设计不当，产生自锁。

3）超越离合器内滚子磨损打滑。

【故障排除与检修】

1）重新调整保险机构，使其扭矩达到规定值 10N·m（见图 6-28）。

2）重新检查凸轮有关曲线并加以改进。

3）修理超越离合器（参见 C2150×6 六轴自动车床故障排除的有关内容）。

3. 分配轴间歇运动

【故障原因分析】

分配轴蜗轮磨损啮合间隙过大。

【故障排除与检修】

调整操纵轴上的蜗杆与蜗轮啮合间隙，此蜗杆为双节距或变齿厚蜗杆（见图6-29）。当逆时针旋转端盖时，端盖与蜗杆的支承套就增大了距离，此时再把端盖拧紧到箱体上时，支承套就和蜗杆一起向右移动，从而减小了啮合间隙。端盖每转1/4转，蜗杆向右移动0.375mm，可消除啮合间隙0.015mm。蜗杆向右移动量最大为6mm。

4. 分配轴无快速运动

【故障原因分析】

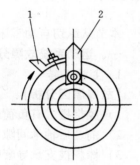

1）分配轴上控制电磁离合器接通的凸轮2松动，无法压下开关触头（见图6-35）。分配轴由快速转为慢速的凸轮1应在主轴夹紧弹簧夹头凸轮与滚子作用结束之前调整，即主轴箱在退回终了未夹紧棒料之前。

2）电气开关坏。

3）电磁离合器坏。

【故障排除与检修】

1）调整好凸轮位置并把螺钉拧紧。

2）修理或更换电气开关。

3）修理或更换电磁离合器。

图 6-35　分配轴快速
运动控制凸轮
1—快速转慢速凸轮
2—慢速转快速凸轮

5. 支承导套咬死

【故障原因分析】

1）棒料表面粗糙或弯曲。

2）导套间隙调整过小。

3）导套三瓣切开部位有毛刺。

【故障排除与检修】

1）纵切机床使用棒料最好磨削过，公差在0.02mm之内，直线度为1000∶2。如使用同步回转导套，也可使用冷拉棒料，公差在h11之内，表面应光滑无麻坑。棒料应放在专用料槽内进行吊装、运输和保存，防止弯曲变形。

2）因机床厂只生产固定式和被动回转式支承导套，所以一般用户只能使用这两种形式。又由于圆形棒料使用最多，所以使用固定式导套用户很多，对棒料与导套的间隙必须仔细调整，应控制在0.005～0.01mm之间。而主动式同步回转支承导套是本章作者设计的，用户很少使用。同步回转导套虽然有不少优点，但也有一个轴承磨损问题，间隙大时应更新。

3）使用导套时应将套内毛刺修光。

6. 夹料弹簧夹头松不开

【故障原因分析】

1）夹头弹性不好。

2）夹紧锥套内弹簧弹性消失。

【故障排除与检修】

1）检查夹头弹性是否正常，夹头在自由状态下，应与棒料有 0.1 ~ 0.2mm 的间隙。

2）更换弹性好的弹簧。

7. 夹料弹簧夹头自行松开

【故障原因分析】

1）夹紧杠杆位置未调整好。

2）夹紧杠杆断裂。

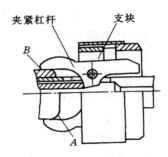

【故障排除与检修】

1）夹紧杠杆的头部在夹紧状态时应在滑套的外圆 B 上，而不应在圆弧 A 上（见图 6-36）。可调整夹紧杠杆偏心轴（在滑道内）的位置予以改变。

2）夹紧力调得过大时，杠杆易断裂，所以夹紧力要适中。

图 6-36　杠杆夹紧位置图

A—错误位置

B—正确位置

二、加工工件质量不良反映的故障分析与检修（3 例）

1. 工件外圆尺寸不稳定或有椭圆

【故障原因分析】

1）支承导套与棒料配合间隙大。

2）有关刀架导轨配合间隙大。

3）有关刀架传动杠杆系统铰链轴磨损，配合间隙大。

4）同步回转支承导套的轴承磨损。

5）调节刀具对中心的螺钉松动。

6）刀具磨损。

【故障排除与检修】

1）重新调整棒料与导套间的间隙，具体在 0.005 ~ 0.01mm 之间不易控制，一般以手能较紧转动为宜。

2）检查调整刀架导轨间隙，以 0.01mm 为好。如图 6-37 所示，先松开螺钉 1，再均匀调整螺钉 2，使镶条在全长上受力均匀，运动灵活无阻滞，靠刀架弹簧弹力能顺利复位。

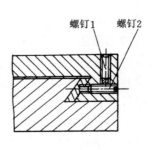

图 6-37　刀架导轨
调整间隙图

3）寻找松动处，并支紧铰链轴。对于使用多年因磨损使配合间隙过大的铰链应予以更换。

4）图6-34c、d 所示两种形式同步回转支承导套的轴承结构，其间隙是不可调整的。一般在使用几年之后，滚针和内外轴套将会磨损，此时应予以更新。如设计成可调式同步回转装置，那就可以根据磨损情况适时调整间隙。

5）检查松动处并重新支紧。

6）重磨或更换新刀具。

2. 工件长度不一致

【故障原因分析】

1）送料重锤质量不合适。

2）弹簧夹头张不开，退回时有带料。

3）弹簧夹头松，而棒料与导套间摩擦力大，送不出。

4）主轴轴向间隙大。

5）主轴箱运动有阻滞。

6）主轴箱退回弹簧拉力小。

7）顶销磨损严重，在凸轮拐弯处超越。

【故障排除与检修】

1）重新增减重锤，使棒料顺利送进但不致使之弯曲。

2）检查弹簧夹头、推套、锥套是否正常，是否有切屑杂物，视情况予以更换、修理及清洗等。

3）检查棒料表面是否有被导套拉毛痕迹，如有则表示导套间隙小；如没有，再在弹簧夹头夹紧下用手拉动，试其松紧，如拉得动，说明夹紧力小，再调整。

4）拧紧主轴后轴承的螺母松动，应将其拧紧，并复测主轴径向圆跳动小于或等于0.002mm，主轴窜动小于或等于0.005mm。

5）清洗主轴箱及床身导轨，排除杂物及毛刺使运动灵活无阻滞。

6）重新调整弹簧拉力，使主轴箱能顺利退回。

7）更换顶销，使顶销头部圆弧小于凸轮拐弯处圆弧。

3. 工件表面粗糙度值大

【故障原因分析】

1）机床切削用量不合适。

2）棒料弯曲，引起振动。

3）棒料材质不好。

4）主轴轴承间隙大。

5）主轴箱导轨镶条松动。

6）天平刀架回转轴松动。

7）刀具切削刃磨钝或不光。

8）机床振动大。

【故障排除与检修】

1）重新选择切削用量。

2）更换弯曲棒料。

3）检查棒料材质及金相组织是否符合要求。

4）调整轴承间隙，前轴承钢套后螺母上刻度每转动一格，套孔直径收缩量为 0.001mm。但在收缩 0.03mm 后就很难再调整了，此时需要更换新轴承。

5）调整主轴箱导轨镶条（见图 6-38），松开三只螺钉 1，再均匀调整三只螺钉 2，使主轴箱与床身导轨配合间隙小于或等于 0.01mm。测量方法：主轴箱起动力小于或等于 130N，起动后运动力小于或等于 60N，全程无明显轻重阻滞。

6）调整天平刀架回转轴间隙（见图 6-39），松开螺母 2，将螺母 1 逐步调紧，至合适间隙，再拧紧螺母 2。拧紧螺母 2 时，由于两螺母间的摩擦力，螺母 1 可能又会转动，所以可能要多次调整才能合适。调好后，摆动天平刀架，应灵活无阻滞，且在弹簧弹力作用下能顺利复位。

7）重新刃磨刀具。

8）机床未安装平稳，传动带不平，消除这些因素。

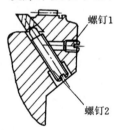

图 6-38　床身导轨镶条调整图

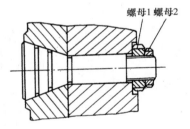

图 6-39　天平刀架间隙调整图

读者信息反馈表

感谢您购买《车床常见故障诊断与检修 第 2 版》一书。为了更好地为您服务，有针对性地为您提供图书信息，方便您选购合适图书，我们希望了解您的需求和对我们教材的意见和建议，愿这小小的表格为我们架起一座沟通的桥梁。

姓　　名		所在单位名称	
性　　别		所从事工作（或专业）	
电子邮件		移动电话	
办公电话		邮政编码	
通信地址			

1. 您选择图书时主要考虑的因素：（在相应项前面打"√"）
   （　　）出版社　　　（　　）内容　　　（　　）价格　　　（　　）封面设计　　　（　　）其他
2. 您选择我们图书的途径（在相应项前面打"√"）
   （　　）书目　　　（　　）书店　　　（　　）网站　　　（　　）朋友推介　　　（　　）其他

希望我们与您经常保持联系的方式：
　□电子邮件信息　　　　　□定期邮寄书目
　□通过编辑联络　　　　　□定期电话咨询

您关注（或需要）哪些类图书和教材：

您对我社图书出版有哪些意见和建议（可从内容、质量、设计、需求等方面谈）：

您今后是否准备出版相应的教材、图书或专著（请写出出版的专业方向、准备出版的时间、出版社的选择等）：

非常感谢您能抽出宝贵的时间完成这张调查表的填写并回寄给我们，我们愿以真诚的服务回报您对我社的关心和支持。

请联系我们——

通信地址　北京市西城区百万庄大街 22 号　机械工业出版社技能教育分社
邮政编码　100037
社长电话　（010）8837－9083 8837－9080 6832－9397（带传真）
电子邮件　cmpjjj@ vip. 163. com